几种抗灾养地作物的栽培技术

赵君华　李金歧　张建国　主编

黄河水利出版社
·郑　州·

图书在版编目(CIP)数据

几种抗灾养地作物的栽培技术／赵君华,李金歧,张建国主编. —郑州:黄河水利出版社,2016.8

ISBN 978-7-5509-1528-2

Ⅰ.①几…　Ⅱ.①赵…②李…③张…　Ⅲ.①作物-栽培技术　Ⅳ.①S31

中国版本图书馆CIP数据核字(2016)第202652号

组稿编辑:王志宽　电话:0371-66024331　E-mail:wangzhikuan83@126.com

出 版 社:黄河水利出版社

地址:河南省郑州市顺河路黄委会综合楼14层　　邮政编码:450003

发行单位:黄河水利出版社

发行部电话:0371-66026940、66020550、66028024、66022620(传真)

E-mail:hhslcbs@126.com

承印单位:河南新华印刷集团有限公司

开本:787 mm×1 092 mm　1/16

印张:16.75

字数:485千字　　印数:1—1 000

版次:2016年8月第1版　　印次:2016年8月第1次印刷

定价:65.00元

《几种抗灾养地作物的栽培技术》
编　委　会

主　　编	赵君华	李金岐	张建国		
副主编	许文彩	沈荣果	王永孝	郭小菲	方良发
	李洪涛	段学东	杨晓霞	王红霞	王玉庆
	范文省	胡小丽	邵红伟	张瑞英	冯玉苗
	贺东超	郭安文	李　端	周　君	王　冕
	孙从宝	李　雪	刘振搏	杨晓云	
参编人员	乔　锋	石玉磊	王子豪	田　晖	孟　宇
	王迎春	周　彦	赵　鲜	魏春柽	杨　希
	司应彦	王豪杰	蔡甲准	罗华玲	吴龙飞
	尚雪华	侯红琴	王　燕	王新好	程元柱
	陈　凯	樊立良	刘　伟	徐　崇	曲丽君
	陈　爽	孙　苗	孙永霞	王文辉	刘　铜
	张秋月	裴晓东	孙俊珍	李　申	马艾全
	孙克阳	孙　博	郭玲玲		

前 言

南阳是一个农业大市，作为全国重要的粮食生产基地和国家粮食安全战略工程河南粮食生产核心区，正常年景，粮食产量占全省的11%、全国的1%。

我国"十三五"规划中提出确保谷物基本自给、口粮绝对安全，调整优化农业结构，提高农产品综合生产能力和质量安全水平，形成结构更加合理、保障更加有力的农产品有效供给。实施藏粮于地、藏粮于技战略，大力发展生态友好型农业等。其宗旨是构建起我国高产、优质、高效、生态、安全的现代化农业技术体系。

南阳市岗坡薄地面积607万亩，占农业用地的36%，因土地瘠薄，产量不高；无水浇条件的550万亩，秋作晚茬面积2013年统计为232.5万亩，加之近年来南阳市以干旱为主的自然灾害发生频繁，致使南阳市每年都有一定面积因旱、涝推迟播期，导致减产；生产期间因旱减产甚至绝收。为了满足当前南阳市实施藏粮于地、藏粮于技战略的迫切需要，我们编写了大豆、绿豆等五种豆类和高粱、谷子共七种作物的栽培技术。

因为豆类共生根瘤固氮，用地养地，是良好的前茬。其中大豆是南阳市传统作物，高蛋白大豆是南阳市优势作物；绿豆抗逆性强，耐旱、耐瘠、耐荫蔽，生育期短，播种适期长，是补种、填闲和救荒的优良作物；豌豆、蚕豆具有粮、菜、饲兼用等特点；蚕豆茎、叶还可作绿肥；高粱有独特的抗逆性和适应性，具有抗旱、抗涝、耐盐碱、耐瘠薄、耐高温、耐冷凉等多重抗性，既可食用、饲用，又可加工用；谷子具有抗旱耐瘠、营养丰富、各种成分平衡、饲草蛋白含量高、耐贮藏等突出特点，被认为是应对未来水资源短缺和战略贮备的粮食作物，建设可持续农业的生态作物以及调整人们的膳食结构、平衡营养的特色作物等特点。特别是绿豆、谷子、高粱在应对遭遇极端灾害天气，导致播期严重推迟、毁种等情况下，其救灾及技术储备意义更加明显。

本书是由南阳市农技站牵头，南召县农技中心协作，组织南阳市有关农业科研、推广单位栽培、种子、土肥、植保等方面专家进行技术、理论探讨，编纂而成的，可供南阳市有关农业部门、各级农业技术人员、种植大户、农民在农业生产工作中参考使用。

本书编写过程中参考和引用了省内外许多专家、学者、老师的学术内容，在此表示深深的谢意。

由于编写人员水平有限，书中难免存在错误与疏漏之处，恳请读者批评指正。

作 者

2016年7月

目　录

第一章　大　豆

大豆(学名:*Glycine max*(L.)Merril)通称黄豆。豆科大豆属一年生草本,是古老的栽培作物之一,我国许多古书上曾称其为大豆菽,在我国至今已有四五千年的种植历史。我国不仅种植大豆历史悠久,而且是栽培大豆(*Glycine max* Merril)的起源地。世界其他国家现今种植的大豆,大都是直接或间接从我国传播出去的。目前世界上种植大豆已遍及五十多个国家和地区,但主产国主要有中国、美国、巴西和阿根廷等。大豆是世界上最主要的油料作物,是人类优质蛋白和油脂的主要来源,大豆是我国传统的粮食油料兼用作物。

第一节　大豆在我国国民经济中的地位

一、营养丰富,食用价值高

大豆含40%左右蛋白质、20%左右脂肪,大豆籽粒中的蛋白质不仅含量高,而且品质好,其氨基酸成分中含有8种人体必需的氨基酸,以赖氨酸最为丰富,因此与其他植物蛋白质相比,大豆蛋白质最为理想。

豆油是我国东北、华北地区的主要食用植物油,其中油酸、亚油酸、亚麻酸三种不饱和脂肪酸含量约占87.7%。豆油不含胆固醇,长期食用有防止因胆固醇增高而引起高血压及心血管、脑血管疾病的功效。

大豆的碳水化合物中,主要有蔗糖、糊精、淀粉等。大豆中还含有丰富的矿物质和多种维生素。矿物质中钾含量最多,其次是磷、镁、铁、钙等;维生素主要有维生素 B_1、B_3、A、E等。

大豆不仅可以直接使用,还可加工成各种豆制品。我国人民经常食用的豆腐、豆腐脑、豆腐干、腐竹等都是营养丰富、味美可口的副食品。近年来,新的豆类加工产品不断出现,如人造肉、豆浆晶等,深受人民喜爱。

在食品工业方面,大豆用途十分广泛,据统计,含有大豆蛋白质的食品已达12 000种。现在工厂已在生产高营养的维他奶粉、浓缩蛋白、分离蛋白、组织蛋白、脱脂大豆粉等,这些大豆蛋白一般作为食品的添加剂。

二、优良的饲草、饲料

大豆茎叶中含有丰富的养分,含蛋白质3.4%、脂肪1.5%,是家畜的优质饲料,还可青贮、青饲,也可收籽后将茎秆、豆荚、干叶粉碎后做干饲料。大豆榨油后的豆饼含蛋白质42.7%～45.3%、脂肪2.1%～7.2%,是营养价值很高的精饲料。

三、在农作物轮作中占有重要地位

大豆是豆科作物，与根瘤菌共生，根瘤菌可以固定空气中的游离态氮素，除一部分供给植株生长发育需要外，其余氮素遗留在土壤中，从而增加土壤氮素含量，培肥地力。因此，大豆是很好的养地作物，在中低产区，效果更显著。

四、重要的工业原料

大豆还是重要的工业原料，在工业上用途很广泛。据不完全统计，用大豆制成的轻工产品已有400多种。如飞机和汽车的喷漆、手舵盘、高级润滑油、印刷油墨、人造橡胶、人造汽油、瓷釉、甘油、肥皂、蜡烛、不导电制品等。在医药工业上，可作为多种药物的掺加剂、静脉注射的乳化剂和营养增补剂。

第二节　大豆的生产概况及区划

一、我国大豆生产概况

（一）我国大豆生产发展

大豆起源于我国，栽培大豆已有5 000年的历史。世界各国的大豆，都是直接或间接从我国传播出去的，大约在2 500年前传入朝鲜，继而传入日本、东南亚和亚洲的中南部地区。西方国家种植大豆的历史很短，1873年奥地利维也纳举行的世界博览会上，我国大豆产品参加展览，欧美才对大豆有了深刻的认识，并且开始引种试验。1936年前，我国大豆生产占世界的90%以上，1953年以前，我国大豆生产一直居世界首位。

1995年以前，我国多年是大豆净出口国，自1996年以来我国大豆贸易格局发生根本性变化，由大豆净出口国转变为净进口国；全球大豆进口量的增加几乎全部来自中国。据中国海关最新数据，2000年我国大豆年进口量首次突破100万t，成为最大的大豆进口国；此后我国大豆的进口量连年攀升，2006年我国大豆净进口2 827万t，是国内产量的1.77倍，进口依存度高达64%；2007年我国大豆净进口超3 000万t，2007年我国大豆产量仅为1 400万t，同比下降12.32%，并且大豆的种植面积下降了6.25%，这意味着2008年我国大豆的进口量仍在攀升；2014年国内大豆进口量约7 139万t，同比2013年度增长12.57%，中国大豆进口量占全球的64%~65%；2012年以来，中国进口大豆数量占全球进口大豆总量的比例都超过60%，2014/2015年度中国进口约7 350万t大豆，比上年增长4.5%，但是进口增速放缓，低于上年度的同比增幅17.5%。

（二）我国大豆生产区划

种皮色、脐色生态类型的地理分布。一般来讲，随着生育条件由好变差，大豆的种粒变小，颜色也变深。在中国东北大豆主产区，大豆是重要的经济作物，对大豆种粒的质量要求较高，大豆种皮一般金黄光亮、脐色淡。在中国东北的西部和晋陕地区，由于生育条件恶劣，多种植小粒黑豆和小粒褐豆。在长江流域，大豆作为蔬菜用时，种皮多为青色。

大豆油分和蛋白质的生态地理分布。一般来讲，随着纬度的升高，大豆含油量逐渐增加，而蛋白质含量逐渐减少。东北大豆主产区：油分含量 19% ~22%，蛋白质含量37% ~41%。黄淮平原大豆产区：油分含量 17% ~18%，蛋白质含量 40% ~42%。长江流域大豆产区：油分含量 16% ~17%，蛋白质含量 44% ~45%。当然在每个产区也有局部地区不符合上述规律的现象。

大豆油分脂肪酸含量与碘值的生态地理分布。大豆鼓粒时低温利于大豆油分中亚麻酸、亚油酸的形成，不利于油酸的形成，高温时则相反。因此，据研究，在中国纬度每增加1°，大豆油分的碘值便增高 1.7 左右。在同一纬度地区，随着品种的不同情况有较大的出入。

根据农业部制订的我国大豆优势区域布局规划（2008 ~2015 年），将我国大豆分为东北高油大豆区、东北中南部兼用大豆区和黄淮海高蛋白大豆区三个优势区域。

1. 东北高油大豆优势区

该区包括内蒙古的东四盟和黑龙江的三江平原、松嫩平原第二积温带以北地区。2007 年种植面积 6 300 万亩❶，占全国大豆种植面积的 48% 以上，总产 500 万 t，约占全国大豆总产的 40%，是我国最大的大豆产区。该区属中、寒温带大陆性季风气候，雨热同季，适宜大豆生长。特别是大豆鼓粒期昼夜温差大，光照充足，有利于油脂积累。

2. 东北中南部兼用大豆优势区

该区包括黑龙江南部，内蒙古的通辽、赤峰，以及吉林、辽宁大部。常年种植大豆 850 万亩以上，约占全国大豆种植面积的 6%，总产 137 万 t，占全国大豆总产的 8.5% 左右。

3. 黄淮海高蛋白大豆优势区

该区包括河北、山东、河南、江苏和安徽两省的沿淮及淮河以北、山西省西南地区，近年大豆种植面积 1 270 万亩（仅计大豆种植面积在 15 万亩以上县，36 个大豆重点县的面积），占全国大豆种植面积的 9%，总产 180 万 t，占全国大豆总产的 8%，是我国主要的高蛋白大豆区。该区为一年两熟制地区，大豆有春播和夏播，以夏播为主。大豆多在小麦收后的 6 月中旬前后播种，9 月中下旬至 10 月上旬收获，大豆开花鼓粒期正值雨季，适合蛋白质积累。该区已选育出一批蛋白质含量超过 45% 的品种，是我国高蛋白大豆的主产区。该区播种期干旱频繁，难以达到苗全苗匀，是制约大豆单产提高的主要因素。

二、河南大豆生产发展概况

（一）河南大豆生产现状

进入 21 世纪以来，河南大豆生产在曲折中发展。一是面积有所减少但基本稳定。2000 年全省大豆种植面积 847.1 万亩，2001 年为 845.3 万亩，2002 年、2003 年分别减少到 792 万亩和 755.1 万亩，2005 年恢复到 800.4 万亩，2007 年降到 703.5 万亩，2008 年 730 万亩。二是产量不稳但单产水平有所提高。2000 年全省大豆单产 136.7 kg/亩，高出全国平均水平 26.3 kg/亩，2001 年降到 127.3 kg/亩，2002 年为 123.5 kg/亩，低于全国平均水平 2.7 kg/亩，2003 年由于严重受灾，全省大豆产量只有 75.1 kg/亩，比全国平均水平低 35.1 kg/亩。2007 年全省大豆种植面积 703.5 万亩，占全国大豆种植面积的 5.36%；

---

❶ 1 亩 = 1/15 hm^2 ≈666.67 m^2。

总产85万t,居全国第4位,占全国大豆总产的6.7%;单产120.8 kg/亩,在全国12个主产省中居第5位,比全国大豆单产平均水平高24 kg/亩。正常年份年总产90万t左右(见表1-1)。

表1-1　河南省大豆种植面积、单产、总产

年代(份)	年平均种植面积(万亩)	年平均单产(kg/亩)	年平均总产(万t)
20世纪50年代	2 167	48	104.55
20世纪60年代	1 577	44	69.25
20世纪70年代	1 244	65.5	91.5
20世纪80年代	1 402.6	70	98.41
20世纪90年代	865.7	110	94.92
1999	853.8	134.9	115.2
2000	847.1	136.7	115.8
2001	845.3	127.3	107.6
2002	792	123.5	97.8
2003	755.1	75.1	56.7
2004	783.75	132.1	103.5
2005	800.4	72.6	58.1
2006	774.45	84	64.9
2007	703.5	120.8	85.00
2008	730	130	95

河南省大豆年产量90万t左右,年消费量300万t以上,生产量自给率下滑到30%左右。2008年河南省进口大豆超过100万t,总体呈现量价同增的强劲进口态势。

(二)河南大豆产区分布

河南省大豆主产区可分为四个生态区域:豫北平原夏大豆区、豫中东平原夏大豆区、淮北平原夏大豆区、南阳盆地夏大豆区。豫西洛阳、三门峡丘陵和沿河、滩区也有一定大豆面积。种植面积较大的省辖市有周口、南阳、商丘、驻马店,中部许昌、开封、平顶山和黄河北岸的新乡、濮阳,也是大豆主要产区(见表1-2)。全省大豆种植面积最大的县是永城市(县级市)。

表1-2　2006年河南省各市大豆数据统计表

地市	面积(万亩)	单产(kg/亩)	总产(万t)
郑州市	20.64	131.4	2.712 7
开封市	29.16	173.7	5.065 2
洛阳市	43.32	147.4	6.385 4
平顶山市	28.05	161.7	4.535 7
安阳市	15.45	173.4	2.678 9
鹤壁市	4.05	155.9	0.631 5
新乡市	36.645	153.6	5.627 5
焦作市	10.665	218.7	2.332 0
濮阳市	32.31	190.5	6.154 1

续表 1-2

地市	面积(万亩)	单产(kg/亩)	总产(万 t)
许昌市	40.125	167.8	6.732 2
漯河市	23.1	141.4	3.267 1
三门峡市	25.44	124.9	3.177 7
商丘市	88.785	181.7	16.133
周口市	164.05	178.9	29.350 1
驻马店市	81.645	140.1	11.437 2
南阳市	98.58	147.8	14.573 6
信阳市	31.215	163.3	5.096 5
济源市	3.15	108.9	0.343

三、南阳大豆生产发展概况

(一)南阳大豆生产现状

2000 年以来,南阳市大豆种植方式从时间上来说,以夏播为主,面积为 93.715 万亩,占总种植面积的 93.79%,春播极少,仅有 6.2 万亩。部分科技意识强的农户采用麦垄套种以利高产,大约有 19.165 万亩,占总面积的 19.19%,唐河县多采用这种种植方式。间作、混作、单作等种植方式在各县(市、区)因种植习惯、品种结构等因素差别较大。方城县多为铁茬直播单作田,面积达 13 万亩,占全县总种植面积的 65%;玉米、大豆宽带间作 5 万亩,占 25%,少量为高粱、大豆混作田;桐柏县春夏播几乎全部是单作田,而且春播面积较大,为 2.3 万亩,占全县总种植面积的 30.5%。其他县(市、区)间作、混作、单作均有,以玉米、大豆间作为主,品种搭配不一而足(见表 1-3、表 1-4)。

表 1-3 大豆种植方式调查表

方式	面积(万亩)	所占比例(%)	单产(kg/亩)	分布区域
春播	6.2	6.21	153.66	桐柏、社旗、卧龙
麦垄套种	19.165	19.19	135	唐河、方城、邓州
夏播	93.715	93.79	125.5	全市各产豆区
间作	39.16	39.5	100.730	全市各产豆区
混作	10.99	11	100.56	方城、邓州、卧龙

表 1-4 2004 ~ 2015 年大豆种植面积、产量

年份	面积(万亩)	单产(kg/hm^2)	总产(t)
1985	173.70	1 084.09	125 755
1990	145.50	1 582.90	153 541
1995	126.92	2 045.88	173 102
2000	93.45	1 886.85	117 551
2004			

续表1-4

年份	面积(万亩)	单产(kg/hm^2)	总产(t)
2005	103.23	2 121.90	146 029
2006	98.58	2 217.53	145 736
2007			
2008	90.36	1 975.08	118 979
2009	92.72	1 952.33	120 664
2010	93.69	1 948.54	121 706
2011	92.00	1 952.89	119 771
2012	93.93	1 927.89	120 782
2013			
2014			
2015			

(二)南阳大豆生产基础条件

1. 地理位置与气象条件

南阳位于河南省西南部,与湖北、陕西两省接壤,是一个三面环山、中间开阔、南部开口的盆地。全市岗、丘、平各占1/3。南阳地处北亚热带向暖温带过渡地带,属于典型的季风大陆性半湿润气候,四季分明,气候温和,雨量充沛。年平均气温14.5~15.9 ℃,年平均降水量839.9 mm,全年无霜期222~241 d,日照时数2 053.7 h,太阳辐射总量年均112.4 kcal/cm^2,降雨多集中在7、8月,雨热同季,水、热、光组合较为理想,尤其大豆鼓粒期期间日照较长,雨量偏少、天气凉爽、日照充足、昼夜温差比较大,属高蛋白、高油大豆的适生区。

2. 种植区划

南阳市科技人员经过5年多对南阳栽培大豆生态类型的研究(见表1-5),据试验结果和南阳市日照温度降水条件、地形地貌、栽培轮作制度,提出将南阳市划分为6个大豆生态类型区。

1)盆中平原区

该区包括新野县全部,邓州、南阳县、唐河县、南阳市的大部,镇平、社旗、方城、南召县的一部分,共82个乡(镇)。该区海拔100 m左右,地势平坦,土层较厚,水肥条件较好。年平均气温14.9 ℃,无霜期229 d,日照2 033.9 h,降水量802.1 mm。但时空分布不均。大豆生育期间≥10 ℃的活动积温为2 977.1 ℃,降水量478.4 mm。适宜种植生育期在105 d左右的品种。

2)盆东岗地区

本区包括桐柏、社旗、方城、唐河4县的32个乡(镇)。海拔200~300 m,地势起伏,靠近平原为缓岗,近低山为垄岗,土层深厚,耕层较浅,质地黏重,适耕期短。该区土壤瘠薄,水肥条件差。年平均气温14.9 ℃,无霜期227 d,日照2 150.5 h,降水量856.3 mm。大豆生育期间≥10 ℃的活动积温为2 995.2 ℃,降水量505.9 mm。本区应注意及时整体

表 1-5　主栽大豆品种品质生态适宜性调查

品种名称	播种日期（月-日）	生育天数（d）	开花—鼓粒期						鼓粒—成熟期						土壤类型	土壤 pH 值	土壤养分（mg/kg）		
			天数（d）	平均气温（℃）	每天昼夜温差（℃）	日照时数（h）	成熟前 20 日内最高温度（℃）	降雨量（mm）	天数（d）	平均气温（℃）	每天昼夜温差（℃）	日照时数（h）	成熟前 20 日内最高温度（℃）	降雨量（mm）			氮	磷	钾
高蛋白 豫豆 25 号	06-02	102	31	27.5		247	36	108	21	24.9		165	36	150	黄土壤	6.7	68	21	115
高蛋白 豫豆 22 号	06-05	104	30	27.5		247	36	108	22	24.9		165	36	150	潮土	7.2	65	23	110
高油 周豆 11 号	06-05	105	32	27.5		247	36	108	22	24.9		165	36	150	黄土壤	6.8	69	20	117

注：选择高蛋白、高油、特用等类型主推品种各县调查。

保墒,适时播种,适宜种植生育期105 d左右、适应性广、抗逆力强的品种。

3)盆西岗丘区

本区包括南阳、镇平、内乡、邓州、淅川5个县(市)的33个乡(镇)。海拔200～400 m,地形复杂,岗洼相间,岗地土质黏重,保水保肥力强,但适耕期短,易旱易涝,不宜耕作。丘陵土质含沙量大,保水保肥能力差。年平均气温15.3 ℃,无霜期229 d,日照2 000.8 h,降水量747.1 mm。该区土壤瘠薄,干旱少雨,大豆生育期间≥10 ℃的活动积温3 048.4 ℃,降水量440.3 mm。本区除应注意整地保墒外,要选用那些耐旱耐瘠、出苗好、生长繁茂、根系发达的中小粒品种。由于该区小麦熟期较早,生育期应在110 d左右。

4)桐柏低山区

该区包括桐柏县大部,唐河县的一部分,共16个乡(镇)。海拔400～500 m,地势起伏,沟壑纵横,水土流失严重。平均气温15 ℃,无霜期226 d,日照2 027 h,降水量1 168.2 mm。涝灾多,旱灾少。大豆生育期间≥10 ℃的活动积温为2 965.1 ℃,降水量674.9 mm。本区应选用生育期105 d、较耐涝、抗紫斑病的大豆品种。

5)伏南低山区

该区包括方城、南召、南阳、镇平、内乡、西峡、淅川7县的44个乡(镇)。海拔400～800 m,沟壑纵横,土壤瘠薄,灌溉条件差,山间谷地光照较少,气温变化大。年平均气温15.2 ℃,无霜期221 d,日照2 022.1 h,降水量839.5 mm。时空分布不均,旱涝灾害频繁。大豆生育期间≥10 ℃的活动积温3 000.2 ℃,降水量513.0 mm。本区一年两熟时间紧迫,应选用生育期在95 d、抗逆力强的早熟品种。

6)伏南中山区

该区包括南召、内乡、西峡3县的16个乡(镇)。海拔800 m以上,山势陡峻,群峰叠嶂,土层浅,质地差。年平均气温9.8～12.5 ℃,无霜期210～220 d,≥10 ℃的活动积温3 200～4 200 ℃,日照1 973.6 h,降水量833～893 mm。大豆生育期间≥10 ℃的活动积温2 814 ℃,降水量607.9 mm。本区海拔高,一年两熟热量不足,应选用生育期在90 d左右、抗逆力强的早熟品种。

以上区划,仅是在大豆品种布局时应遵循的一般原则。实际上,不同品种在区间往往交互使用。这是由于同一区内,地势及水肥条件仍有差别。如岗丘区就有岗地和洼地之分。在选用品种时,就要根据地势“岗、中、洼”和地力“肥、中、瘦”,针对具体地块,选用耐肥生态型和耐瘠生态型。这样,才能使品种各尽所能。

第三节　大豆栽培的生物学基础

一、大豆的生长发育

(一)根

大豆的根是直根系、圆锥根系,由主根、侧根和不定根组成。主根粗而壮,由种子的胚根直接发育而成,垂直向下生长,成长的主根可达1 m左右,主根的四周向外长有许多的侧根。侧根较细,初期呈横向生长,达40～50 cm厚,垂直向下与主根平行生长。从主根上长出的侧根称为一级侧根，在侧根上还可长出二级、三级侧根。另外，在胚轴或基部茎上还可以产生大量不定根。各种根的尖端有大量根毛。在主侧根上结有根瘤（见图 1-1），大豆的根系集中分布在 5 ~ 20 cm 的土壤耕层内，根瘤也主要着生在这一部分根上。在地表 7 ~ 8 cm 范围内，主根生长粗大，主要侧根也集中分布于此。由此向下，主根突然变细。大豆根干物重的 80% ~ 90% 分布在 15 cm 土层中。

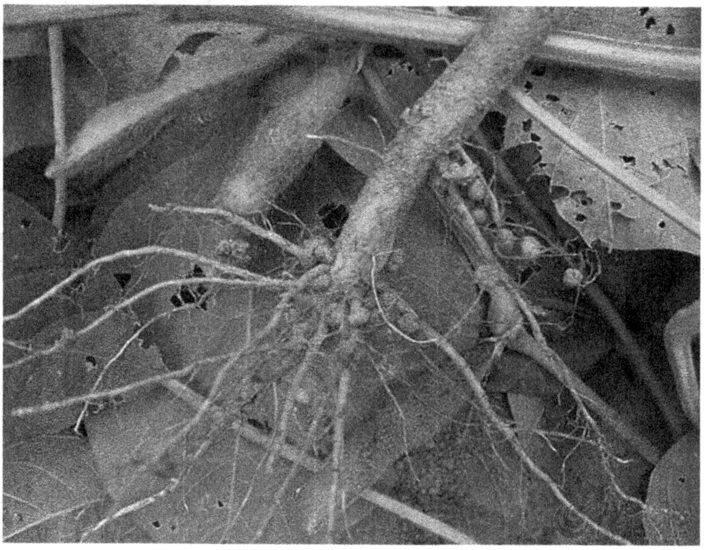

图 1-1 大豆的根及根瘤

种子发芽后，出生的主根即向下生长。发芽后 3 ~ 5 d 侧根开始出现。夏大豆幼苗期根系生长速度明显快于地上部（山东省农科院测定，播后 10 d 的主根长 28 cm，为株高的 5 倍，22 d 主根长 69 cm，为株高的 5.6 倍）。幼苗期地下部根系发育的健壮与否，与产量有密切关系。播种后约 60 d（相当于开花初到盛花），根系横向生长停止，主要侧根向下层迅速伸长。同时，0 ~ 20 cm 土层内出现增生的侧根，也迅速向土壤深处延伸。至鼓粒期地上部生长停止时，根系生长也趋于结束。

（二）根瘤

根瘤是不规则的球茎，直径 1 ~ 5 mm，多为 2 ~ 3 mm，深褐色，大多单个生长。一般粒形大，内部呈粉红色的根瘤固氮能力较强；相反，粒形小，内部呈淡黄色、绿色或黑色的根瘤固氮能力较弱。

根瘤菌形成过程如图 1-2 所示。

大豆根瘤侵入大豆根部后，最初呈寄生关系，根瘤长成后，与大豆呈共生关系。大豆根瘤菌从寄主得到蔗糖、葡萄糖、有机酸等物质作为能源，通过固氮酶活动，固定空气中的游离态氮素，供应大豆生长发育的需要。

大豆根瘤的形成和固氮受多种因素的影响。光照强度对大豆的结瘤和固氮有直接的影响，光合产物是根瘤菌生长的能源，光照不足，可使固氮作用减弱。温度不仅影响根瘤菌在土壤中的存活，也影响根瘤菌的生长及其固氮效率。大豆根瘤菌发育的最适宜温度为 25 ℃左右，50 ℃以上的高温则抑制大豆根瘤菌的生长，甚至杀死根瘤菌。根瘤菌的生长最适土壤水分一般为土壤最大持水量的60%～80%。土壤缺水则影响根瘤的形成；过多则造成通气不良，使根瘤菌固氮活动受抑制。

大豆早期施速效氮会明显抑制大豆结瘤和固氮作用。如果土壤硝态氮浓度高于0.084%，即阻碍根瘤形成和固氮活动，其原因是植株体内碳水化合物大量消耗。磷素是根瘤菌生活的重要营养物质，又是固氮过程不可缺少的元素。大豆施磷可以起到以磷促氮的作用。微量元素钼、铁、硼等对豆科植物根瘤固氮影响也很大。如钼是固氮酶的重要成分，在缺钼的土壤上，虽然能结瘤，但不能固氮。

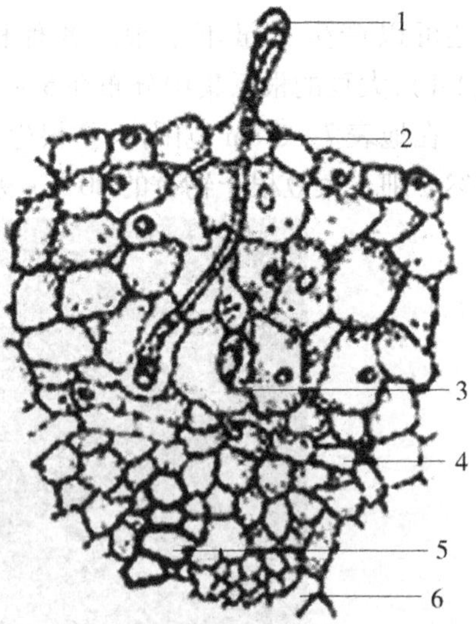

根瘤菌从根毛侵入，形成侵入线

1—受侵根毛；2—侵入线；3—含菌细胞的分裂；4—内皮层；5—木质部；6—中柱

图1-2　根瘤菌形成过程

（三）茎

大豆的主茎由种子的胚芽衍生发育而成，由节和节间组成。茎秆坚韧，近圆柱形，稍带棱角，极个别品种粗大扁平。株高一般为50～100 cm，矮者只有30 cm，高者可达150 cm。大豆株高与品种特性密切相关。一般早熟品种和有限结荚习性品种植株较矮，晚熟品种和无限结荚习性品种植株较高大。同一品种，因环境条件不同株高差别也很大。茎粗一般为4～10 mm，主茎一般具有12～20节，也有多至25节以上的，有的早熟品种仅有8～9节。下部节间短，上部节间长。除子叶节着生一对子叶和单叶节着生一对单叶，各节均着生一片由3小叶片组成的复叶。大豆幼茎有绿色和紫色两种，绿茎开白花，紫茎开紫花。植株成熟时茎呈现出各种固有的颜色，有淡褐、褐、深褐、黑、淡紫等。

大豆主茎各节都有两种腋芽，即叶芽和花芽。叶芽形成分枝，花芽形成花簇。

（四）分枝

一般在主茎基部各节多形成分枝，中上部各节形成花簇。从主茎上伸出的分枝称第一分枝，从第一次分枝上分生的分枝称第二分枝。大多数品种仅有第一次分枝。第一次分枝数一般为2～3个，多者可达10个以上。分枝的多少因品种和环境条件而异。以水、肥和密度影响最为显著。在密度大、营养面积小、通风透光不良的条件下，很少分枝，甚至没有分枝；在密度适中、水肥供应适当的条件下，分枝较多。

主茎粗大，分枝短而不发达，植株矮小，主茎各节密生豆荚，不易倒伏。分枝期间光照条件、磷钾肥和温度是形成枝的重要因素。分枝期间生育的最低温度为16～17 ℃，正常生育的温度为15～19 ℃，最高温度为21～23 ℃，此期间需水量占一生耗水量的16.5%，以土壤最大含水量50%～60%为宜。

（五）叶

大豆属双子叶植物。大豆叶片有子叶、单叶、复叶之分，在豆苗顶出土面时，首先露出的是两片肥厚的子叶，其大小随种子大小而异。在出土以前子叶有黄色和绿色两种，出土见光后变为绿色，并进行光合作用。子叶离地面的高度因下胚轴长短不同而异。一般品种下胚轴较长，子叶离地面 3 ~ 5 cm 以上。

随着幼茎的生长，在长胚轴上，两片对生的单叶随之展开，形似卵圆，大小相同。单叶展开后，随着主茎的伸长，主茎和分枝上的各节所着生的叶片都是互生的复叶，一般复叶具有三片小叶，具有叶柄和托叶。托叶一对，小而狭，呈三角形，位于叶柄的茎相连处两侧，有保护腋芽的作用。叶柄连着叶片和茎，是水分和养分的通道，并支持叶片使之承受阳光。小叶能够随日照而转向，是由叶枕上两边组织的膨压差异所引起的。叶片的性状因品种不同有很大差异(见图 1-3)。

图 1-3　大豆的叶

大豆的叶通常可分为近圆形、卵圆形、椭圆形、披针形。圆形、卵圆形叶有利光线截获，但容易造成冠层封顶、株间郁闭，披针形叶透光性较好。叶形与每荚粒数有密切关系，一般狭长叶每荚粒数多，肥大圆叶每荚粒数较少。

大豆叶片的出生速度主要受温度的影响，夏大豆播种季节气温较高，出苗后 1 d，两片子叶即展开，产成叶绿素进行光合作用，隔 5 d 左右，对生叶随即展开，其光合量较子叶大 1 倍多。出苗后 10 ~ 12 d，第 1 片叶复叶展开，第 1 片复叶到第 3 片复叶每长 1 片复叶生长间隔时间 5 d 左右。第 4 片复叶展开后，由于温度影响，主茎每长 1 片叶需要 2 ~ 3 d。

大豆形成籽粒的有机物质均有 70% 直接来源于开花鼓粒期叶子的光合作用，来源于茎和荚皮的光合作用以及茎贮藏物质的只占 30%。

大豆植株有较强的耐阴性，光补偿点为 750 lx，显著低于棉花、谷子等。因此，适宜与其他作物间作套种，且以尖叶大豆品种最为有利。

(六)花

大豆的花序着生在叶腋间或茎顶端，为总状花序。一个花序上的花朵通常是簇生的，称花簇。大豆花簇的大小，一个花簇上花朵多少，因品种而异，同一品种在不同的气候及栽培条件下，其花簇的大小也有明显的变化。

大豆多在上午开花,其他时间开花很少。从花蕾膨大到花朵开放需 3 ~4 d。每朵花开放时间大约 2 h。开花与外界条件有关,最适宜温度为 20 ~26 ℃,相对湿度 80% 左右。超过此范围,对大豆开花不利。此外,连续降雨,可延迟开花,使花粉彼此黏结一团,降低花粉的生活力,影响受精。

大豆为雌雄同花,外受花萼、花冠包被严谨,花小,无香味。大豆花未开放前,花粉即从花药中散出,完成传粉,因此大豆天然杂交率很低,一般为 0.5% ~1% ,属典型的自花授粉作物。

大豆传粉后 8 ~10 h,便完成受精作用。授粉后,落在柱头上的花粉很快萌发,从萌发孔长出花粉管,经柱头内部组织穿入子房内腔。当花粉管到达胚珠后,从珠孔处进入胚囊的花粉管断壁破裂,放出两个精子分别与卵和极核融合,完成双受精作用。受精后,子房逐渐膨大而形成幼荚。

(七)荚

大豆的荚由受精后的子房发育而成。荚的大小因品种不同而有很大差异。成熟的豆荚长 2 ~6 cm,宽 0.5 ~1.5 cm。荚的长度以 4 cm 左右为最多。

荚的形状有直形、弯镰形和不同程度的微弯镰形,一般品种多为弯镰形。从侧面看,豆荚有半圆形和扁平形,半圆形豆荚的种子为球形或椭圆形。荚成熟色,因品种而异,有草黄、灰褐、深褐、黑等色的区别。豆荚表面往往有茸毛,茸毛色分灰色及棕色。茸毛的多少、长短和颜色是区别不同品种的特征。

大豆每荚粒数有一定的稳定性。一般栽培品种每荚含 2 ~3 粒种子,荚粒数与叶形有一定相关性。披针形品种,4 粒荚的比例很大,也有少数 5 粒荚;卵圆形叶、长卵圆形叶品种以 2 ~3 粒荚为多。每粒荚数与栽培条件关系也很密切,水分、养分充足,气候条件适宜,生长健壮的植株,每荚粒数也较多。

不同的大豆品种具有不同的结荚习性。根据花荚分布及着生状态、茎生长及植株形状等特征特性,一般可分为以下三种结荚习性(见图 1-4)。

1. 无限结荚习性

无限结荚习性品种的花簇轴很短,主茎和分枝的顶端无明显的花簇,往往在开花结束后遇到适宜的环境条件,还可以产生新的花簇。始花后,茎继续伸长,叶继续分生。如果环境条件适宜,茎可伸长很高。在环境条件不适合其生长时,顶端长出 1 ~2 个小荚后停止生长。这类品种适应能力较强,但节间长、植株高,容易徒长倒伏。

2. 有限结荚习性

有限结荚习性品种的花簇轴长,在开花后不久主茎和分枝顶端出现一个大花簇后不再向上生长,结出几个甚至十几个荚果。茎秆顶端开花后,不再增加节数,但茎的直径仍继续增大,主茎和分枝粗壮,分枝短于主茎,株型紧凑,生育期间直立不倒。

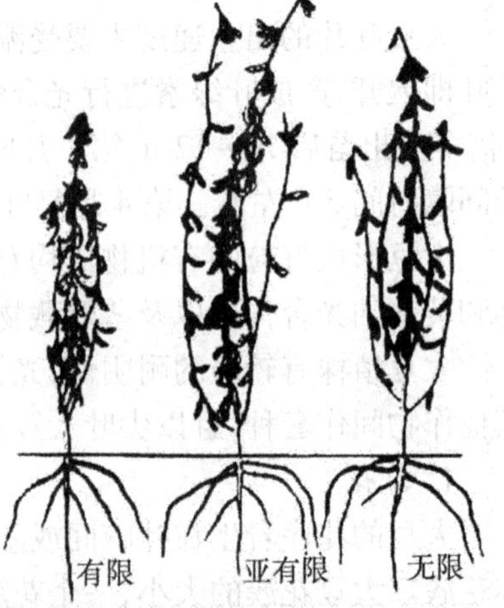

图 1-4　大豆不同结荚习性植株形态

叶片肥大,叶柄较长,开花期短,结荚集中。在水肥条件较好时,生育旺盛,产量较高。

3. 亚有限结荚习性

亚有限结荚习性品质介于以上两种结荚习性之间,而偏于无限结荚习性。植株较高大,主茎较发达,分枝性较差。开花顺序由下而上,主茎结荚较多。此类品种在雨多、肥足、密植的条件下,表现出无限结荚习性的特征;在水肥合适、稀植的条件下,又表现出近似有限结荚习性的特征。

(八)种子

大豆的种子由受精的胚珠发育而成。在成熟的大豆种子中,只有种皮和胚两部分,无胚乳。种皮位于种子的表面,对种子具有保护作用。种皮薄,其重量约占整个种子重量的8%。种皮外侧有明显的脐,系种粒脱离株柄后,在种皮上留下的痕迹。脐的上部有一凹陷的小点,称为合点。脐的下端有一小孔,称为种孔。当种子发芽时,胚根从此孔伸出。

大豆的胚由胚根、胚轴(茎)、胚芽和两片子叶四部分组成(见图1-5)。胚根将发育成主根。胚芽顶端具有和已分化了的真叶以及第一复叶原基,可不断形成地上部分的茎、叶等。胚轴是幼胚的茎,上连胚芽,下连胚根。胚中有两片肥厚的子叶,呈瓣状,贮藏有丰富的营养物质,它对大豆萌发和初期幼苗的生长具有重要作用,也是经济价值最重要的部分(见表1-6)。

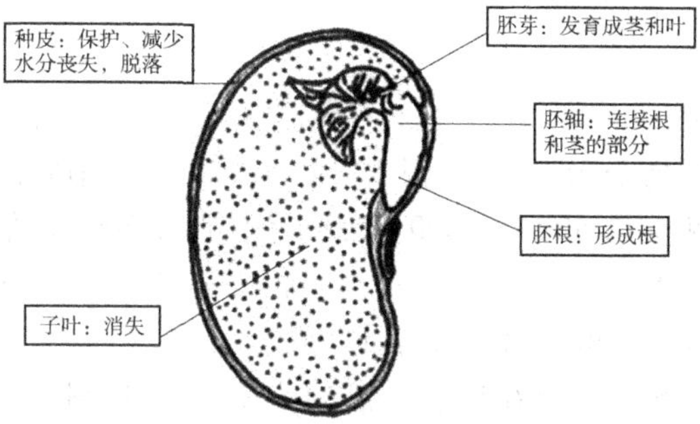

图1-5　大豆种子构造

表1-6　大豆各部分的化学组成　　(%)

成分	整粒	种皮	胚	子叶
水分	11.0	13.5	12.0	11.4
粗蛋白	30~45	8.84	40.76	42.81
粗脂肪	16~24	1.02	11.41	22.83
碳水化合物	20~39	85.88	43.41	29.37
灰分	4.5~5.0	4.26	4.42	4.99

大豆种子的形状通常为圆形、椭圆形、扁圆形、长椭圆形和肾形等。野生种和近于野生的栽培种的粒形多为长扁圆形,进化程度越高的类型粒形越接近圆形。大豆种子的颜色有黄色、青色、褐色、黑色、双色等。黄大豆用途广泛,作油用和食用均可,色泽好,商品价值高;青大豆子叶中分布着淀粉粒,煮熟性很好,适用于作蔬菜用;黑大豆、褐大豆和双

色豆多作饲料或酱豆。

种子的大小通常用百粒重(100 粒种子的克数)表示。栽培品种百粒重多在 14～20 g。百粒重在 14 g 以下的为小粒种,14～20 g 的为中粒种,20 g 以上的为大粒种。同一品种因栽培条件、气候条件不同,粒大小有明显差异。

二、大豆生长对环境条件的要求

(一)光照

大豆是短日照作物。在昼夜交替过程中,大豆要求较长的黑夜和较短的白天。

大豆对短日照的要求是有限度的,绝非愈短愈好,对一般品种,每日 12 h 的光照即可起到促进开花、抑制生长的作用,9 h 光照对部分品种仍有促进开花的作用,但效果已不显著。若每日光照缩短为 6 h,则营养生长和生殖生长均受到抑制。因此,大豆的短日照习性只是指大体在 9～18 h 范围内光照愈强,愈促进生殖器官的发育、抑制营养体的生长。

(二)温度

大豆是喜温作物,表土温度平均稳定在 15～16 ℃以上时播种,可以安全出苗;低于 14 ℃时发芽缓慢,种子容易霉烂,高于 33 ℃时发芽最快,但幼苗细弱,15～25 ℃是大豆发芽最适宜的温度,大豆幼苗对低温有一定的抵抗力,复叶出现前抗寒力较强,能耐 -4 ℃的低温。

大豆生长旺盛时期,平均温度 18～22 ℃最适宜,高于 25 ℃、低于 15 ℃均不利。大豆开花期温度低于 23 ℃、高于 25 ℃开花很少,以 25～28 ℃最适宜。

大豆全生育期需积温 2 500～3 000 ℃,早熟品种 2 500 ℃左右,中熟品种 2 500～2 700 ℃,晚熟品种 2 900～3 000 ℃。一般大豆品种从出苗到开花结果和从结荚始到成熟的需要积温数是大致相等的。各需积温 1 300 ℃。

南阳市大豆多为夏播。一般 6 月上旬播种,9 月下旬收割。大豆生育期间 6 个大豆生态类型区≥10 ℃积温依次为:盆中平原区 2 977.1 ℃、盆东岗地区 2 995.2 ℃、盆西岗丘区 3 048.4 ℃、桐柏低山区 2 965.1 ℃、伏南低山区 3 000.2 ℃、伏南中山区 2 814 ℃。

(三)水分

大豆属于需水较多的植物,形成 1 g 大豆干物质需水 580～744 g。

大豆需水的特点是苗期和成熟期需水较少,种子发芽和花荚期需水较少,大豆发芽需吸够比种子本身重 1～1.5 倍的水分,才能保证发芽,播种时要求土壤田间持水量在 50%。

(四)土壤

大豆对土壤条件的要求不很严格,但以土层深厚、富含有机质和钙质、排水良好、保水力强的中性土壤(pH =6.5～7.0)最为适宜。

酸性土壤施用石灰,盐碱土壤掺沙压碱,加之经常施用有机肥料,也可以种植大豆。大豆因有根瘤固氮,还是开垦荒地的先锋作物,对土地的适应性较强。

(五)养分

大豆是需肥量较大、需要营养元素较全的作物。据测定,每生产 50 kg 大豆,需要氮素2.5～3 kg、磷0.5～1.8 kg、钾0.7～4.9 kg、钙1.1 kg、镁0.5 kg、硫0.34 kg、铁20 g、硼1.5 g、锰0.26 g、钼0.15 g、锌3 g。与获得50 kg稻谷、玉米相比，需氮多1.5～2倍，需磷、钾多0.5～1倍。大豆籽粒中氧化钙和硼的含量均是小麦粒中含量的10倍。大豆吸收各种养分的数量，由于品种和栽培条件的不同而有所差异。一般情况下，产量水平与吸收的营养物质成正相关。当大豆生长不正常，如徒长、遭受病虫害等情况下，会增加花荚脱落，降低产量，比在正常情况下获得同等的产量要吸收较多的养分。

大豆不同生育时期，吸收营养元素的数量是不同的。吸收的数量和速度与大豆生育期干物质形成和积累密切相关（见表1-7）。

表1-7　夏大豆不同生育时期吸收氮、磷、钾的数量和比例

生育时期	N		P_2O_5		K_2O	
	吸收量（g/株）	占总吸收量（%）	吸收量（g/株）	占总吸收量（%）	吸收量（g/株）	占总吸收量（%）
出苗—分枝	0.193	13.8	0.034	8.3	0.072	8.0
分枝—始花	0.589	28.3	0.116	20.0	0.308	26.0
始花—结荚	0.985	23.3	0.210	22.9	0.549	26.8
结荚—鼓粒	1.400	29.6	0.337	30.9	0.899	38.9
鼓粒—成熟	1.336	—	0.411	18.0	0.731	—

三、大豆的分类

（一）按生育期分类

（1）春大豆分为7种：极早熟（<100 d），早熟（101～110 d），中早熟（111～120 d），中熟（121～130 d），中晚熟（131～140 d），晚熟（141～150 d），极晚熟（>150 d）。

（2）夏大豆分为3种：早熟（<95 d），中熟（96～110 d），晚熟（>110 d）。

（二）按播种期分类

（1）春大豆型：黄淮海春大豆型在4月下旬至5月初播种，8月末至9月初成熟。短日照性较弱。

（2）黄淮海夏大豆型：于麦收后6月间播种，9～10月成熟。短日照性中等。

（3）南方夏大豆型：一般在5月至6月初麦收后播种，9月底至10月成熟。短日照性强。

（4）秋大豆型：7月底至8月初播种，11月上半月成熟。短日照极强。

（三）按结荚习性分类

（1）无限结荚习性类型：植株高大。顶端生长点可以持续无限生长。

（2）亚有限结荚习性类型：植株特征介于无限结荚、有限结荚之间。

（3）有限结荚习性类型：植株较矮，顶叶大，秆粗壮，节间短。在一定生长期后，植株自封顶。

（四）按种皮颜色分类

大豆种皮有黄色、青色、褐色、黑色、双色五种颜色。

（五）按种脐颜色分类

大豆种脐有黄白色、淡褐色、褐色、深褐色、黑色五种颜色。

（六）按籽粒形状分类

大豆种子有圆形、椭圆形、长椭圆形、扁圆形、肾形等。

（七）按籽粒大小分类

大豆籽粒按大小可分为7级，也有分为3级的：百粒重20 g以上的为大粒，14～20 g的为中粒，14 g以下的为小粒。

（八）按优质专用大豆的类型与品质指标分类

（1）高蛋白质含量大豆：大豆蛋白质含量45%以上。

（2）高脂肪含量大豆：脂肪含量23%以上。

（3）双高含量大豆：大豆蛋白质43%，脂肪21%。

（4）高豆腐产量大豆：豆腐产量高达10%～20%。

（5）无（低）营养成分抑制因子大豆：无胰蛋白酶抑制剂或无脂氧化酶。

（6）适于出口的小粒豆（纳豆）：百粒重15～16 g。

（7）适于菜用的大粒大豆：鲜荚长5.3 cm、宽1.3 cm，含糖7%，含蛋白质36%～37%。

（8）高异黄酮含量大豆：黄酮含量达0.5%～0.7%。

（九）按用途分类

粮用、菜用、兼用类型。

第四节　大豆的生育进程

一、生育期

大豆从出苗到成熟所经历的天数称为生育期。不同品种生育期长短不同，同一品种由于播种期不同，生育期也不同。

二、生育时期

大豆生长发育过程，可划分为六个生育时期：萌发期、幼苗期、分枝期、开花期、结荚鼓粒期、成熟期。前三个时期主要是营养生长时期，第四个时期是营养生长与生殖生长交叉进行时期，后两个时期主要是生殖生长时期。

（一）萌发期

大豆自种子萌发到幼苗出土为萌发期。

当大豆种子的胚吸收了适当的水分，达到一定温度条件时，胚根便穿过珠孔而出，这就是发芽，以后发育成强大的根系。同时由于胚轴的伸长，两片子叶突破种皮，包着幼芽露出土层，这就是“出苗”。子叶出土后，由黄色变为绿色，开始进行光合作用，自播种到出苗的时间，春大豆一般10～15 d，夏大豆4～6 d。

在生产上，因大豆是双子叶植物，豆瓣较大，出苗拱土费劲，播种不宜过深。淤土地不宜先种后浇水。播种遇雨要破除板结,帮助出苗。

子叶内贮藏的物质在酶的作用下,转化为可溶性养分,供应幼苗生长,如蛋白质经水解变为可溶性的氨基酸,脂肪水解后生成大量的磷脂。因此,生产上进行田间管理时,要保护子叶不受损坏才能达到壮苗。

(二)幼苗期

大豆自幼苗出土到花芽分化之前为幼苗期。

大豆子叶展开后,幼茎向上伸长,在苗高 3 ~ 6 cm 时单叶展开,称为单叶期。幼茎继续伸长,长出第一复叶,称为三叶期,此时一般苗高为 5 ~ 10 cm。幼苗第一节间是衡量苗子的重要形态指标。植株过密时,第一节间往往过长而纤细,发育不良,应及早间苗。幼苗期大豆一般可长出 2 ~ 3 片复叶。一般品种幼苗期持续天数 20 ~ 25 d,占全生育期的 1/5 左右。

大豆幼苗对低温抵抗力较强,最适宜的温度在 25 ℃左右。由于苗期叶面积小,蒸腾量仅 100 ~ 150 ml。此期幼苗较能忍受干旱,苗期适宜土壤湿度为 19% ~22%(相当于土壤容水量的 52%左右)。幼苗前期,从子叶中吸取部分有机营养。当根系生成后,开始从土壤中吸取营养。幼苗期对养分和水分的需要在全生育期中为最小阶段。但此期是促进根系生长的关键时期,在栽培技术措施中,须加强田间管理,实行人工间苗,中耕除草,防治豆秆蝇危害,以促进生长发育,培育壮苗。

(三)分枝期

分枝期也称为花芽分化期。自花芽开始分化到始花之前。

自出苗后 25 ~ 30 d,每个复叶的叶腋开始有腋芽分化,下部腋芽分化形成分枝,中上部腋芽分化为花蕾。此期是决定分枝多少和开花多少的关键时期。一般持续时间17 ~ 25 d。

夏大豆分枝期生长发育旺盛的时期,植株生长量较大。这一时期与幼苗期相比,叶片数增加约 1.5 倍,叶面积增加 4 倍左右,净光合生产率增至 4 mg/(m^2 · d)作用。植株高度的增长几乎占总株高的一半,茎粗增长约占总茎粗的 78%。分枝不断增加,根系继续扩大伸长。在主茎与分枝上的腋芽不断分化形成花蕾。这一时期植株生长的健壮与否,与产量有密切关系。因此,在苗全苗壮的基础上,分枝期应采取各种措施,促使达到株壮、分枝多、发芽多的目的。

花芽分化除受光照条件影响外,还受温度条件的影响。花芽分化期的适宜温度,一般为日平均气温 20 ~ 25 ℃,温度较高时花芽分化稍快,温度较低时稍慢。

这一时期土壤营养条件、水分和通气状况是否满足大豆生育的要求,也明显影响植株的花芽数、分枝数及根系生长的优劣。追施氮磷肥料、及时灌溉、中耕培土对促进植株生长、增加分枝数和开花数有重要作用。

(四)开花期

大豆从初花到鼓粒为开花期,需 20 ~ 30 d。

此期是大豆生长发育最旺盛的时期,营养生长和生殖生长同时并进,既长根、茎、叶,又大量开花结荚,干物质形成和积累达到高峰。大豆开花期植株含糖、氮量增高,各器官糖、氮代谢旺盛,呼吸强度增高,根系伤流量加大。此期是决定植株营养体和叶面积大小、节数和花荚数多少的关键时期。

大豆开花最适宜的温度为昼间22～29 ℃、夜间18～24 ℃。适宜的空气相对湿度为74%～80%。据观察，当温度在25～28 ℃时，开花占88.9%；温度在16 ℃以下和33 ℃以上时，则无花朵开放。当空气相对湿度在74%～80%时，开花占开花总数的82.3%；空气相对湿度在90%～100%时不开花，低于70%以下时，也极少开花。大豆在开花期间如遇阴雨连绵，往往抑制开花和花芽分化的正常进行，而延长开花期；如遇干旱，则所开的花即行凋萎，甚至大量脱落。开花时期大多对光照要求较高，如果光照不足，叶片光合产物较少，花荚呈饥饿状态而脱落。开花期大豆生育旺盛，需要大量养分。土壤中养分贫乏，或释放养分速度跟不上植株需要，会显著影响大豆营养生长和生殖生长。因此，在土壤肥力不足情况下，应在开花前或开花初期追施速效氮肥。

（五）结荚鼓粒期

大豆自终花到黄叶之前为结荚鼓粒期。

大豆开花受精后，子房随之膨大，接着出现软而小的青色豆荚。豆荚最先增加长度，其次增加宽度，最后增加厚度。种子的干物质积累大约在开花后10 d内增加缓慢，开花后20 d增加较快。在种子发育过程中，随着种子的增加，粗脂肪、蛋白质等逐渐增加，淀粉与还原糖则逐渐减少，灰分中的磷也逐渐增加。种子体积与重量迅速增加的时期，称为鼓粒期。

在结荚鼓粒期，生殖生长占主导地位。植株体内的营养物质开始再分配再利用，籽粒和荚壳成为这一时期唯一的养分聚集中心，无论是光合产物还是矿质养分都从植株各部分向籽粒转移，以满足种子生长的需要。这一时期的外界条件，对大豆的结荚率、每荚粒数、粒重以及产量有很大影响，若温度较低，光照不良，水分和养分不足，将造成大量落荚，降低籽粒重量。这一时期采取有效措施，控制豆荚脱落，防止瘪荚瘪粒，是田间管理的中心任务。

（六）成熟期

大豆自黄叶开始到完全成熟为成熟期。

随着豆荚的形成，光合产物停止输送给幼叶和生长点，而集中运往豆荚。这一时期，大豆整个生育逐渐迟缓下来，最后生育完全停止，而进入黄熟期。同时在种子内，水分逐渐减少，有机物质积累增多，最后种子变硬而呈遗传性固有的形状、大小的光泽，荚亦呈现固有颜色，此时称为成熟期。

大豆开花后40 d的种子即具有发芽力，经55 d的种子发芽健全整齐。不同成熟度对种子品质和产量有很大关系，一般成熟完好的种子，百粒重、蛋白质含量、脂肪含量均较高。成熟不完好或过熟，对种子品质和质量都有不良影响。因此，要做到适时收获。

三、大豆的花荚脱落

花荚脱落是大豆生产上的突出问题。大豆每株开花数一般在100朵以上，但通常只能结荚20～30个。其花荚脱落率达50%～70%。这是大豆单产不高的一个重要原因。

（一）花荚脱落的一般现象

大豆花荚脱落是由于花柄基部形成离层引起的。据镜检观察，脱落的花荚大部分已完成了受精作用,而且有许多胚珠已分化了胚乳及胚,说明落花落荚主要发生在受精作用之后。

一般以落花率最高,占40%左右,落荚率次之,约占35%,落蕾率较低,仅为1%~3%。落花多发生在花开放后3~5 d;落荚以开花后7~15 d的幼荚最多;落蕾多发生在花轴末端及副芽花序上。不同品种其花荚脱落率具有一定差异,有限结荚习性品种花荚脱落率较低,无限结荚习性品种花荚脱落率较高。在同一植株上,有限结荚习性品种下部脱落率最高,为65%~70%,中部为50%~60%,上部在45%以上;无限结荚习性品种,中部脱落率最高,为60%~70%,上部和下部为40%~45%。同一花序不同花位花荚脱落率明显表现为自内向外逐渐增加。第一花位脱落率为10%~15%,第二花位为20%~30%,第三花位达80%。

(二)落花落荚的原因

造成大豆花荚脱落的原因有内部原因和外部原因。有机营养缺乏是造成落花落荚的主要内在原因;土壤养分不足,土壤干旱或水分过多,光照不足(6 500~8 000 lx以下),温、湿度过高(温度高于29 ℃,相对湿度达100%),病虫危害等都是造成花荚脱落的外部原因。大豆开花始期到盛花期,生长发育迅速,花荚大量形成,需要大量养分,如果养分供应不足,植株营养不良,花荚脱落显著增加。但如果施氮肥过多,引起植株徒长和倒伏,会导致群体光照恶化,光合产物减少,增加脱落。土壤缺水使大豆植株生长矮小,叶面积少,光合速率减弱,有机物质积累少。还表现为细胞液浓度增大,向花荚输送养分的机能受阻,引起花荚发育停滞脱落。

(三)解决严重的花荚脱落问题的途径

培育生理上光合效率高,生态上叶面透光率高、株型收敛、群体透光好的品种类型,提高大豆栽培技术,改善大豆群体的生态条件。

当前减少花荚脱落的有效措施有如下几项:

(1)选用多花、多荚的高产良种。

(2)细致整地、播种、间苗、中耕、培育壮苗。

(3)进行合理密植,配置好株行距。

(4)利用前作多施肥的残效,或整地前施用有机肥、磷肥,并在始花期追施氮、磷肥。

(5)结荚鼓粒期注意土壤水分状况,干旱时,要勤浇、细浇;雨涝时,要及时排水防涝。

(6)及时治虫保叶。

大豆在结荚鼓粒阶段种子得不到足够的营养物质而形成种粒脱荚的问题,也是影响大豆产量和品质的大问题。脱荚脱粒的原因:一是叶片功能衰退,制造的有机质不足;二是因为缺墒,营养物质的运输受阻滞。为了防止脱荚脱粒产生,要加强后期田间管理,防止病虫害对植株叶片的侵害。同时,要根据气候和土壤水分状况,掌握好灌溉和排涝的技术措施。

四、大豆的长相与生理

(一)力争早播,促三期相等

大豆生育的6个阶段,按生理特点可以分成3个时期,即苗期(包括发芽出苗期、幼苗期和分枝期)、花期(现蕾开花至结荚)和荚期(结荚鼓粒至成熟)。

1. 苗期

苗期主要是营养生长时期。此时生理特点是以氮代谢为主。它的任务是给下段发育做好准备,打下雄厚的物质基础。它的主攻目标是苗全、苗壮、根系发达、枝叶茂盛。在夏大豆中,同一品种苗期(从播种到现蕾)时间的长短,与播种期早晚有很大的关系,决定着产量的高低。早播苗期时间长,也就是营养生长时间长,能多长几个枝叶,就能多几个花荚。晚播必然苗期缩短,提前开花,营养生长时间短,枝叶花荚数少,产量不高。

2. 花期

由现蕾开花到终花结荚为花期,这是营养生长与生殖生长并进时期,此时生理特点是糖、氮代谢并重。主攻目标是保花、保荚,减少脱落。

3. 荚期

由结荚鼓粒到成熟为荚期,这是生殖生长时期,此时生理特点是以糖代谢为主,将可溶性碳水化合物合成高能量油分与蛋白质。这个阶段的主要田间管理任务是防涝、防旱、治虫、保叶。

力争早播,可以使大豆苗期、花期、荚期 3 个时期的时间大致相等。晚播,生育期短,主要是苗期时间短。因植株提前开花,荚期不会因晚播时间变短多少。

(二)减轻两种饥饿,促进两个高峰

大豆一生中的生理特点是有两次两种不同性质的饥饿和两个生长高峰。

(1)大豆出苗后 10 d 左右,子叶的养分已经用完,变黄脱落,根系和根瘤幼嫩,吸收和制造能力不强。这时形成苗期饥饿。

大豆结荚灌浆鼓粒期,生殖生长需要大量的营养物质,此时,叶子制造的营养物质往往供不应求,形成结荚期饥饿,造成落花落荚,百粒重下降。

上述两次饥饿,是性质不同的两种饥饿。苗期是营养生长饥饿,是根系幼嫩吸收力不强所致的饥饿。苗期加强田间管理,早间苗、早定苗、早中耕松土除草,促进根系发育健壮,有利于减轻苗期的饥饿。荚期是生殖生长旺盛,需要营养多,制造出来的物质供不应求所致的饥饿。这时采取根外喷肥、打药治虫保叶、灌水防旱等措施,有利减轻饥饿,达到高产。

(2)全生育期总含氮量日平均增长量出现两个高峰,一个出现在现蕾到初花,一个出现在盛花到结荚。光合总含糖量日平均增长量出现两个高峰,一个是花期,一个是鼓粒期。总的来看,氮增长高峰后是糖增长。两次饥饿以后出现两次生长高峰。生产上的水肥管理措施应在两次饥饿之前进行,以减轻饥饿对植株的影响,促进两次生长高峰到来。

(三)豆叶落黄与保好三层叶

大豆有子叶 1 对、单叶 1 对、复叶 15 ~ 20 个(主茎)等 3 种叶子。复叶又分下层叶、中层叶和上层叶 3 层。子叶、单叶和下部 5 片复叶什么时候开始变黄脱落,与植株的长相有密切关系。

丰产田健壮的大豆植株,子叶变黄脱落的时间是主茎长出第 3 片复叶的时候。如果落黄过早,标志苗不健壮,田间管理措施没有跟上。单叶变黄的时间是主茎长出第 5 片复叶以后,如果落黄过早,说明栽培环境对大豆生育不利。下部第 1 片复叶开始变黄的时间是主茎长出第10片复叶的时候，如果落黄过早对丰产不利。

大豆现蕾以前长出的复叶叫下层叶，一般指主茎下部第1～6片复叶。以氮代谢为主，它制造出来的营养物质是用来增长扩大营养体的，下层叶的生长天数一般为30 d左右。大豆花期长出的复叶叫中层叶，一般指主茎第7片复叶至第12片复叶。此时糖、氮代谢并行，它制造的营养物质主要用于开花结荚。

中层叶的生长天数一般在60 d以上。大豆结荚鼓粒阶段长的复叶叫上层叶，以糖代谢为主，它制造的营养物质主要用于鼓粒灌浆，它的生长天数一般在50 d左右，对后期荚多、粒重起主导作用。

大豆高产田的叶面积系数，现蕾期在1.0左右，盛花期在4～5，鼓粒期在4左右。

据同位素元素示迹来观察，大豆每片叶所制造的养料主要供给着生的同一节间开花结荚应用，如叶有不同程度受伤，这个节间就少挂荚或不结荚。据试验，每生产1 g籽粒即需叶面积100～340 cm^2，一棵大豆每生产50 g籽粒约需20片叶。

（四）茎粗节短与三空四长

茎秆是大豆养分过渡、贮藏的场所，经运转入荚形成籽粒。茎粗节多、节短，有一定分枝是大豆丰产的标志。一般主茎有14～20节，节数的多少、粗细、扩杈性能与品种习性有关，受肥料、密度的影响也很大。肥料密度配置不当、气候异常、营养不良皆可以造成减产的植株长相为“三空四长”。三空即荚空、节空、分枝空，就是荚内无籽，有节无荚，有枝无荚；四长即叶柄长、节间长、茎杈长、结荚部位长。这是高肥过度条件下形成的不良植株长相。

根据品种特性、播期早晚、土地的肥瘦等条件确定合理的株行距配置方式，加上科学管理，就能使大豆植株达到茎粗、节短、生长健壮的目的。

第五节　大豆栽培技术

一、合理轮作

轮作倒茬是大豆增产的一项有效措施。大豆不宜种重茬和迎茬，也不宜种在其他豆科作物之后。重茬迎茬大豆一般发芽迟缓，缺苗多，幼苗黄弱，根系发育不良，枯萎矮小，茎秆瘦弱，分枝少，进入生长后期表现更为明显。一般重茬一年可减产10%～15%，重茬二年可减产15%～20%。因此，大豆轮作倒茬增产显著。

（一）大豆轮作倒茬的增产原因

1. 减轻病虫杂草危害

以大豆为寄主的几种病虫草害，如斑点病、立枯病、线虫病、大豆食心虫、菟丝子等，在大豆收获时，其病菌、虫卵、草籽随着落叶残枝留在土壤中，来年再种大豆，这些病虫草害就会继续危害大豆，并由于其积累、繁殖和发展，使危害越来越重。

如改种其他非寄主植物，实行两年以上的轮作，危害大豆的这些病菌、虫卵和草籽就会失去寄主，经过一定的间隔时间而大量死亡，重新种大豆时，就可以减轻危害，保证大豆正常生长。

2. 调节土壤养分

豆类作物需磷、钙养分较多，但却可以通过根瘤固氮作用增加土壤氮素，大豆重茬会使土壤中的磷、钙养分过度消耗，常因供应不足造成减产，而氮素过多又会降低根瘤菌的固氮能力。与禾谷类作物合理轮作，可以使土壤养分互补，维持土壤养分平衡而持续增产。

3. 减少有毒物质积累

大豆在生长过程中，根系与根际微生物会分泌一些对自身有抑制作用的有毒物质，对大豆的正常营养代谢产生不良影响，使根系发育受阻，根瘤菌活动能力减弱，植株生长瘦弱，造成减产。与其他作物轮作，可以改善土壤环境和理化性状，从而达到高产稳产的目的。

(二)主要轮作方式

大豆合理轮作，既要考虑大豆的固氮肥茬作用，又要考虑与后茬作物所需养分的互补作用，达到用地与养地相结合，持续稳定全面增产的目的。南阳市大部分为一年两熟耕作制度，其主要轮作倒茬方式有：

小麦—夏大豆→小麦—夏玉米→小麦—芝麻；

小麦—夏大豆→油菜—夏玉米(红薯)→小麦—夏谷子；

小麦—夏大豆→小麦—夏红薯→冬闲—棉花。

(三)大豆茬的特点及其对后作的影响

(1)大豆有根瘤菌，能固定土壤空气中的游离氮素，提高土壤肥力，大豆的根和落叶遗留在地里，增加了土壤养分和有机质，有培肥地力、提高后作产量的作用。

(2)大豆茬的下茬杂草较少。

(3)大豆茬的下茬病虫害较轻。大豆的主要病虫害如食心虫、豆秆蝇、豆荚螟、病毒病等一般不危害禾谷类作物。所以，豆谷轮作是减轻病虫害的有效方法。

二、大豆的施肥

(一)有机肥

有机肥养分全，肥效持久。可提供大豆生长发育所需的氮、磷、钾及各种微量元素。还可培肥地力，为大豆根系生长创造良好的水、肥、气、热条件。另外，有机肥所含养分大部分为有机状态，施入土壤后通过微生物活动，逐步将养分释放，肥效稳，且有利于根瘤的形成。大豆施用农家肥，因地力基础不同，其增产效果差别很大。前茬小麦亩产 350 kg 以上的高肥地块，当季施用有机肥效果不明显，在前茬小麦亩产 300 kg 以下的中低产田，施用有机肥可以取得显著的增产效果，且地力越薄，增产越显著。方城县在前茬小麦 150 kg 的薄地上试验，亩施 2 000 kg 农家肥亩产 95. 5 kg，亩施 4 000 kg 农家肥亩产 114. 2 kg，比不施用有机肥分别增产 23. 4% 和 47. 5%。

(二)氮肥

大豆虽有根瘤菌固氮，但大豆根瘤菌固氮只占本身需要量的 1/3 ~ 1/2，其余仍需从土壤中吸收。因此，施用氮肥，可以充分满足大豆生长发育的需要，具有一定的增产效果。氮肥施用效果的大小与土壤中有效氮的含量和土壤肥力有密切关系，土壤肥力水平高，则施氮肥效果低。据南阳市经验，前茬小麦亩产 350 kg 以上的高产田，种大豆一般不施氮素化肥；前茬小麦亩产 250 kg 以下的低产田，施氮肥效果明显，每亩于花期追施 10 kg 尿素可增产 20% ~30% 。大豆施氮量不可过大，以免抑制根瘤形成，降低固氮能力，增加营养生长与生殖生长的矛盾，造成减产。据河南省生产实际，一般中低产田大豆亩施尿素 7.5 kg 左右，高产田不施或少施氮素化肥。

（三）磷肥

磷肥对大豆生长发育的影响和增产效果一般比氮肥更为明显。据南阳市重点调查，大豆分枝开花期施磷，增产 30% ~50% 。据试验，在中等肥力的两合土上，底施钙镁磷肥 35 kg，比不施磷肥增产 76.2% 。磷肥效果大小与土壤肥力、土壤中有效磷含量多少密切相关。当土壤中有效磷在 60 mg/kg 以上时，施磷效果小且不稳，有效磷在 10 ~20 mg/kg 以下时增产显著。前茬小麦亩施 50 kg 左右磷肥后，其后效基本可满足大豆生长发育的需要，再施用磷肥增产效果不很明显。

（四）钾肥

施用钾肥的效果依不同土壤条件有明显区别。在缺钾土壤上，大豆施钾对促进生长发育、延长叶片功能期、增加干物质积累、提高固氮能力有良好作用。在耕层土壤有效钾含量 100 mg/kg 以上时，施钾效果不明显。

（五）微肥

微肥是指含微量元素的肥料。这些微量元素虽然在大豆中含量很少，但它们参与一些重要的生物化学过程而且作用不可替代，缺乏这些微量元素就会严重影响大豆生长发育和产量形成。因此，及时补充土壤中缺乏的微量元素是大豆高产的重要措施。目前在大豆上应用较多的有钼肥、硼肥、锌肥等。

钼酸铵在大豆拌种和叶面喷洒上广泛应用。据报道，土壤有效钼含量小于 0.15 mg/kg 时为缺钼临界值，南阳市有 90% 土壤缺钼。大豆施用钼肥一般增产 5% ~20% 。由于南阳市 96% 的土壤有效硼含量低于 0.5 mg/kg 的临界值，大面积严重缺硼，因此大豆施硼肥有显著增产效果。南阳市开展大豆施硼试验，结果表明增产幅度在 4.1% ~29.9% ，平均增产 13.7% 。其他微肥在土壤相应微量元素缺乏时，也有明显的增产效果。

大豆在生长过程中，缺乏某种营养，都表现出一定的症状，根据这些特点，可用目测法诊断：大豆生长所需要的微量元素主要有钼、锰、锌、硼、镁等，这些元素在大豆植株中含量很低，但它们对各项生理功能的作用极为重要。微量元素可促进大豆的正常生长发育，增加大豆产量和改善品质。适当地补充微量元素是一项经济有效的增产方法。如大豆常用的微量元素钼酸铵，施钼可增产 5% ~20%（除冲积土外），在白浆土上增产效果最显著，其次为黑土、沙土和黄土。但施用量过多，易造成植株中毒。在生产中，一般可以通过测土平衡施肥、采用含微量元素的种子包衣剂进行种子包衣，或用微肥拌种以及叶面喷施，均可有效预防微量元素缺乏症。

（六）化学调控

倒伏是高产大豆田的主要问题，大豆生长期间，采用化控技术，可促壮抑旺，增花保荚，提高产量。大豆化学调控的方法主要有以下几种：

（1）喷施多效唑。在大豆分枝到初花期亩喷施 100 ~200 ml/kg 的多效唑溶液 20 ~30

kg,可使大豆植株矮化,叶片功能期延长,利于豆田通风透光,改善小气候,防止倒伏,促进高产。使用浓度和次数应视大豆生长情况而定。

(2)喷施三碘苯甲酸。在大豆的开花期喷施浓度为100 ml/kg的三碘苯甲酸溶液,间隔5~7 d再用200 ml/kg的三碘苯甲酸溶液,每亩每次用量为50 kg。可以抑制大豆植株顶端的生长优势,促进腋芽发育,增多分枝,矮化植株,控旺防倒,增加开花,减少落荚,促进早熟增产。

(3)喷施亚硫酸氢钠。在初花期和盛花期亩用15%~17%的亚硫酸氢钠溶液50 kg各喷1次,可降低呼吸强度,减少落荚。在大豆花荚期用20~30 ml/kg的增产灵溶液50 kg,每隔1周喷1次,连续2次,能使豆荚脱落减少10%,增产10%~15%。

(4)喷施矮壮素。可使节间缩短,茎秆粗壮,叶片加厚,叶色深绿,能抑制徒长,防止倒伏,增加抗病抗旱抗涝和耐盐碱的能力。一般在大豆有4片复叶时,每亩用0.1%的矮壮素溶液喷施,到初花期再用0.5%的矮壮素溶液喷一次,每次每亩喷药液50 kg。

三、大豆的施肥技术

大豆施肥应根据其生长发育对营养的需求,并综合考虑土壤肥力条件、轮作制度、播种方式等,合理确定施肥种类、施肥量的施肥方法。推广应用复混肥、配施微肥,促进植株健壮生长,提高抗逆能力。大豆施肥一般分为基肥、种肥和追肥。

(一)基肥

基肥即在大豆播种前施肥,一般多用有机肥加过磷酸钙或钙镁磷肥混合后施入。施肥量以粪肥质量、土壤肥瘠程度和前茬施肥情况而定。一般用牲畜肥、猪圈肥、灰土粪做底肥,每亩用量2 000~3 000 kg,加入30~40 kg磷肥沤制后于整地时施入土壤。

播种前用各种微肥、菌肥、生长调节剂浸种拌种,也是施用种肥的较好方式(详见种子处理部分)。

(二)追肥

追肥应根据土壤肥力和底肥、种肥的施用情况而定,看天、看地、看苗情追肥。其方法有根部追肥和叶面喷肥两种。

1. 根部追肥

根部追肥以氮肥为主,同时可搭配磷钾肥,追肥时间多在苗期或初花期。夏大豆生育时间短,为了促进营养生长,苗期追肥很重要。在前茬施磷不足或没有施磷肥的地块,应在苗期追施磷肥,一般每亩用30~40 kg过磷酸钙开沟条施,或撒施深锄。薄地大豆苗子瘦弱,每亩可追施15~20 kg硫酸铵或5~7 kg尿素,也可追施15~20 kg磷酸二铵复合肥。大豆花荚期需肥最多,因此大豆初花期或分枝期追肥效果明显。一般每亩追施尿素7~10 kg为宜,苗期已追肥长势较旺时可少追,薄地可适当多追。以条施为主,也可在培土前撒于行间,随施随串沟培土覆盖。施肥最好结合灌水,以充分发挥肥效。

2. 叶面喷肥

叶面喷肥用量少,见效快、效果好,一般在盛花至结荚期进行。叶面喷肥所用的肥料为速效性的氮、磷、钾肥,复合肥、各种微肥等。人工喷洒,一般每亩喷洒肥液50~75 kg,常用的有:0.3%的磷酸二氢钾溶液于盛花期前后喷施1~2次,每次间隔7 d;2%的尿素溶液，每亩用尿素1～1.5 kg，加水50～75 kg；每亩用钼酸铵20～30 g，加水50 kg喷雾；亩用硼砂75～100 g，加水50～75 kg喷雾。为了防治害虫，可用氧化乐果、敌杀死等农药混合喷施。

（三）大豆缺素症状的辨别与防治

1. 缺氮

症状：从下部开始，叶色变浅，呈淡绿色，以后逐渐变黄而干枯，有时叶面出现青铜色斑纹，严重缺氮时，植株生长停止，叶片逐渐脱落。

防治：可在苗期或初花期每亩追施尿素5～7 kg或和人粪尿500～700 kg兑水浇灌，也可用1%～2%的尿素溶液进行叶面喷洒，还可采用断根栽培。大豆属于直根系作物，入土较深，但侧根少。适时切断大豆主根，可促进大豆侧根的生长，增加养分吸收和增强根瘤菌固氮能力。断根宜在播种后10～11 d时进行。方法是用薄铁铲斜插在豆苗地下约5 cm深处切断主根，严禁使豆苗移位和伤害侧根。

2. 缺磷

症状：叶色变深，呈浓绿色或墨绿色，叶形小，尖而狭，向上直立，植株瘦小，生长缓慢。严重缺磷时，茎秆和叶片出现紫红色，开花后缺磷，叶片上出现棕色斑点。

防治：苗期每亩开沟条施过磷酸钙30～40 kg或磷酸二铵15～20 kg，花期可叶面喷洒0.3%的磷酸二氢钾溶液50～70 kg。

3. 缺钾

症状：老叶尖部变黄，逐渐皱缩向下卷曲，但叶片中部仍可保持绿色，因而叶片变得残缺。生育后期缺钾时，上部小叶柄变棕褐色，叶片下垂而死。严重缺钾时，则全株至荚期枯死。高温干旱或长期大雨，均易产生大豆缺钾症。

防治：每亩追施氯化钾7～8 kg或每亩撒施草木灰70～100 kg，也可每亩喷洒0.3%～0.5%的磷酸二氢钾溶液50～70 kg。

4. 缺硼

症状：当土壤中有效硼含量低于0.5 mg/kg的临界值时，大豆就会表现出缺硼症状。大豆缺硼时叶小、厚、浓绿，皱缩卷曲，中（后）期上部叶产生浓绿与黄色相间的花叶，生长点易坏死，植株矮化丛生，蕾不开花或花荚易脱落。

防治：每亩用硼砂150～200 g与氮、磷肥混合追施，或每亩用硼砂100 g兑水50～60 kg进行叶面喷洒。或在播种前每千克种子用2 g硼砂加适量清水溶化后播种。

5. 缺锌

症状：当土壤有效锌含量在0.6 mg/kg以下时，表现为叶片容易发生局部失绿或皱缩，伴有不规则状的棕色或褐色斑点。叶片小，枯株瘦长。花期前后严重缺锌植株下叶淡绿或黄化，症状从下向上发展。花荚脱落多，空秕粒增多，晚熟。

防治：每亩施硫酸锌1～1.5 kg，或每亩喷施0.2%～0.3%硫酸锌溶液50～60 kg，也可用0.1%～0.2%的硫酸锌溶液拌种。

6. 缺锰

症状：叶片中叶绿素减少，首先在叶脉间失绿，而叶脉和叶脉附近仍保持绿色。

防治：可叶面喷洒0.1%的高锰酸钾溶液1～2次。

7. 缺铁

症状：顶部新叶先黄化，叶脉仍保持绿色，叶小。严重时，整个叶失绿，黄叶上着生红棕色斑点，以黄化斑点变褐色，并扩大成片。叶片卷曲枯萎，植株矮化瘦弱，顶芽坏死。大豆苗期对铁较中、后期敏感，黄化缺铁叶最早在第一、第二复叶出现，若遇高温、干旱，导致迅速死亡。

防治：可叶面喷洒 0.3% ~0.5% 的硫酸亚铁溶液 1 ~2 次，每次每亩喷洒 30 ~50 kg。

8. 缺钼

症状：当土壤中有效钼含量低于 0.15 mg/kg 时，豆科作物便会表现出缺钼症状。表现为：中、上部叶片易出现失绿症，后变为橘红色，有时着生红棕色环斑，环中央有一黑点，叶厚或扭曲。花期以后，下部叶失绿，全叶呈柠檬黄色，病叶易焦枯脱落。植株生长缓慢、发育不良、细长瘦弱、蔓化。籽粒小而少。

防治：每亩用 3 ~5 g 钼酸铵加热水 200 g 拌种，或每亩喷洒 0.3% ~0.5% 钼酸铵溶液 30 ~50 kg。

四、合理灌溉

(一)大豆的需水规律

大豆是需水较多的作物，每形成 1 g 干物质需要消耗 600 ~1 000 g 水分，高于禾谷类作物。大豆全生育期耗水量与产量有极显著的正相关关系，在一定范围内产量随着耗水量的增加而增加。

大豆不同生育期对水分有不同的要求。种子萌发要求水分充足，大豆籽粒大，脂肪、蛋白质含量高，萌发所需要的水分多。若土壤墒情不好，种子不能膨胀。夏大豆播种期正值旱季，土壤水分不足是影响苗全苗壮的主要限制因素，因此足墒早播尤其重要。大豆幼苗期比较耐旱怕涝，土壤适当缺水，有利于促进根系下扎，若水分过多，茎部节间伸长，幼苗黄弱，产量不高。足墒播种的地块，一般苗期不灌溉，可根据根系生长特点，中耕保墒，促根下扎。从始花到盛花期，大豆植株生长快，需水量逐渐增大，土壤干旱，营养生长受阻，开花稀少，蕾花脱落严重；但若雨水过多，则茎叶生长过旺。开花结荚时期，是大豆需水最多的时期，开花结荚期遇旱，不育花数增加，单株荚数和粒数减少，对产量有直接影响。鼓粒初期植株需水仍十分迫切，之后逐渐缓慢减少，但对水分仍比较敏感，土壤缺水，影响大豆粒重。

(二)灌溉技术

根据大豆各生育时期需水规律，结合苗情、墒情、雨情等具体情况，采取相应的措施，进行合理灌水，才能收到良好的灌水效果。

大豆植株生长状态是需水与否的重要标志。大豆植株生长缓慢，叶片老绿，中午叶子有萎蔫现象，即为大豆缺水表现，应及时灌溉。据测定，当大豆植株体内含水量在 69% ~75% 以上时，为正常生育状态；当植株体内水分降低到 65% ~67% 时，呈萎蔫状态；当植株体内水分降到 59% ~64% 时，植株凋萎，开花数减少，落花明显增加。所以，观察植株生长状态，结合测定植株体内水分，是判断大豆缺水与否的主要依据。

土壤含水量是否适宜是确定大豆灌水与否的可靠依据。大豆播种到出苗要求土壤含水量为田间最大持水量的70% ~75%,出苗到开花为65% ~75%,开花到结荚为75% ~85%,结荚到鼓粒为70%左右。当土壤含水量在各生育时期适宜含水量下限时,应及时进行灌水。

大豆灌水还要考虑天气情况,做到久晴无雨连灌,将要下雨不灌,晴雨不定早灌。

五、播种

大豆播种的要求是实现苗早、苗全、苗齐、苗匀、苗壮,为植株健壮发育和高产打下良好的基础。为此,要求做好种子处理,做到适期早播,合理密植,提高播种质量。

(一)合理密植

1. 主茎分枝与密度

大豆具有分枝性,确定适宜的密度,既要考虑增加主茎结荚,又要争取适当的分枝结荚,达到既使个体发育好,又使群体不过小;既要主茎荚,又要分枝荚。

2. 水肥条件与密度

肥地植株生长繁茂,封垄早,种植宜稀;反之应密。同样地力施肥浇水多的地块种植宜稀,反之宜密。

3. 品种与密度

植株高大、生长繁茂、分枝性强、生育期长的品种,种植宜稀,反之宜密。

4. 叶形与密度

叶片大而圆的品种,生长期叶面积系数大,互相遮光严重,影响通风透光,种植宜稀,反之宜密。

5. 播种期与密度

大豆对光照反应敏感,同一品种,早播的生育期长,营养体繁茂,种植密度宜稀,反之宜密。

1)适宜的密度范围

各地试验结果表明,南阳市目前夏大豆合理的密度范围每亩1.2万~2.5万株。6月上中旬播种,肥地以每亩1.2万株、薄地以每亩1.5万~2万株为宜;6月中下旬播种,肥地以每亩1.5万~2万株,薄地以每亩2.5万株为宜。采用麦垄套种时,每亩套种6 000~7 000穴,双株苗,每亩密度1.2万~1.4万株。

2)株行距配置方式

在相同密度条件下,采用不同的株行距配置方式可以产生不同的效果。中上等肥力地块宜采用40~50 cm等行距种植;中下等肥力地块可采用40~50 cm和20~25 cm宽窄行种植,以改善田间通风、透光条件。

(二)种子处理

1. 晒种与选种

晒种可以提高种子活力,促进种子吸水,提高发芽率和发芽势,而且还有杀菌作用。一般在播种前要晒种2~3 d。为了提高种子纯度,保证种子质量,播前应对种子进行精选。将杂籽、病籽、破籽、秕籽去除,选留饱满整齐、光泽好的种子播种。“种大苗壮,母大子肥”,经过精选的种子,播种后出苗迅速整齐,幼苗生长健壮。选种的方法有风选、筛选、粒选等。

2. 进行发芽试验

种子发芽率的高低,直接影响大豆的全苗。因此,播种前必须进行种子发芽试验,测定发芽出苗率。一般可取100粒种子分两组,分别放在培养皿或盘子中,培养皿或盘子内应先放一滤纸或纱布并加清水使其充分吸水。待种子充分吸水膨胀后,放于20 ℃左右的温暖地方使其萌发,7~10 d后,查其发芽数,发芽种子数占测定种子数百分率即为发芽率。优良种子发芽率要求在95%以上。

为了更切合生产实际,也可将种子提前直接播在地里,浇足水,查其出苗数,计算出苗率,优良种子田间出苗率应在85%以上。如果种子发芽率较低,又没有好种子可换,就要加大播种量,以保证全苗。

3. 播种量

确定大豆播种量除主要考虑密度大小外,还要考虑种子质量、土壤状况等因素。种子质量包括种子大小、发芽率高低、发芽势强弱。土壤状况包括土壤墒情、土壤紧实度等,它直接影响到大豆田间出苗率的高低。计算大豆播种量,可按以下公式:

$$每亩播种量(kg)=\frac{种子百粒重(g)\times 计划密度}{10\times 1\,000\ 发芽率\times 出苗率\times 留苗率}$$

一般每亩播种量为5~10 kg。

4. 浸种拌种

(1)根瘤菌拌种。在中低产田或第一次种植大豆的地块,播前进行根瘤菌拌种,具有显著的增产作用。其方法是:将根瘤菌剂倒入相当种子重量1.5%~2%的清水中,搅拌均匀后,将菌液喷洒在种子上,充分搅拌种子,待阴干后进行播种。

(2)钼酸铵拌种。用钼酸铵拌种可以促进根瘤的形成,提高根瘤的固氮能力。用钼酸铵20~30 g,先用少量温水使钼酸铵溶解,再加水0.7~1 kg,制成1%~2%的溶液,用喷雾器喷在50 kg种子上,边喷边搅拌,待搅拌均匀后,晾干播种,注意拌钼肥忌用铁器。

(3)药剂拌种。应针对病虫害发生危害情况灵活应用。在地下害虫,特别是蛴螬危害较重的地块,可用40%的乐果乳剂50 g加水1~2 kg喷于30 kg豆种上进行拌种。防治线虫病用35%甲基硫环磷乳油按种子重量的0.8%~1%进行拌种。

(三)适期早播

春播,当耕层地温稳定通过5 ℃时即可播种,南阳市一般在4月15~25日播种。

早播是夏大豆增产的关键措施。夏播无早,越早越好,"五黄六月争回耧",这是广大农民从生产实践中总结出来的经验。但何时是最佳播种期和播期下限,应根据当地的光、热、水资源及大豆品种特性而定。据近几年各地播期试验结果,生育期在100 d以上的品种,在6月10日以前为最佳播期,超过6月15日,每晚播一天,亩均减产4~5 kg。

夏大豆麦垄套种是早播增产的有效方法。麦垄套种既缓和了"三夏"期间争水、争肥、争劳力的矛盾,又能延长大豆营养生长期,充分利用生长季节和光、热、水资源,还能有效地利用小麦麦黄水,足墒点种,保证全苗,避免6月缺雨干旱造成播种晚、出苗难的被动局面。麦套大豆6月初已经出苗,轻度干旱利于蹲苗,化不利因素为有利因素。据多点试验,麦垄套种大豆较麦后直播大豆平均单株分枝数多0.5个,荚数多8.51个,粒数多

23.91 粒,百粒重增加 0.64 g,亩均增产 28.6 kg,增产 19.7%,其中中晚熟品种增产效果更显著。套种时期是麦套大豆成败的关键。套种过早,大豆与小麦共生期长,易形成高脚瘦弱苗;套种过晚失去了套种的意义。研究表明,套种适期为麦收前 7~15 d,具体到地块,应根据小麦长势和产量确定:350 kg 以下的麦田,以麦收前 7 d 左右套种为宜;250~350 kg 的麦田,以麦收前 10 d 左右为宜;250 kg 以下的麦田,以麦收前 10~15 d 为宜。

由于南阳市主要是夏播大豆,播种时正是"三夏"大忙季节,时间紧、任务重,气温高,跑墒快,而大豆播种需要足墒,播种愈早愈好,如何整地要根据当时当地的具体情况灵活掌握。

为了争取早播,麦收前应将有机肥送到地头,同时浇足小麦灌浆水,蓄足底墒。麦收后应抢墒铁茬播种,在出苗后及时中耕灭茬;若麦收后土壤干旱,应先浇水,再整地播种。

铁茬播种:收麦后不经过整地,直接将种子播于麦茬地里。此法优点是可以抢墒提前播种,缺点是土壤较为紧实,因此在出苗后,要及时深中耕灭茬。

(四)播种方法

大豆播种方法主要有机播、耧播、穴播三种。机播保证播种质量,使下籽均匀,深浅一致,而且效率较高。耧播、穴播麦垄套种一般采用每穴点播 2~3 粒。

播种深度要力求一致,一般掌握在 3~5 cm,过深过浅都不利苗全、苗齐、苗壮。过深时,出苗慢,出苗晚,而且子叶中的养分在顶土时消耗过多,幼苗黄弱;过浅时,会出现亮籽或墒情不好不出苗的现象。播种深度还受土壤质地和墒情影响,黏性土,墒情好时,播种应适当浅些;反之,土壤干旱或沙性土壤,应适当深播。

六、田间管理

夺取大豆丰收必须在种好的基础上,继续加强田间管理。田间管理是从大豆出苗到成熟收获这段时间内,根据气候和环境条件的变化情况、土壤肥水供应状况,以及大豆的长势长相,采取一系列综合性技术措施,充分满足大豆生长发育对环境条件的要求,转化不利因素为有利因素,始终为大豆的生长发育创造良好的条件。大豆田间管理除前面已述及的施肥和灌水外,还包括以下内容。

(一)查苗补种

夏大豆前茬多为小麦和油菜等。播种时,为了争取早播,多采用铁茬播种,缺苗断垄现象比较严重。为了保证全苗,应在大豆出苗后,及时查苗补种,或补栽,补种用的种子应先用清水浸泡,使其充分吸水膨胀,以利早出苗。补栽可结合间苗进行,将多余苗带土移栽到缺苗处,移栽应于下午 4 时后进行,栽后及时浇水,凡断垄在 30 cm 以内者,可在断垄的两端双株留苗,以弥补缺苗。

(二)间苗和定苗

只有通过间苗、定苗才能达到合理密植。科学试验和生产实践都证明,实行人工手间苗的可比不间苗的增产 15%左右,最高的可增产 30%。间苗的时间宜早不宜晚,一般大豆出齐苗后就要立即组织人工手间苗。间苗一般为一次,第二次间苗也叫定苗。定苗一般在第一片豆叶展开时进行。定苗时,应注意去掉弱株、病株、虫株和杂株。杂株的区别是看幼茎的颜色,紫花品种的幼茎是紫色,白花品种的幼茎是青白色。如果播的是紫花品种,应将青白色幼茎的苗拔去。定苗时,应根据密度要求,确定株距。

(三)中耕除草

大豆喜暄活土。大豆中耕的作用一方面是消灭田间杂草,防止杂草和大豆争养分。另一方面可以疏松土壤,防旱保墒,调节水分,以利于根的生长,使大豆健壮生长。农谚说:麦锄三遍没有沟,豆锄三遍圆溜溜,充分说明了大豆中耕除草的重要性。

夏大豆中耕一般进行2~3次。铁茬播种的大豆田板结严重,严重影响大豆幼苗的生长发育。因此,在间苗后应及时进行中耕灭茬,促苗早发,培育壮苗。这次中耕宜深,为幼苗生长创造良好的土壤环境。第二次和第三次中耕可浅。整地播种的大豆,第一次应浅中耕,以破板结、除草为主,第二次应深,第三次又浅。开花前可结合中耕在大豆宽行内壅根培土,一可压草;二可防倒;三利排灌;四能促进大豆不定根的形成,扩大根群,增强根的吸肥、吸水能力,防止早衰。培土方法,一是结合中耕,人工用锄培土壅根;二是用犁在大豆封垄前宽行内来回冲一犁。在大豆生长后期,还要用人工拔除株间大草1~2次,以免杂草和大豆争夺养分。

七、大豆的收获和贮藏

(一)收获

茎秆已经变黄,种子逐渐变圆变硬,营养物质向种子输送已经基本停止,摇动植株,种子在荚内转动发出响声。群众有“麦要夹生收,豆要摇铃响”的说法。说明大豆收获不宜过早,但是大豆收获也不宜过迟,过迟有炸荚、掉粒造成减产损失的可能。

大豆收割脱粒以后,要抓紧时间晒种,使种子含水量迅速降到13%以下,避免在存放过程中发生霉变。

大豆种子含水量的高低,在没有分析仪器的情况下,可采用土办法来判断,如用牙齿咬豆粒,两片子叶迅速分开,发出响声或把豆粒用手拿着从高处往下落,掉到地上听到一种豆碰豆的干燥响声即表示大豆含水量不高,可以安全贮藏;相反,若用手抓一把大豆,感觉大豆湿润发软,用指甲刻划种皮容易出现条纹,表示大豆含水量过高,必须晒种。

(二)贮藏

大豆在贮藏期间其生命活动、呼吸作用等都在进行。贮藏的大豆如果含水量高,豆子内部水解酶的活动使油分分解产生游离脂肪酸,破坏正常的酶系统。同时,呼吸作用加强,消耗的养分多,使其生活力下降,失去了发芽力。

据试验,含水量为18%的大豆种子,贮藏在30℃的温度下,1~3个月即可丧失生活力。种子含水量愈高,贮藏时间愈长,发芽率将愈低。

大豆贮藏的温度最好是在3℃左右,贮藏大豆的含水量最好在13%以下,这样的条件是安全贮藏的条件。

大豆在贮藏以前最好进行筛选或精选。实践证明,精选过的种子比没有精选的种子贮藏寿命要长。

八、大豆生产的机械化

大豆生产从整地、播种、施肥、中耕、施药到收获均可实行机械化作业。机械化栽培的大豆品种除应选用高产、抗病等特点外，还应注意选用结荚部位高于 8 cm、分枝收敛、不炸荚的品种。

第六节 大豆间作套种技术

大豆与其他作物间作套种，可以提高土地和自然资源的利用率，增加产品产量和种田效益，在一定程度上缓解耕地少、作物争地的矛盾。目前耕地紧张，粮、棉、油作物争地矛盾突出，大豆的单产较低，挤占、压缩大豆种植面积较多，实行间作套种是稳定大豆面积、增加大豆产量的有效措施。

一、大豆、玉米间作

（一）间作增产效果

研究结果表明，在中肥地或中下肥地上，大豆、玉米间作能够超过单作玉米的产量，间作的经济效益大大超过单作的经济效益。

（二）间作方法

大豆、玉米间作是南阳市的主要间作形式。间作方法根据水肥基础和对作物的要求而定。

1. 水肥条件较好的形式

以玉米为主，玉米宽行内间作大豆。常用方式有：一是 1.5 ~ 1.6 m 一带，2 行玉米，2 行大豆，玉米、大豆行距均为 33 cm，玉米与大豆间距 42 ~ 50 cm。二是 2.6 m 一带，4 行玉米，2 行大豆，小行距为 33 cm，大行距为 66 cm，大豆行距为 33 cm，大豆与玉米间距为 50 cm。

2. 中下等肥力的形式

以大豆为主，大豆一般不少于 4 行，配置方式有：一是 2.32 m 一带，4 行大豆，2 行玉米，玉米和大豆行距均为 33 cm，大豆与玉米间距 50 cm。二是 3 m 一带，6 行大豆，2 行玉米，大豆、玉米行距及间距同前。此外，还有 4 m 一带 8 行大豆间作 2 行玉米等形式。

3. 玉米“四行密”间种 6 行大豆高效栽培模式

由开封市农林科学研究院大豆中心提出的“玉米四行密集约栽培间作大豆高效生产模式”，是竖叶型玉米、耐阴型大豆、窄行密植、集约栽培、种衣剂、高效化肥、间作增效等技术的集成，其技术核心是：玉米采用竖叶型大穗品种，大豆采用耐阴高产型品种；变玉米单种大行距 60 ~ 80 cm 为间种窄行距 40 cm；玉米、大豆间作比例 4∶6，行距均为 40 cm，株距均为 20 cm。这样，每亩间作玉米占地 0.4 亩，但种植总株数约为 3 500 株，相当于 1 亩单作玉米的总株数略少；大豆占 0.6 亩，种植大豆 5 000 株左右。经试验和示范，高水肥地块一般可收获玉米 500 kg 左右，大豆 100 ~ 150 kg，经济效益比单作玉米或大豆高出 300 元或 350 元。

该项技术已通过开封市科技成果鉴定。这项技术可供南阳市参考。其技术操作规程如下：

(1)选择小麦生产水平500 kg/亩左右肥力较好、南北向的地块,在麦收后6月中旬以前抢墒同时铁茬播种,按4行玉米,6行大豆,带宽4 m,株行距均为40 cm,进行机播或人工点播。每亩玉米用种量2 kg,品种为淄玉二号及相关品种,大豆2.5 kg,品种为开豆四号及相关品种。玉米、大豆种子均进行包衣处理。

(2)播后在未出苗前及时喷施50%乙草胺除草剂进行芽前封闭处理。每亩用药200～250 ml兑水30 kg进行喷雾。

(3)玉米、大豆3～4片叶时及早定苗,均按20 cm左右留苗,肥地玉米可密一些,大豆可稀一些,薄地玉米可稀一些,大豆则适当密一些。一般间作田每亩玉米留苗3 300株(约占地0.4亩),大豆留苗5 000株(约占地0.6亩)。

(4)加强中耕管理,及早进行中耕和灭茬。

(5)追肥浇水。对间作玉米的追肥,可按单作玉米每亩所需量,分别在6片叶、12片叶和抽雄期分别施入,第一次沟施尿素15 kg/亩,第二次沟施尿素25 kg/亩,第三次撒施N－P－K三要素复合肥15～20 kg。施肥后及时浇水,管理以玉米为主。大豆施肥可在初花期每亩追施复合肥10～15 kg或进行叶面喷肥。

(6)除草防虫。播后的芽前除草和灭茬管理基本上可以控制草害的发生,如确需苗后田间化学除草,可使用带防护罩的喷头分别进行防治。对玉米螟的防治可以在小喇叭口期在心叶用辛硫磷丢心。对大豆食心虫、造桥虫的防治可使用敌杀死乳油20～30 ml加水30 kg喷雾防治。

(7)间作田的大豆由于玉米遮阴,易发生徒长造成倒伏影响产量,如发现新梢下面第一节长度超5 cm,应及时用多效唑或矮壮素进行化控。

(8)间作地块的选择以中高产肥力和南北向种植的地块为佳。如东西向地块,可将大豆行数增加2行。

二、红薯大豆套种

(一)春红薯地套种大豆

4月中旬栽红薯,5月中旬趁墒套种大豆。一般单埂单行栽红薯,每两垄红薯点种1行大豆,套种在垄沟内,不要种在垄上或垄半坡上。套种大豆的穴距是60～80 cm,每穴2～5粒种子,每穴双株留苗。

(二)夏红薯地套种大豆

麦收后立即扶红薯垄,扶垄后先点种大豆,后栽红薯,因为大豆季节性强,群众有麦争日、豆争时的实践经验。时间以6月5日前后点种完为好。点种时,随冲沟每亩带种肥(精细有机肥)150～250 kg,有条件的加磷肥25～30 kg,趁墒抢种或带水点种。

三、大豆芝麻混播

大豆、芝麻混播种植可达到大豆不少收、芝麻产量是赚头的增产效果。

大豆、芝麻混播种植方式是,先用机械条播大豆,后用人工撒种芝麻,使芝麻均匀地落在种大豆的耧沟内，撒后耙平地表，芝麻即可出苗。在大豆中耕定苗时，注意每亩留500～800棵的芝麻苗，如果管理得好，每亩可增收10～15 kg芝麻，混播芝麻的品种宜选用驻芝22等单秆型品种，用分枝型品种要注意留苗密度要适当稀一些。

第七节 夏大豆栽培技术

一、夏大豆的生育特点

（一）影响夏大豆生产的环境因素

与春大豆相比，夏大豆生育期间的温、光、水等条件有很大差异。这些环境因素会影响夏大豆的生长发育，进而影响夏大豆的产量和品质。

1. 温度

夏大豆一般在6月播种，此时气温高，有利于大豆出苗和幼苗生长；7月和8月平均气温25～28 ℃，符合夏大豆开花结荚的要求。9月气温下降，平均在20～24 ℃，正值大豆鼓粒期，有利于干物质的形成和累积。总之，从温度角度来看，基本上能满足夏大豆生长发育的要求。

2. 日照

夏大豆的苗期则是在日照变短的情况下度过的，渐短的日照对短日性大豆开花起促进作用。夏大豆开花时植株矮小，营养体不繁茂，无足够的生物产量做基础，经济产量难以提高。对夏大豆来说，短日照有利于早开花、早结荚，而对生物产量的形成却并不十分有利。所以，提早在夏至之前数日播种，使夏大豆苗期在较长的日照条件下生长，尽量延长营养生长时间，即成为夏大豆高产栽培的关键措施。

3. 水分

夏大豆生育期间，正值雨季，降雨300～500 mm，多集中在7、8、9月三个月。在夏大豆生育期间，前期常出现干旱，中期雨量集中，后期雨量又减少。6月中下旬，雨量偏少，土壤墒情不足，影响适期播种和幼苗生长。夏大豆7、8月开花结荚，此时需水较多，正好与雨季相吻合。但是，降雨时间和降雨量往往分布不均，导致雨季时旱时涝，造成夏大豆大量落花落荚。9月正值大豆鼓粒期，雨量减少，间或也有秋旱发生，最终将导致夏大豆减产。

（二）夏大豆的生长发育特点

1. 全生育期短，花期早

夏大豆全生育期90～120 d。夏大豆播种至出苗、出苗至始花、终花至成熟的日数则大为缩短，唯有始花至终花日数与春大豆相接近。夏大豆播种后4～5 d即可出苗，出苗后25～30 d就能开花。

2. 植株矮小，营养体不繁茂

夏大豆开花早，营养生长和生殖生长并进期提前，个体尚未充分生长发育时即已开花。夏大豆不论在株高、茎粗、主茎节数和分枝数上均少于春大豆。营养体不繁茂，单株生长量小。所以，夏大豆应适当密植，增大群体，增加叶面积指数。据河南省农业科学院的测定，夏大豆每亩产 150 kg 的叶面积指数消长应当是：苗期 0.4，分枝期 0.8，初花期 3.0，结荚期 4.2，鼓粒期 3.3。封行期不宜过早，也不宜过晚。盛花期封行最为适宜。

3. 单株生物产量积累少，经济系数高

在夏大豆的各个产量构成因素中，单株荚数少，籽粒少，百粒重不高，唯独单位面积株数比较多。夏大豆的优点是经济系数比较高。据研究测定，中熟品种春播经济系数为 35.9%，而夏播为 42.2%。夏播早熟品种的经济系数分别达 2.0% 和 41.8%。而春播晚熟品种的经济系数分别为 28.8% 和 26.4%。另据测定，鲁豆 2 号每亩产 154 ~ 212 kg 籽粒，在不包括叶片、叶柄的地上风干物重量中所占的比例为 49% ~ 52%。

在栽培上，应当利用夏大豆经济系数高的优点，增“源”、建“库”，增加生物产量，争取较高的籽粒产量。

二、夏大豆的栽培技术要点

（一）选择早中熟良种

夏大豆生长季节有限，选用适宜生育期的品种是高产稳产的前提。品种熟期过早，浪费光能与积温，达不到高产目的。因此，在保证正常成熟的前提下选用中晚熟品种，适期可早播，适当晚收，是夏大豆创高产的一次重要措施。应选用生育期为 90 ~ 105 d 的早中熟夏大豆品种。

（二）合理密植

夏大豆植株生长发育快，没有春大豆那么繁茂高大。所以，加大种植密度至关重要。确定夏大豆种植密度的原则是“晚熟品种宜稀，早熟品种宜密；早播宜稀，晚播宜密；肥地宜稀，薄地宜密”。中熟品种留苗 1.4 万 ~ 1.8 万株/亩，早熟品种留苗 1.6 万 ~ 2.2 万株/亩。一般采用等行距 39 cm。播期若延迟到 7 月初的话，留苗数可多至 3 万株/亩。

（三）播种

1. 早播

早播使幼苗健壮生长，抵抗雨涝的危害。9 月上中旬，正值大豆鼓粒期，气温开始下降，雨量也渐减少。当气温下降到 18 ℃以下时，对养分积累和运转不利，使百粒重下降，青荚和秕荚增多。

早播可缓解低温和干旱的危害。

早播可保证麦豆双丰收。早播可早收、早腾茬，不误下茬冬小麦适期播种。冬小麦早收又为夏大豆早播创造条件。如此形成良性循环，达到连年季季增产。

2. 播种方法

夏大豆播种时，可根据土壤墒情，采取不同的播种方法。

在时间紧迫，墒情很好的情况下，为了抢墒，也可以留茬（或称板茬）播种，即在小麦收获后不进行整地，在麦茬行间直接播种夏大豆，播后耙地保墒。第一次中耕时将麦茬刨除，将杂草清除，此法还能防止跑墒。

麦收后墒情较好，也可采用浅耕灭茬播种，播前不必耕翻地，只需耙地灭茬，随耙地随播种。

为了保证适期早播，一般在麦收前 10 ~ 15 d 内灌一次水。这样，既可促进小麦正常成熟，籽粒饱满，又可为夏大豆抢时早播创造良好的水分条件。

（四）及早管理

1. 早间苗，匀留苗

夏大豆苗期短，不必强调蹲苗，要早间苗、定苗，促进幼苗早发，以防苗弱徒长。间苗时期，以第一片复叶出现时较为适宜。间苗和定苗需一次完成。

2. 早中耕

夏大豆苗期，气温高、雨水多，幼苗矮小，不能覆盖地面，此时田间杂草却生长很快，需及时进行中耕除草，以疏松土壤，防止草荒，促进幼苗生长。雨后或灌水后，要立即中耕，以破除土壤板结及防止水分过分蒸发。中耕可进行 2 ~ 3 次，需在开花前完成。花荚期间，应拔除豆田大草。

3. 早追肥

夏大豆开花后，营养生长和生殖生长并进，株高、叶片、根系继续增长，不同节位上开花、结荚、鼓粒同期进行，是生长发育最旺盛的阶段，需水、需肥量增加，所以应在始花期结合中耕追施速效氮肥，如尿素 7.5 ~ 10 kg/亩。土壤肥力差，植株发育不良时，可提前 7 ~ 10 d 追肥，并增加追肥数量，每亩追施尿素 10 ~ 15 kg。夏大豆施磷肥的增产效果显著。磷肥宜作基肥施入，也可于苗期结合中耕开沟施入。河南省农业科学院在低产田上进行试验的结果表明，大豆初花期追施氮、磷肥，增产幅度达 20% ~ 50%。

4. 巧灌水

夏大豆在播种时或在苗期，常遇到干旱，有条件的地方要提早灌水，使土壤相对含水量保持在 70% 左右。花荚期通常正逢雨季；但有时也会因为雨量分布不均而出现干旱天气，应及时灌水。花荚期的土壤相对含水量应保持在 75% 左右，否则会影响产量。

三、夏大豆少免耕栽培技术

（一）夏大豆少免耕栽培技术的发展

少免耕，也称保护性耕作。免耕指作物播种前不用犁、耙整理土地，直接在茬口上播种，播后作物生育期间不使用农具进行土壤管理的耕作方法；少耕指在常规耕作基础上尽量减少土壤耕作次数或在全田间隔耕种，减少耕作面积的一类耕作方法，是介于常规耕作和免耕之间的中间类型。少免耕在提高环境质量、保护资源及节本增效方面成效显著，越来越被人们所认识和接受，并在世界范围内推广应用。

现代意义上的大豆少免耕栽培，不是过去简单的铁茬播种，只种不管、坐等收获，而是吸收了精耕细作的优点，充分利用机械化、化学化等现代农业技术和装备，经不断发展完善提高而形成的现代农业栽培技术体系。免耕栽培减少了无效的耕作环节，充分发挥土壤的自调功能，具有保土、培肥、节水、增产、增效等作用。大豆少免耕技术在推广中仍存在一些如机具配套和播种质量问题、病虫草害问题、施肥困难问题、技术不规范问题，需要进一步完善和发展。

（二）夏播大豆少免耕技术要点

1. 品种选择

要求品种抗病性、适应性强，产量潜力大，优质专用性突出，特别是茎秆坚硬、韧性强、抗倒伏性好、顶叶小,以主茎结荚为主的品种,适宜高密度栽培。如豫豆25、许豆3号、中黄13等。

通过种子精选等处理,种子纯度达到98%以上,发芽率保证在85%以上。

2. 前茬处理

免耕播种要求前茬小麦留茬高度不高于20 cm,也可用专用灭茬机贴地表作业一遍。秸秆粉碎要又细又匀,绝对不能形成拥堆,影响播种开沟器通过。也可在小麦收割后将麦秸打捆移到田外。小麦收获和茬口处理应尽量简化程序,防止造成土壤过分紧实。

3. 免耕播种

选好机具,最好开沟、施肥、播种、覆土一次完成。目前一般采用玉米免耕精播机,要根据夏大豆密度所需改制或调整播种盘。

足墒早种:6月上、中旬小麦收获后趁墒播种,墒情不佳时要浇水造墒。

提高播种质量:根据土壤质地、墒情,适当调整播种深度3~4 cm,播种要均匀,深浅一致,种子着土、覆土质量都要好。行距40 cm左右,每亩播量5~6 kg。根据品种特性和播期确定密度,一般每亩1.5万~1.8万株。

4. 深施肥料

播种时每亩底施磷酸二铵15 kg、硫酸钾10 kg,底肥与播种分层深施或侧施。

也可在每亩底施复混肥(N∶P∶K =8∶10∶7)25~30 kg的基础上,初花期每亩追施尿素5 kg、磷酸二铵3 kg,以满足大豆花荚期对养分的需要。

5. 除草

免耕播种夏大豆往往杂草发生严重,应在大豆播后出苗前用乙草胺等进行化学除草。出苗后用高效盖草能(防治禾本科杂草)、虎威(防除阔叶杂草)等除草剂进行茎叶处理。严格掌握用量和施用方法,避免发生药害。

及时中耕除草、松土。

6. 病虫害防治

免耕栽培大豆田间地表覆盖有一层秸秆,土壤湿度大,利于蛴螬等地下害虫发生,可用50%辛硫磷拌种或拌炒熟麸皮撒于地表。中后期要加强田间害虫的调查与测报,做到适时防治。

7. 浇水、排涝

苗期生长不能缺水,花荚期要水分充分,防止浇水过多,防治倒伏,发生洪涝灾害,及时排出田间积水。

8. 及时收获

荚皮干松,叶片老黄、脱落后应及时收割,防止豆荚收割前裂荚落粒减产。

四、夏大豆免耕节本栽培技术

夏大豆免耕节本栽培技术是在小麦机械收获并秸秆还田的基础上,集成保护性机械耕作、播后或苗后化学除草、病虫害防控、化学调控等单项技术的配套栽培技术体系。随着配套农机具的不断完善,大豆免耕栽培技术已经成为我国黄淮海小麦、大豆一年两熟区主要节本增效栽培模式。

增产增效情况：和常规技术相比，应用免耕节本栽培技术可增产大豆 10% 左右，水分、肥料利用率提高 10% 以上，亩增收节支 60 元以上，同时土壤肥力不断提高，水土流失减少，并可杜绝因秸秆焚烧造成的环境污染。

夏大豆免耕节本栽培技术要点如下。

（一）小麦秸秆粉碎

采用联合收割机收获小麦，并加带秸秆粉碎抛撒装置，将秸秆粉碎后均匀抛撒。小麦留茬高度在 20 cm 以下，秸秆粉碎后长度在 10 cm 以下。如未在联合收割机上加装抛撒装置，可用锤爪式秸秆粉碎机将秸秆粉碎 1 ~ 2 遍后播种。

（二）播种

1. 选种

选用高产、优质、耐除草剂大豆品种。精选种子，保证种子发芽率。每亩播种量在 4 ~ 5 kg，保苗 1.5 万株。

2. 适期早播

麦收后抓紧抢种，宜早不宜晚，底墒不足时造墒播种。

机械播种，精量匀播。开沟、施肥、播种、覆土一次完成。行距 40 cm，播种深度 3 ~ 5 cm。

3. 施肥

播种时，每亩施磷酸二铵 15 kg、氯化钾 10 kg，或大豆专用复合肥 30 kg。注意肥料深施，使肥料与种子分开。也可在分枝期结合中耕培土施肥。

（三）田间管理

1. 杂草控制

一是播种后出苗前用都尔、乙草胺等化学除草剂封闭土表；二是出苗后用高效盖草能（防治禾本科杂草）、虎威（防治阔叶杂草）等除草剂进行茎叶处理。

2. 病虫害防治

做好蛴螬、豆秆黑潜蝇、蚜虫、食心虫、豆荚螟、造桥虫等虫害及大豆根腐病、胞囊线虫病、霜霉病等病害的防治工作。

3. 化学调控

高肥地块可在初花期喷施多效唑等植物生长调节剂，防止大豆倒伏。低肥力地块可在盛花、鼓粒期叶面喷施少量尿素、磷酸二氢钾和硼、锌微肥等，防止后期脱肥早衰。

4. 及时排灌

大豆花荚期和鼓粒期遇严重干旱及时浇水，雨季遇涝要及时排水。

5. 适时收获

当叶片发黄脱落、荚皮干燥、摇动植株有响声时收获。

注意事项：免耕覆盖田杂草多，且易滋生蛴螬等地下害虫和根腐病等病害，应及时防控。

五、夏玉米、大豆间作生产技术规程

(一)范围

本标准规定了南阳市夏玉米、大豆间作生产技术的产地环境、种植模式、品种、密度、田间管理、施肥、病虫草害防治及收获。

本标准适用于南阳市夏玉米、大豆间作生产地区。

(二)规范性引用文件

下列文件对于本文件的应用是必不可少的。凡是注日期的引用文件,仅所注日期的版本适用于本文件。凡是不注日期的引用文件,其最新版本(包括所有的修改单)适用于本文件。

GB 4285　农药安全使用标准

GB 4404.1　粮食作物种子 禾谷类

GB 4404.2　粮食作物种子 豆类

GB/T 8321　农药合理使用准则

GB 15618　土壤环境质量标准

NY/T 496　肥料合理使用准则

(三)术语和定义

下列术语和定义适用于本规程。

1. 间作

指一茬有两种或两种以上生育季节相近的作物,在同一块田地上同时期播种、分行或分带相间种植的方式。

2. 玉米、大豆间作

玉米、大豆间作带 2.4 m,玉米: 大豆 =2:3。玉米带、大豆带年际间轮作。

(四)产地环境

产地应选择在生态条件良好、土层深厚、排灌方便、远离污染源、肥力中等以上的地块。土壤环境质量应符合 GB 15618 的规定。土壤肥力等级见表 1-8。

表 1-8　土壤肥力等级

土壤肥力等级	土壤养分测定值(mg/kg)			土壤有机质(%)
	碱解氮	速效磷(P_2O_5)	速效钾(K_2O)	
高	>110	>35	>145	>1.5
中	60~110	15~35	95~145	1.0~1.5
低	<60	<15	<95	0.5~1.0

(五)前茬选择

前茬作物每亩有机肥施用量应不低于 2 500 kg,化肥按测土配方施用,不能使用对玉米、大豆产生药害的农药。

（六）播种前准备

1. 品种选用

选用高产、优质、综合抗性强，适合套种、机械化收获的品种，玉米宜采用株高250 cm左右、适宜密植、竖叶型品种；大豆宜采用耐阴、耐密、抗倒的早中熟夏大豆品种。宜使用包衣种子。玉米种子质量应符合GB 4404.1、大豆种子质量应符合GB 4404.2的规定。

2. 播量

每亩播量玉米2～3 kg，大豆5～6 kg。

3. 种子处理

晒种：应去除杂质、杂粒、病虫粒和秕小粒，留饱满种子；播种前连续晒种2～3 d，不能在水泥地上晾晒。

浸种：将种子在冷水中浸泡12～14 h，或用浓度1%的磷酸二氢钾水溶液浸种10～12 h，或用浓度0.02%～0.05%的硫酸锌浸种12～15 h。

拌种：20%甲基异柳磷、三唑酮乳油40～60 ml加水10 kg拌100 kg种子，或用50%辛硫磷乳油500 ml加水20～25 kg拌250～300 kg种子，2.5%咯菌腈悬浮种衣剂1∶500（药种重量比），或用40%萎锈灵可湿性粉剂1∶400（药种重量比）进行种子包衣。也可每亩用硼砂10 g或钼酸铵2～3 g拌种。大豆种子烯效唑干拌种（5%烯效唑可湿性粉剂12 mg/kg）。

（七）播种

1. 总则

播种越早越好。

2. 方法

宜采用机械、铁茬播种。

3. 合理密植

玉米、大豆间作带2.4 m，2行玉米、3行大豆；玉米、大豆带间距60 cm，玉米、大豆行距均采用等行距40 cm；玉米株距12 cm，大豆株距12 cm、每穴2株。每亩种植玉米4 600株、大豆7 000穴。

4. 足墒匀播

土壤墒情保持土壤相对含水量的60%～70%，播深4～5 cm，行直、均匀。

（八）田间管理

1. 查苗补缺

出苗后应立即查苗补苗。3叶前可以挖穴点水补种；播种时，应在行间播种一部分预备苗，3叶后，发现缺苗，带土壮苗移栽。

2. 中耕培土

铁茬播种应在出齐苗后中耕灭茬；玉米拔节、大豆苗高10～15 cm时进行深中耕6～9 cm；玉米孕穗前、大豆开花前应进行浅中耕并浅培土。

3. 间苗定苗

3叶时间苗，5叶时定苗。定苗后，三类苗和补栽苗要补施偏心肥促苗。

4. 控旺

玉米宜在 7 ~ 10 叶期用玉米不倒丰 30 g，或用小胖墩 20 ml 兑水 15 ~ 20 kg 喷雾。

大豆在初花期新梢下面第一节长度超过 5 cm 时，每亩用 5% 烯效唑可湿性粉剂 24 ~ 28 g 兑水 50 kg 喷雾，若在盛花期用药量增加 20% 进行控旺。

5. 浇水、排水

玉米苗期保持土壤相对含水量 60% 左右，拔节期保持土壤相对含水量 70% 左右。大喇叭口期至乳熟期，保持土壤相对含水量 80% 左右。抽雄前 10 d 和后 20 d 为需水临界期，应保证充足水分供应。

大豆苗期保持土壤相对含水量 70% 左右，花荚期保持土壤相对含水量 75% ~ 85%，鼓粒前期保持土壤相对含水量 80% 左右。

生育期内若遇涝害应及时排除。

（九）施肥

1. 总则

基肥为主，追肥为辅；有机肥为主，无机肥为辅，有机无机相结合。推广秸秆还田和配方施肥技术。土壤微量元素缺乏地区，应针对缺素的状况增加追肥的种类和数量。

2. 基肥

化肥施用量根据土壤肥力高低和目标产量确定，氮肥减量，比常规施氮每亩降 3 ~ 4 kg；氮肥 70% 以上和全部磷、90% 钾肥作基肥施，基肥随播种一次施入，追肥结合耕翻整地一次施入。中等肥力水平下，亩产 500 kg 玉米、100 ~ 120 kg 大豆，全生育期每亩需施优质农家肥 1 500 ~ 2 000 kg、纯氮 28 kg、P_2O_5 15 ~ 18 kg、K_2O 22 ~ 25 kg。

3. 追肥

在玉米大喇叭口期施入，在玉米、大豆带中间把应追的氮肥、钾肥全部追完；大豆花荚期每亩用磷酸二氢钾 150 g、尿素 1 000 g 加水 50 kg 混合叶面喷雾。

（十）病虫草害防治

1. 主要病虫草害

1）主要病害

玉米：大小斑病、青枯病、丝黑穗病、黑粉病、矮化叶病、粗缩病、锈病；大豆：花叶病、灰斑病、褐斑病、菌核病。

2）主要虫害

地老虎、蝼蛄、蛴螬、金针虫、玉米螟、黏虫、玉米蚜、食心虫、豆荚螟、豆天蛾、豆秆蝇等。

3）主要杂草

马齿苋、野苋菜、马唐、光头稗、牛筋草、鸭跖草、反枝苋、铁苋、狗尾草、打碗花、地锦等。

2. 防治原则

按照“预防为主，综合防治”的植保方针，推广应用绿色防控技术，以农业防治、物理防治、生物防治、非化学制剂防治为主，化学防治为辅。

3. 防治方法

1)植物检疫

加强检疫,杜绝检疫对象的传入和蔓延。

2)农业防治

针对当地主要病虫草害,选用抗病品种;调整播种期;加强田间栽培管理,及时拔除病株;合理轮作,间作套种;增施充分腐熟的有机肥。

3)生物防治

保护利用天敌,应用BT乳剂、赤眼蜂防治玉米螟、大豆食心虫、豆天蛾等。

4)化学防治

加强病虫害的预测、预报,适时进行药剂防治;合理选用化学农药,严格控制用药量,注意交替用药。农药的使用应符合GB 4285、GB/T 8321的规定。常见病虫草害的防治见表1-9。

表1-9 常见病虫草害防治

主要防治对象		防治适期	农药名称	防治技术
病害	大小斑病、菌核病、褐斑病	苗期	80%代森锌可湿性粉剂	600~800倍液喷雾
		心叶末期—抽雄期病株率达30%以上	50%腐霉利可湿性粉剂	600~1 000倍液喷雾
			25%异菌脲悬浮剂	600~800倍液喷雾
	弯孢菌叶斑病、灰斑病	抽雄期病株率达7%以上	30%氟菌唑可湿性粉剂	1 600~2 000倍液喷雾
			70%甲基硫菌灵可湿性粉剂	600倍液喷雾
			50%异菌脲可湿性粉剂	600~800倍液喷雾
	丝黑穗病、瘤黑粉病	种子处理	见拌种	
	粗缩病	苗期	5%菌毒清水剂	300~500倍液喷雾
		灰飞传毒为害期,7叶前喷雾	20%异丙威乳油	600~800倍液喷雾
			48%毒死稗乳油	800~1 000倍液喷雾
	矮花叶病、花叶病	蚜虫迁入	40%乐果乳油	800~1 000倍液喷雾
			10%吡虫啉可湿性粉剂	1 500~2 000倍液喷雾
	锈病	发生前期	50%多菌灵可湿性粉剂	600~800倍液喷雾
			75%百菌清可湿性粉剂	800~1 000倍液喷雾
		病株率6%以上	25%邻酰胺悬浮剂	400~500倍液喷雾
			30%醚菌酯悬浮剂	1 000~1 500倍液喷雾
虫害	小地老虎、蛴螬、金针虫、蝼蛄	土壤处理	3%辛硫磷颗粒剂	亩用1~2 kg,整地时翻入土中
		幼苗开始出现受害症状	2.5%溴氰菊酯乳油	2 000倍液喷洒地表
			20%氰戊菊酯乳油	
			90%晶体敌百虫	50~100 g加少量水,拌炒麦麸或豆饼10 kg傍晚撒于田间诱杀

续表 1-9

主要防治对象		防治适期	农药名称	防治技术
虫害	玉米螟	心叶中期	苏云金杆菌可湿性粉剂	亩用 3 kg 加 10 kg 细沙制成颗粒剂丢心
		心叶末期	20% 辛硫磷乳油	800 ~ 1 000 倍液喷雾
			苏云金杆菌可湿性粉剂	200 ~ 600 倍液喷雾
			5% 辛硫 · 三唑磷颗粒剂	亩用 150 ~ 250 g，拌细土 20 kg 丢心
	黏虫、食心虫、豆荚螟、豆天蛾、豆秆蝇	每 100 株有幼虫苗期 10 ~ 20 头，中、后期 50 ~ 60 头	2.5% 溴氰菊酯乳油	2 000 倍液喷雾
			2.5% 氯氟氰菊酯乳油	
杂草	禾本科阔叶	玉米播后芽前	50% 乙草胺乳油	亩用 150 ~ 200 ml 兑水 40 kg 喷洒地表
			50% 异丙草胺乳油	亩用 200 ml 兑水 40 kg 喷洒地表

（十一）收获

1. 总则

宜采用机械收获。

2. 玉米

籽粒出现光泽，乳线消失，黑色层出现，苞叶发白 10 d 后为收获适期。

3. 大豆

应在荚熟末期收获；此时植株变干，叶及叶柄脱落，籽粒收圆变硬。应在露水干后收获。

第八节　毛　豆

毛豆，又叫菜用大豆，是大豆作物中专门鲜食嫩荚的蔬菜用大豆，是指在鼓粒期，豆荚鼓粒饱满、籽粒填充达到荚长的 80% ~90%，荚色、粒色翠绿时采摘食用的大豆。

毛豆是鲜食豆类蔬菜，含有丰富的植物蛋白，多种有益的矿物质、维生素及膳食纤维。其中蛋白质不但含量高，而且品质优，可以与肉、蛋中的蛋白质相媲美，易于被人体吸收利用。此外，毛豆还是绿色安全食品。因为豆类作物的病虫害本来就比较少，再加上毛豆披着一层毛茸茸的“盔甲”，更能有效抵御病虫害，因此毛豆在生长过程中一般不用或者很少用农药。

一、生长习性

毛豆为豆科一年生草本植物，直根粗壮，根系发达，茎强韧，为不规则棱角状，幼茎分绿、紫两种，一般绿茎植株开白花，紫茎植株开紫花，有 14 ~ 15 节。子叶出土，初生真叶对生、单叶,以后为三小叶复叶、互生。栽培品种分有限生长型和无限生长型。

毛豆从播种到第一朵花形成为生育前期,开花前 30 d 左右开始花芽分化,这一时期以营养生长为主,是营养物质积累期。开花期 14 ~ 30 d,这时期生长最旺盛,营养生长与生殖生长同时进行(物质积累占形成总高度、总叶面积、总干重 55% ~ 65%,占总氮素积累量 60%),花后两周,豆粒急剧增大,需大量水分、养分,肥水供应不足,引起植物早衰,造成落花落荚。

毛豆喜温,种子发芽温度为 10 ~ 11 ℃,15 ~ 20 ℃迅速发芽,苗期耐短时间低温,适温为 20 ~ 25 ℃,小于 14 ℃不能开花,生长后期对温度敏感,温度过高提早结束生长,温度过低种子不能完全成熟,1 ~ 3 ℃植株受害,-3 ℃植株冻死,毛豆为短日照作物,引种时需注意,北种南移提早开花,南种北移延迟开花。毛豆需水量较多,种子发芽需吸收稍大于种子重量的水分,苗期、分枝期、开花结荚期和荚果膨大期需土壤持水量分别为 60% ~ 65%、65% ~ 70%、70% ~ 80%、70% ~ 75%,毛豆对土质要求不严,以土层深厚、排水良好、富含钙质及有机质土壤为好,pH 值为 6.5,需大量磷、钾肥,磷肥有保花保荚、促进根系生长、增强根瘤菌活动的作用,缺钾则叶子变黄。

作为蔬菜用的毛豆品种,常按其生育期分为早、中、晚三种:

(1)早熟种:生育期 90 d 以内。

(2)中熟种:生育期 90 ~ 120 d。

(3)晚熟种:生育期 120 d 以上,品质最佳。

二、毛豆栽培技术

(一)品种选择

针对不同季节温、光条件,选择适宜的早、中、晚熟品种,特别要考虑品种对光照长短的反应。要选择和搭配好不同季节、不同栽培方式、不同上市要求、不同产品用途的品种。

(二)种植方式

毛豆种植方式可分为露地栽培、保护地栽培。

本地区毛豆生产可在春、夏、秋三季排开播种,一般保护地栽培 1 月下旬至 3 月、8 月下旬至 9 月播种,露地栽培 4 月中旬至 7 月均可播种。

1. 双棚特早栽培

品种选用台 292 早熟品种,1 月下旬至 3 月上旬大棚内直播或育苗移栽,小拱棚保温栽培,5 月下旬至 6 月上旬可采摘上市。

2. 二膜直播栽培

品种选用台 292,3 月上中旬整平畦面,畦面平铺地膜,按 35 cm × 25 cm 密度开洞直播,每畦再搭简易小拱棚保温栽培,6 月中旬采摘上市。

3. 露地直播栽培

品种以台 75 中熟品种为主,4 月上中旬露地进行机械直播,6 月下旬至 7 月上旬采摘上市,方法简便、省工省本、栽培容易,但要防面积过大、上市集中,种多种少要根据市场需求而定。

4. 夏秋淡季栽培

品种选用日本“锦秋”迟熟优质高产品种。5月下旬至6月上旬直播，亩产鲜荚可达1 000 kg左右，8月中旬淡季上市。

5. 秋冬大棚栽培

8月中旬至9月上旬还可进行大棚秋播，10月底至12月初采收，同样可获得相当的产量和优质的品质。

按上述种植计划，从3月中下旬即可陆续采集鲜荚，循环上市，并可保证毛豆的周年供应。

(三)整地

毛豆的栽培最好不要连作，同一地块应相隔1~2年，土壤应选富含有机质，且有相当保水力的近中性土壤，酸性土壤应施石灰中和，普通土壤每亩也应施5~7.5 kg石灰，可减少根部病害，促进植株生长。播种前旋耕整地，耕深25 cm，并施入基肥。

(四)合理密植，保证全苗

早熟毛豆以每亩25 000~30 000株、中熟毛豆以每亩18 000~20 000株、晚熟毛豆以15 000~17 000株为宜(秋播密度适当加大)。栽种时采取宽行距、窄株距，充分利用光照资源，保证叶面积指数在5~7，是取得毛豆高产的先决条件，同时注意保证全苗，出土后及时检查缺苗情况，及时补播，保证苗全、苗壮。行距40~50 cm，株距据密度而定。播种前晒种1~2 d。如开沟条播，下种不能太深，2~3 cm为宜，每亩用种7.5 kg左右。

(五)施足基肥，适当追肥

毛豆虽有固氮作用，但适当施用肥料，可增大个体，提高产量。原则：增施磷、钾肥，适当施用氮肥，做好根瘤菌拌种。

基肥每亩用复合肥30~40 kg或有机肥800~1 000 kg。花期施肥对保花增荚十分重要，应在开花初期看苗亩施尿素和氯化钾各5~10 kg。也可用KH_2PO_4进行叶面喷施。

(六)加强管理，疏通沟系

毛豆是旱田作物，必须开好沟系，三沟配套，雨停水干，沟中无积水。

毛豆保护地栽培技术与露地栽培(地膜覆盖)技术基本相同，但要注意以下几点。

1. 品种选择

早春毛豆保护地促早栽培，应选择耐寒性强、株型紧凑、生育期短的毛豆品种为主。

2. 育苗移栽

早春毛豆保护地栽培以采用育苗移栽为好，一般大棚+小拱棚+地膜覆盖栽培的，可在1月中下旬开始播种，小拱棚+地膜覆盖栽培的，则于2月上中旬播种。

3. 整地做垄

为降低棚内地下水位，要采用小高垄，即垄底宽100~110 cm，垄高20~25 cm。

4. 适宜密植

保护地栽培品种多为紧凑型的早熟品种，植株较矮，因此要适当密植，一般每穴3株、每亩定植7 000~8 000穴，基本苗20 000~24 000株，行距35 cm，株距24~27 cm。

5. 温湿度管理

定植后3~5 d不通风，以利保温保湿，促使缓苗。缓苗后，晴天适当降温炼苗，棚温控制在白天23～25 ℃、夜间17～23 ℃,相对湿度75%左右。随着秧苗的生长发育,大棚(拱棚)要逐渐延长通风时间,加大通风量。3月中旬前,大棚+小拱棚+地膜覆盖栽培的,大棚内小拱棚日揭夜盖,晴天中午可摇开边膜通风;小拱棚+地膜覆盖栽培的,以小拱棚棚头通风为主。3月下旬气温上升,可酌情拆去大棚内的小拱棚,如小拱棚+地膜覆盖栽培的,除两头通风外,每隔10 m左右开一个通风口,若无强冷空气,夜间可不关闭通风口。4月中旬后,大棚两边边膜摇开,小拱棚可揭掉棚膜。

6. 加强肥水管理

早春保护地栽培的毛豆品种株型较矮,不易徒长,应在初花期,每亩追施10 kg速效氮肥+5 kg复合肥,在结荚鼓粒期再在叶面喷施0.2%～0.3%磷酸二氢钾+0.5%尿素2次,可有效地提高结荚数,促进籽粒膨大。前期一般不需浇水,并要注意田间排涝,开花结荚期需水量增加,根据天气和土壤墒情灌水,以保持土壤含水量70%～80%。

(七)适时收获

一般在始花后30 d左右,于毛豆鼓粒期,有80%豆荚充实、饱满,豆荚鲜绿色为采收适期。宜在早晨凉爽时采摘,以保持大豆新鲜的品质。

棚栽自播种后75 d左右便可采收上市,若2月底至3月初播种,5月中旬就可采收。

(八)豆荚好坏辨别

新鲜豆荚较硬实,每荚有2～3粒豆。豆的颜色应是绿色或绿白色,豆上有半透明的种衣紧紧包裹(种子周围白色膜状物),用手掐有汁水流出。新鲜的毛豆都易煮酥,口感良好。购买时,要注意毛豆荚是否新鲜,荚的表皮茸毛有没有光泽。不新鲜的毛豆往往浸过水,若豆荚发黄、茸毛色暗晦,豆荚易开裂,剥开时豆粒与种衣脱离,说明该豆已经不宜当作鲜豆食用了。

挑选妙招:剥壳后,如果豆子顶端像指甲一样的月牙形呈浅绿色,说明很嫩;如果已经变黑,就说明老了。

第九节 大豆的引种

一、引种的意义

从国内外或省内外引进品种,通过试验观察,从中选出适合当地生产利用的优良品种,叫引种。

通过引种可以解决两方面的问题:一是直接利用外地品种在生产上推广种植;二是通过驯化或者选择其中优良变异个体培育为新品种。

实践证明,引种是直接利用现有品种资源在当地生产上发挥作用最快的方法,对当地生产起着重要作用,引种对进行系统育种和杂交育种也非常重要,它可以大大丰富原始材料的内容,作为系统育种和杂交育种的物质基础。

二、引种的原则

大豆属短日照作物,在一定自然环境和生产条件下所形成的大豆品种,都具有与当地相适应的特性，尤其对日照长短、海拔和温度高低及雨水多少有着强烈的反应。例如：把北方高纬度的大豆品种带到低纬度的南方种植，由于得不到它所要求的较长日照和较低的温度，往往表现为矮秆、早熟、结籽稀、籽粒不饱满、产量低，第二年作种用发芽率也低；反之，将南方低纬度的品种引到北方种植，由于它得不到较短的日照和较高的温度，表现为植株繁茂、高大徒长，只开花不结荚，颗粒无收。若将北方的品种引进不作夏播改为春播，也可获得较高的产量；反之，若将南方春播的短光性弱的早熟品种引进作为夏播，则有可能较晚成熟，还能达到引种成功的希望。

俗话说"千里麦，百里豆"，大豆是短日照作物，对光照反应敏感，品种能适应的地区范围较窄。引种时应考虑两地自然条件、耕作栽培条件和大豆本身的遗传特性。主要考虑以下几个因素。

（一）地理纬度

大豆光照特性是形成大豆区域性的主要原因，而光照长短主要由地理纬度决定。纬度相近地区引种最易成功。

（二）海拔

大豆是对光、温敏感的作物，海拔不同，温度及无霜期有很大差别。地理纬度相差较大，由于海拔不同，可能形成两地区气候条件相似，引种也可成功。同理，即使两地纬度相近，但海拔差异过大，引种也不易成功。

（三）品种的进化程度与两地的耕作栽培水平

大豆对肥水敏感，不同的自然条件和耕作栽培条件，形成了不同进化程度的生态类型（结荚习性、种皮色、脐色、粒大小等）。引入地区耕作栽培水平与原产地品种的生态类型相适应，就可以进行引种。

（四）病虫害及杂草为害情况

大豆病虫害及杂草也有一定的地域性分布。在两地间引种时，要充分了解病虫害及杂草危害程度。对于病害，除深入了解病害种类外，还应考虑病害的生理或株系类型。

大豆引种一般要先经过试验引种，在生育期等方面确实适合当地自然条件和栽培制度的要求、产量优于当地品种的前提下，才可在生产上扩大种植利用。

（五）区别熟期用种

大豆品种的熟期有春、夏、秋季品种之分。要根据前作物茬口安排不同熟期的品种。相同地区或纬度相近地区的大豆可以相互引种，亦可将迟熟夏大豆作秋大豆用种。但高纬度向低纬度或低纬度向高纬度地区引种必须谨慎行事。

南阳市属于长江流域春、夏播大豆亚区，南北各地品种在本区基本上均可成熟。本区以北的中熟春播、夏播品种和以南的早熟类型，引入本区有较大的实用价值。应注意引入耐瘠抗旱品种。

第十节　大豆病虫草害防治

大豆病虫害严重影响大豆生产，目前南阳市已报道的病害有 30 多种，其中，为害较重的有紫斑病、花叶病、炭疽病、胞囊线虫病、灰斑病、菌核病等。大豆害虫已报道的有 20 多种,为害较重的有大豆食心虫、豆蚜、大豆卷叶螟、豆荚螟等。杂草种类繁多,对大豆为害严重。

一、大豆病害防治

(一)大豆灰斑病

1. 分布为害

主要分布在黑龙江、吉林、辽宁、河北、山东、安徽、江苏、四川、广西、云南、河南等省区,尤以黑龙江最为严重。一般斑病粒率为10% ~15%,严重地块高达30%以上。受害植株早期落荚,粒重下降,秕荚率与青豆率增加,蛋白质与油分含量降低,严重影响大豆质量。

2. 症状

苗期发病,主要由带菌种子引起。子叶上产生稍凹陷的圆形或半圆形病斑,深褐色。低温多雨条件下,病斑发展很快,可蔓延至生长点,使顶芽变褐枯死。成株期叶片染病,初生红褐色小网斑,后逐渐扩展成圆形或不规则形,中间灰色至灰褐色,边缘红褐色,病健交界明显,这是区分灰斑病与其他叶部病害的主要特征。湿度大时,叶背面病斑中间生出密集的灰色霉层,即病原的分生孢子梗和分生孢子。发病严重时,数个病斑互相连合,使病叶干枯早落。产生深红色纺锤形病斑,中央部分淡灰色,边缘深褐色或黑色,密布微细黑点。病斑圆形至椭圆形,中央灰褐色,边缘红褐色。病斑圆形至不规则形,褐色,稍凸出,中央灰白,边缘褐色,病斑上霉层不明显(见图1-6、图1-7)。

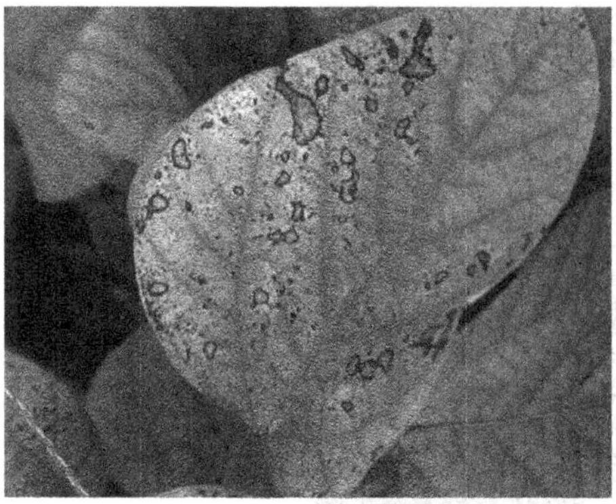

图1-6 大豆灰斑病为害叶片症状

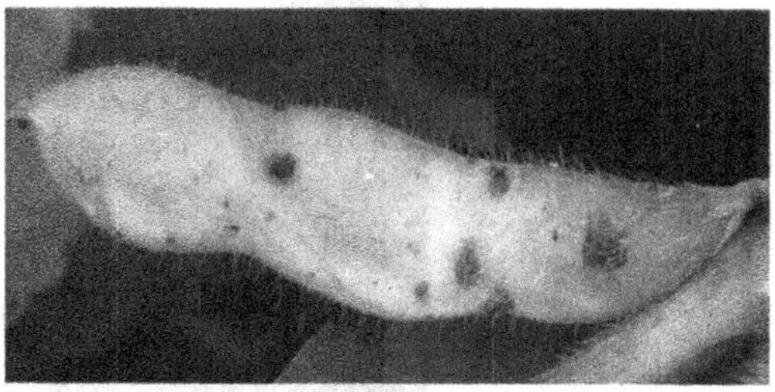

图1-7 大豆灰斑病为害荚症状

3. 防治方法

选用郑92116、鲁豆10号等抗病品种。避免重茬、迎茬,合理轮作,清除病残体,收获后及时翻耕,减少越冬菌量。根据品种特性合理密植,加强田间管理,控制杂草,降低田间湿度。

种子处理,可用种子重量0.3%的50%福美双可湿性粉剂或50%多菌灵可湿性粉剂拌种。

发病初期可选用下列药剂:

(1)70%甲基硫菌灵可湿性粉剂500 ~1 000倍液;

(2)50% 多菌灵可湿性粉剂 500 ~ 1 000 倍液喷雾防治,每隔 7 ~ 10 d 喷 1 次,连续喷 2 ~ 3 次。

最佳防治时期是大豆开花结荚期。可选用下列药剂:

(1)75% 百菌清可湿性粉剂 700 ~ 800 倍液 + 50% 多菌灵可湿性粉剂 500 倍液;

(2)25% 丙环唑乳油 40 ml/亩 + 50% 代森铵水剂 1 000 倍液;

(3)50% 苯菌灵可湿性粉剂 1 500 倍液;

(4)50% 多菌灵 · 乙霉威可湿性粉剂 800 倍液。

喷雾防治,间隔 10 d 左右 1 次,防治2 ~ 3 次。在荚和籽粒易感病期再喷药 1 次,以控制籽粒上的病斑。

(二)大豆褐斑病

1. 分布为害

褐斑病又称褐纹病、斑枯病。主要分布于东北及四川、河南、山东、江苏等省。一般发病较轻,病叶率为 5% 左右,个别年份病叶率可达 90% 以上,造成大豆严重减产。

2. 症状

主要为害叶片。子叶发病出现不规则褐色大斑,病斑上有黑色小颗粒产生,即分生孢子器。真叶染病,病斑棕褐色,病健交界明显,叶正反两面均具轮纹,且散生小黑点,病斑因受叶脉限制而呈多角形或不规则形。严重时病斑愈合成大斑块,病斑干枯,可致叶片变黄脱落。一般从底部叶片开始发病,逐渐向上扩展。茎和叶柄染病,病斑暗褐色,短条状,边缘不清晰。豆荚染病,上生不规则棕褐色斑点,斑点上有不明显小黑点(见图 1-8)。

图 1-8　大豆褐斑病为害叶片后期症状

3. 防治方法

选用抗病品种,如豫豆 28 号。与玉米或其他禾本科作物实行 3 年以上轮作。合理施肥,尤其生育后期应喷施多元复合叶面肥,补足营养,增强抗病性。收割后清除田间病叶及其他病残体,并进行深翻,以减少菌源。

种子处理:播种前用种子重量 0.3% 的 50% 福美双可湿性粉剂或 50% 多菌灵可湿性粉剂拌种。

病害发生初期,可选用下列药剂:

(1)50%多菌灵可湿性粉剂500倍液喷雾;

(2)50%异菌脲可湿性粉剂800倍液;

(3)25%丙环唑乳油1 000倍液;

(4)70%甲基硫菌灵可湿性粉剂800倍液;

(5)500代森铵水剂1 000倍液;

(6)75%百菌清可湿性粉剂700~800倍液。

喷雾防治,间隔10 d左右1次,连喷2~3次。

(三)大豆紫斑病

1. 分布为害

大豆紫斑病在我国大豆产区普遍发生,常于大豆结荚前后发病,南方重于北方,温暖地区较严重。感病品种的紫斑粒率为15%~20%,严重时达50%以上,严重影响产量及品质,且感病种子发芽率下降,出苗率降低10%~50%。

2. 症状

苗期染病,子叶上产生不规则褐色斑点,云纹状,幼茎变细,幼株提前死亡。叶片染病,初生圆形紫红色小斑点,扩大后变成不规则形或多角形,褐色、暗褐色,主要沿中脉或侧脉的两侧发生,条件适宜时病斑汇合成不规则形大斑。叶上的病斑紫褐色,长条形,严重时叶片发黄,湿度大时叶正反两面均产生紫黑霉状物,即病原分生孢子梗和分生孢子。茎上病斑呈长条状或梭形,红褐色,后期呈灰褐色,具光泽,严重的整个茎秆变成黑紫色,上生稀疏的灰黑色霉层。豆荚上病斑近圆形至不规则形,无明显边缘,病斑灰黑色,荚干燥后变黑色,生紫黑色霉状物。豆粒染病,病斑不规则,仅限于种皮,不深入内部,症状因品种及发病时期不同而有较大差异,多呈紫色,有的呈青黑色,在脐部四周形成浅紫色斑块,严重的整个豆粒变为紫色,有的龟裂(见图1-9、图1-10)。

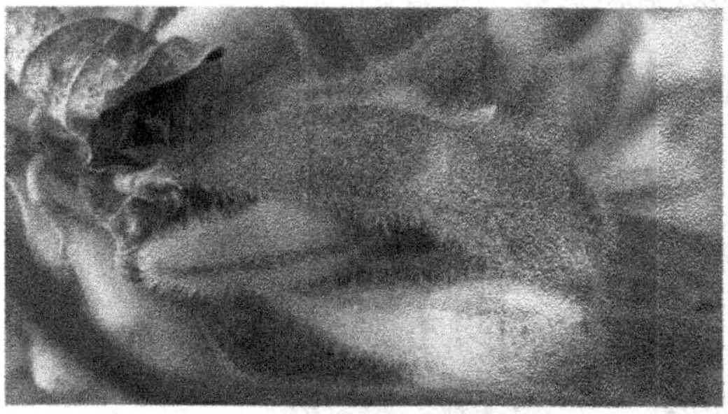

图1-9 大豆紫斑病为害荚后期症状

图1-10 大豆紫斑病为害豆粒症状

3. 防治方法

选用抗病品种。与禾本科或其他非寄主植物进行两年以上的轮作。剔除带病种子,适时播种,合理密植。加强田间管理,注意清沟排湿,防止田间湿度过大。大豆收获后及时清除田间病残体,深翻土地,减少初侵染源。

种子处理:播种前用种子重量0.3%的50%福美双+50%克菌丹可湿性粉剂拌种。

开花始期、蕾期、结荚期是防治紫斑病的关键时期。可选用下列药剂：

(1)500 多菌灵可湿性粉剂 800 倍液 +65% 代森锌可湿性粉剂 600 倍液；

(2)70% 甲基硫菌灵可湿性粉剂 800 倍液 +80% 代森锰锌可湿性粉剂 500 ~ 600 倍液；

(3)50% 多菌灵 · 乙霉威可湿性粉剂 1 000 倍液；

(4)50% 苯菌灵可湿性粉剂 2 000 倍液 +70% 丙森锌可湿性粉剂 800 倍液等。

喷雾防治，每亩喷药液 35 ~40 kg。

(四)大豆病毒病

1. 分布为害

大豆病毒病在我国各大豆产区普遍发生。主要有大豆花叶病毒病、大豆矮化病毒病、花生条纹病毒病。大豆花叶病毒病主要分布于全国各地，占发生病毒病的 70% ~96% 以上，常年产量损失 5% ~10%，重病年份达 10% ~20%，个别年份或少数地区产量损失可达 50%，并且影响大豆种子的品质。在大豆上发生的花生条纹病毒病，多发生在邻近花生田的大豆田。

2. 症状

该病是整株系统侵染性病害，病株症状变化较大。常见的症状类型有花叶、皱缩、矮化、顶枯四种症状。轻花叶型：病叶呈黄绿相间的轻微淡黄色斑驳，植株不矮化，可正常结荚，一般抗病品种或后期感病品种植株多表现此种症状。皱缩花叶型：病叶呈明显的黄绿相间的斑驳，皱缩严重(见图 1-11)，叶脉褐色弯曲，叶肉呈泡状突起，暗绿色，整个叶缘向后卷，后期叶脉坏死，植株矮化。皱缩矮化型：植株叶片皱缩，输导组织变褐色，叶缘向下卷曲，叶片歪扭，植株节间缩短，明显矮化，结荚少或不结荚。籽粒症状：受感染的籽粒种皮上产生褐色或黑色的斑纹，斑纹的颜色与脐色一致或稍深，有时斑纹波及整个籽粒表面，但多数呈现放射状或带状。斑纹发生情况受品种和发病程度影响。

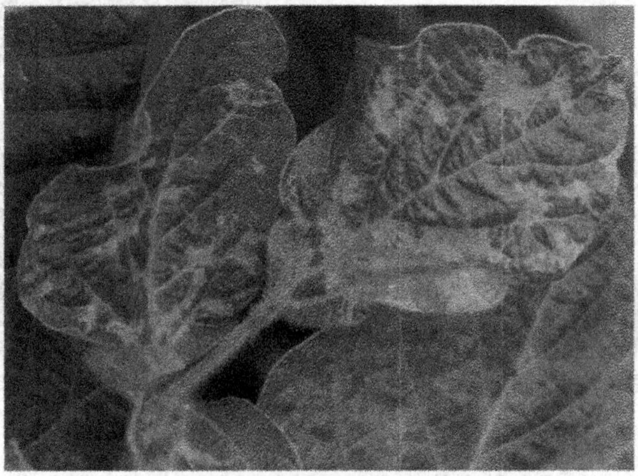

图 1-11　大豆病毒病皱缩花叶型症状

3. 防治方法

播种无毒或低毒的种子，是防治该病的关键。生产上种子带毒率控制在 0.5% 以下，可明显推迟发病盛期,减轻种子发病率。为此最好建立种子无毒繁育体系。良种繁殖田种子带毒率控制在0.2%以下,种子田与生产田隔离100 m以上,早期清除病苗。一季作地区适当晚播。南方种子带毒率高,以采用耐病品种为主,适当注意调整播种期,使苗期避开蚜虫高峰。

播种前,用3%辛硫磷颗粒剂3~5 kg/亩与大豆分层播种。

蚜虫迁飞前,可选用下列药剂:

(1)10%吡虫啉可湿性粉剂20~30 g/亩;

(2)3%啶虫脒乳油30 ml/亩;

(3)2.5%氯氟氰菊酯乳油40 ml/亩,兑水40~50 kg喷雾防治。

发病严重的地区,可在发病初期喷洒1次,可用下列药剂:

(1)2%宁南霉素水剂100~150 ml/亩兑水40~50 kg;

(2)0.5%菇类蛋白多糖水剂300倍液;

(3)1.5%植病灵乳油1 000倍液。

喷雾防治,可控制病毒病的蔓延。

(五)大豆炭疽病

1. 分布为害

该病普遍发生于东北、华北、华东、西北、华南各大豆产区,南方重于北方。严重时减产50%以上。

2. 症状

带病种子大部分于出苗前即死于土中,苗期至成熟期均可发病,病菌自子叶侵入幼茎,为害茎及荚,也为害叶片或叶柄。子叶受害:在出苗的子叶上有黑褐色病斑,边缘略浅,病斑扩展后常出现开裂或凹陷,气候潮湿时,子叶变水浸状,很快萎蔫、脱落。真叶受害:病斑不规则形,边缘深褐色,内部浅褐色,病斑上生粗糙刺毛状黑点,为病菌的分生孢子盘。茎受害:初生红褐色病斑,渐变褐色,最后变灰色,不规则形,上生浓密刺毛状黑点,常包围整个茎。荚受害:荚上病斑呈网形或不规则形,黑色分生孢子盘有时呈轮纹状排列,病荚不能正常发育,种子发霉,暗褐色并皱缩或不能结实(见图1-12)。叶柄受害:病斑褐色,不规则形。

3. 防治方法

选用抗病品种并进行种子消毒,保证种子不带病菌,合理密植,采用科学施肥技术,提高抗病力。及时排水,降低豆田湿度,避免施氮肥过多,收获后及时清除病残体、深翻,实行3年以上轮作,减少越冬菌源。加强田间管理,及时深耕及中耕培土。雨后及时排除积水,防止湿气滞留。

种子处理,播种前可用以下药剂拌种:

(1)40%福美双·萎锈灵胶悬剂250 ml拌100 kg种子;

(2)50%多菌灵可湿性粉剂或50%异菌脲可湿性粉剂按种子重量的0.5%拌种;

(3)50%福美双可湿性粉剂按种子重量的0.3%拌种;

(4)70%丙森锌可湿性粉剂按种子重量的0.4%拌种,堆闷约4 h后播种。

在开花后,可选用下列药剂:

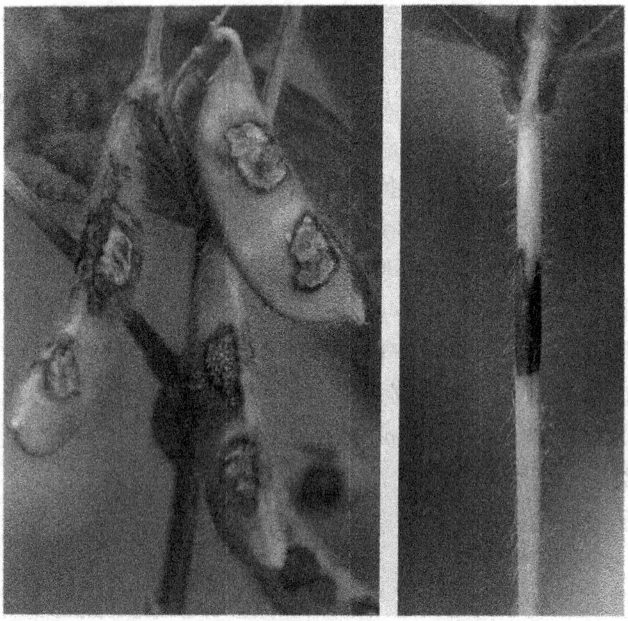

图 1-12 大豆炭疽病为害严重时症状

(1)25%多菌灵可湿性粉剂 500 ~ 600 倍液 + 75%百菌清可湿性粉剂 800 ~ 1 000 倍液;

(2)25%溴菌腈可湿性粉剂 2 000 ~ 2 500 倍液 + 80%福美双 · 福美锌可湿性粉剂 800 ~ 1 000 倍液;

(3)47%春雷霉素 · 氧氯化铜可湿性粉剂 600 ~ 1 000 倍液;

(4)50%咪鲜胺可湿性粉剂 1 000 ~ 1 500 倍液;

(5)10%苯醚甲环唑水分散粒剂 2 000 ~ 3 000 倍液;

(6)70%甲基硫菌灵可湿性粉剂 800 倍液 + 70%丙森锌可湿性粉剂 600 ~ 800 倍液。

喷雾防治。

(六)大豆胞囊线虫病

1. 分布为害

大豆胞囊线虫病在我国主要分布在黑龙江、吉林、辽宁、内蒙古、山东、河北、山西、安徽、河南、北京等省(区、市),尤以黑龙江省的西部、内蒙古东部的风沙、干旱、盐碱地发生普遍严重。轻病田一般减产 10%,重病田可减产 30% ~ 50%,甚至绝收,有的地区大面积毁种或 5 ~ 6 年内不能种植大豆。

2. 症状

大豆胞囊线虫寄生于根上,受害植株地上部和地下部均可表现症状。一般在开花前后植株地上部的症状最明显,表现为生长发育不良,植株明显矮小,节间短,叶片发黄早落,花芽少,花芽枯萎,不能结荚或很少结荚,似缺肥症状(见图 1-13)。被寄生根一侧鼓包或破裂,露出白色亮晶微如面粉粒的胞囊,侧根发育不良,须根增多,甚至整个根系成为发状须根。被害根很少有固氮根瘤,即使有也为无效根瘤,严重时根系变褐腐朽(见

图 1-14)。根表皮被线虫雌虫胀破后易感染其他微生物而发生腐烂,使植株提早枯死。大豆胞囊线虫病病害循环见图 1-15。

图 1-13　大豆胞囊线虫病为害地上部症状

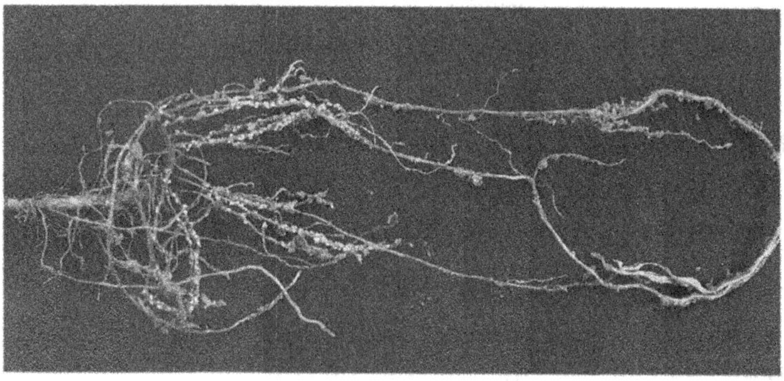

图 1-14　大豆胞囊线虫为害根部症状

3. 防治方法

加强检疫,禁止从病区引种,保护无病区。选用抗病品种,大豆与高粱、玉米等禾谷类作物实行 3～5 年轮作,能有效地控制胞囊线虫病的发生和为害。增施底肥和种肥,促进大豆健壮生长,增强植株抗病力,可相对减轻损失。苗期叶面喷施硼钼微肥或大豆黄萎叶喷剂,对增强植株抗病性也有明显效果。土壤干旱有利于大豆胞囊线虫的为害。适时灌水,增加土壤湿度,可减轻为害。播种前种子处理是防治该病的有效措施。

种子处理,可用下列药剂:

(1)35% 乙基硫环磷乳油或 35% 甲基硫环磷乳油按种子量的 0.5% 拌种;

(2)20.5% 多菌灵 · 福美双 · 甲维盐悬浮种衣剂 1:(60～80)(药:种)。

土壤处理,可用下列药剂:

(1)0.5% 阿维菌素颗粒剂 2～3 kg/亩;

(2)5% 克线磷颗粒剂 3～4 kg/亩。

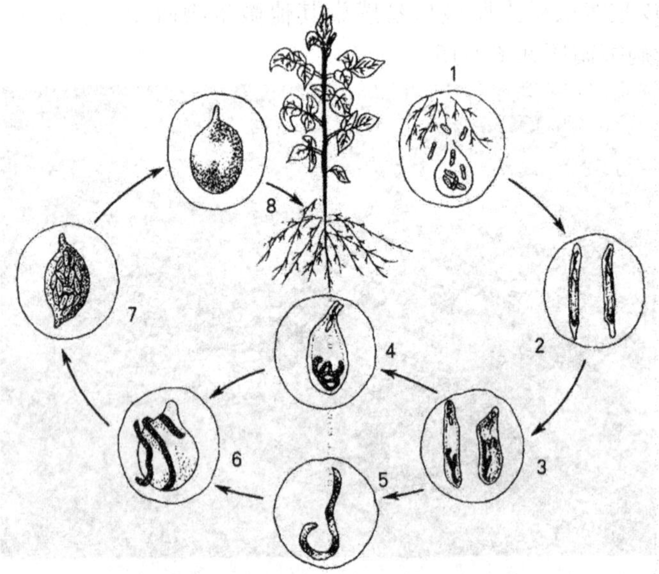

1—二龄幼虫侵染大豆根部;2—三龄幼虫;3—四龄幼虫;4—雌成虫;
5—雄成虫;6—繁殖;7—老熟雌成虫形成胞囊;8—以胞囊在土中越冬

图 1-15　大豆胞囊线虫病病害循环

拌适量细干土混匀,在播种时撒入播种沟内,不仅可以防治线虫,还可防治地下害虫等。

土壤消毒:播前 15 ~20 d,用 98% 棉隆颗粒剂 5 ~6 kg/亩,深施在播种行的沟底,覆土压平密闭,半个月内不得翻动。

(七)大豆菌核病

1. 分布为害

大豆菌核病又名白腐病,在全国均有发生,20 世纪 60 年代在黑龙江省东部地区发生较重,70 ~80 年代仅在局部地区个别豆田发生,进入 90 年代以后,由于向日葵、油菜、小杂豆、麻类等种植面积扩大,使菌核病在豆田发生逐年加重。

2. 症状

苗期至成熟期均可发病,花期受害重。为害地上部产生苗枯、叶腐、茎腐、荚腐等症。苗期染病:茎基部褐变,呈水渍状,湿度大时长出棉絮状白色菌丝,后期病部干缩呈黄褐色枯死,表皮撕裂状,幼苗倒伏、死亡。叶片染病:始于植株下部,初叶面生暗绿色水浸状斑,后扩展为网形至不规则形,病斑中心灰褐色,四周暗褐色,外有黄色晕圈,湿度大时亦生白色菌丝,叶片腐烂脱落。茎秆染病:多从主茎中下部分叉处开始,病部水浸状,后褪为浅褐色至近白色,病斑形状不规则,常环绕茎部向上下扩展,致病部以上枯死或倒折(见图 1-16),湿度大时在菌丝处形成黑色菌核,病茎髓部变空,菌核充塞其中(见图 1-17)。干燥条件下茎皮纵向撕裂,维管束外露似乱麻,严重的全株枯死,颗粒不收。豆荚染病:出现水浸状不规则病斑,荚内外均可形成较茎内菌核稍小的菌核,多不能结实。

图1-16　大豆菌核病为害植株症状

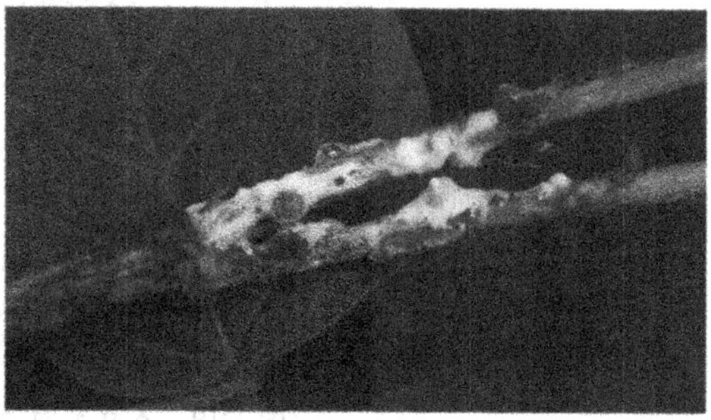

图1-17　大豆菌核病为害茎部症状

3. 防治方法

与禾本科作物实行3年以上轮作。选用株型紧凑、尖叶或叶片上举、通风透光性能好的耐病品种。及时排水,降低豆田湿度,避免施氮肥过多,收获后清除病残体。病田收获后应深翻,将表土层的菌核翻入土中;及时清除或烧毁残茎以减少菌源。实行宽行双条播等措施推迟田间郁闭时期,也可减轻发病。大豆封垄前及时中耕培土,防止菌核萌芽出土或形成子囊盘。注意排淤治涝,平整土地,防止积水和水流传播。

发病初期开始喷洒下列药剂:

(1)70%甲基硫菌灵可湿性粉剂500~600倍液;

(2)50%多菌灵可湿性粉剂600~700倍液。

大豆开花结荚期(7月下旬)喷药防效最高,既可有效地控制发病率,亦可有效地降低发病程度。可选用下列药剂:

(1)50%乙烯菌核利可湿性粉剂66 g/亩;

(2)50%腐霉利可湿性粉剂60~100 g/亩;

(3)40%菌核净可湿性粉剂50~60 g/亩;

(4)50%异菌脲可湿性粉剂66~100 g/亩,兑水40~50 kg;

(5)40%多硫悬浮剂600~700倍液;

(6)12.5%治萎灵水剂500倍液。

喷雾防治,发生严重时,间隔7 d再喷1次。

菌核萌发出土后至子囊盘形成盛期,于土表喷洒50%腐霉利可湿性粉剂30~60 g/亩,50%多菌灵可湿性粉剂100 g/亩,加水40~50 kg。

(八)大豆细菌性斑点病

1. 分布为害

该病广泛分布于我国的大豆产区,北方重于南方,在东北,尤其黑龙江西北部如北安、嫩江、绥化等地区发生普遍而且较重,近年来,黄淮地区发生普遍。引起早期落叶,可减产

18% ~22%(见图1-18)。

图1-18 大豆细菌性斑点病为害症状

2. 症状

幼苗染病,子叶上生半圆或近网形病斑,褐色至黑色,病斑周围呈水渍状。叶片染病,初生半透明水渍状褪绿小点,后转变为黄色至深褐色多角形病斑,病斑周围有黄绿色晕圈。湿度大时病叶背后常溢出白色菌脓,干燥后形成有光泽的膜。严重时多个病斑汇合成不规则枯死大斑,病组织易脱落,病叶呈破碎状,造成下部叶片早期脱落。茎部受害出现水渍状褐色至黑色长条形病斑。豆荚染病,初现红褐色小斑点,后逐渐变成黑褐色不规则形病斑,病斑多集中在豆荚的合缝处。籽粒染病,病斑不规则,褐色,常覆一层菌脓。

3. 防治方法

与禾本科作物进行3年以上轮作。施用充分沤制的堆肥或腐熟的有机肥。调整播期,合理密植,收获后清除出病株残体,及时深翻,减少越冬病源数量。

播种前用种子重量0.3%的50%福美双可湿性粉剂拌种。

发病初期,可选用下列药剂:

(1)72%农用硫酸链霉素可溶性粉剂3 000 ~4 000倍液;

(2)90%新植霉素可溶性粉剂3 000 ~4 000倍液;

(3)30%碱式硫酸铜悬浮剂400倍液;

(4)30%琥胶肥酸铜可湿性粉剂500 ~800倍液;

(5)47%春雷霉素·氧氯化铜可湿性粉剂600 ~1 000倍液;

(6)12%松脂酸铜乳油600倍液。

喷雾防治,每隔10 ~15 d喷1次,连喷2 ~3次。

(九)大豆赤霉病

1. 分布为害

普遍发生于东北、华北、西南等地,为害豆荚和豆粒,使产量降低,品质变劣。

2. 症状

主要为害豆荚、籽粒和幼苗子叶。豆荚染病,病斑近圆形至不整形块状,发生在边缘时呈半圆形略凹陷斑,湿度大时,病部生出粉红色或粉白色霉状物(见图1-19),即病菌分

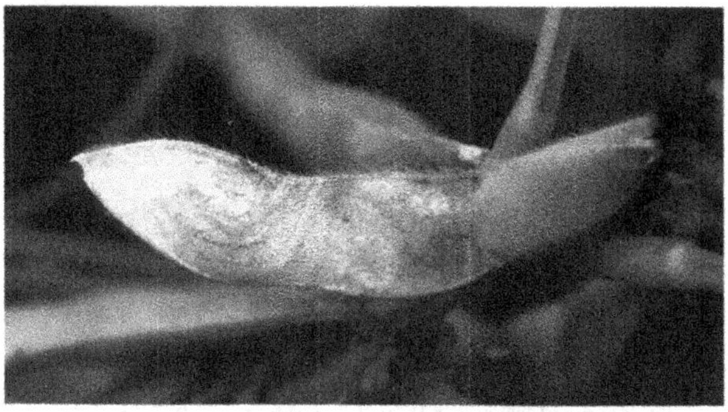

图 1-19　大豆赤霉病为害豆荚症状

生孢子或分生孢子团，严重的豆荚裂开，豆粒被菌丝缠绕，表生粉红色霉状物。

3. 防治方法

选无病种子播种，雨后及时排水，改变田间小气候，降低豆田湿度。种子收后及时晾晒，降低储藏库内湿度，及时清除发霉的豆子。

必要时，喷洒 60% 多菌灵盐酸盐水溶性粉剂 1 000 倍液，50% 苯菌灵可湿性粉剂 1 500倍液，间隔 10 ~ 15 d 喷洒 1 次，连喷 2 次。

（十）大豆疫霉根腐病

1. 分布为害

该病是为害极其严重、最具毁灭性的大豆病害之一，东北、黄淮及南方产区均有发生，而且近年来有加重趋势。一般发病率在 3% ~5%，感病品种一般减产 25% ~50%，高感品种可达 90% 以上，严重地块的大豆植株成片枯死，甚至绝产。被害种子的蛋白质含量明显降低。

2. 症状

大豆各生育期均可发病。苗期发病，在种子萌发前可引起种子腐烂；在种子萌发后，大豆种子萌发生根时即可被病原侵染，受害根及下胚轴呈棕褐色。出苗后由于近地表植株茎部出现水浸状病斑，根或茎基部腐烂而萎蔫或死亡，根变褐，软化，直达子叶。成株期症状表现为下部叶片先变黄，并向上扩展，随后上部叶片逐渐变黄并很快萎蔫，茎基有黑褐色凹陷条状病斑，并可向上扩展蔓延（见图 1-20）。发病轻时，症状常仅限于侧根腐烂，植株并不死亡，表现出矮化和轻度失绿，症状与缺氮相似，病株荚数明显减少，空荚、瘪荚较多，籽粒皱缩。发病重时整株枯萎死亡，但植株不倒伏、叶片不脱落，此时，剖开茎可见维管束变褐色。成株期感病植株的病茎节位也有病荚产生，豆荚基部初期出现水浸状斑，病斑逐渐变褐并从荚柄向上蔓延至荚尖，最后整个豆荚变枯呈黄褐色，种子失水干瘪。

3. 防治方法

选用抗病品种，豫豆 25 号、郑 92116 等。从疫区调拨种子到保护区时要严格进行检疫，以防病害向保护区扩展。因地制宜地种植抗病品种，及时深耕和中耕培土。雨后及时排除积水，降低土壤含水量。用非寄主作物与大豆轮作也可以减少该病害的发生。播种前用下列药剂进行种子处理：

（1）25% 多菌灵 · 福美双悬浮种衣剂 1:（50 ~70）（药: 种）；

图 1-20 大豆疫霉根腐病为害植株及根部症状

(2)50%甲霜灵·多菌灵种子处理可分散粉剂 250 ~ 300 g/100 kg 种子;

(3)400 g/L 萎锈灵·福美双悬浮剂 140 ~ 200 ml/100 kg 种子;

(4)25 g/L 咯菌腈悬浮种衣剂 15 ~ 20 g/100 kg 种子;

(5)20.5%多菌灵·福美双·甲维盐悬浮种衣剂 1:(60 ~ 80)(药:种);

(6)38%多菌灵·福美双·毒死蜱悬浮种衣剂 1:(60 ~ 80)(药:种)。

发病初期喷洒药剂防治,药剂应交替使用,以避免长期单一使用而产生抗药性。喷洒或浇灌下列药剂:

(1)25%甲霜灵可湿性粉剂 800 倍液;

(2)58%甲霜灵·代森锰锌可湿性粉剂 600 倍液;

(3)2%宁南霉素水剂 300 ~ 400 倍液;

(4)64%恶霜灵·代森锰锌可湿性粉剂 500 倍液;

(5)72%霜脲氰·代森锰锌可湿性粉剂 600 倍液。

喷雾防治。

(十一)大豆枯萎病

1. 分布为害

主要分布于东北、四川、云南、湖北、河南等地,一般零星发生,但为害很大,常造成植株死亡。近年来,在局部地区有加重发展的趋势。

2. 症状

大豆枯萎病是系统性侵染的整株病害,染病初期叶片从下向上逐渐变黄至黄褐色萎蔫。幼苗发病后先萎蔫,茎软化,叶片褪绿或卷缩,呈青枯状,不脱落,叶柄也不下垂。成株期病株叶片先从上往下萎蔫黄化枯死,一侧或侧枝先黄化萎蔫再累及整株。病根发育不健全,幼苗幼株根系腐烂坏死,呈褐色并扩展至地上 3 ~ 5 节。成株病根呈干枯状坏死,褐色至深褐色。剖开病部根系,可见维管束变褐。病茎明显细缩,有褐色坏死斑,病健部分明,在病健结合处髓腔中可见粉红色菌丝,病健结合处以上部水渍状变褐色。后期在病株茎的基部产生白色絮状菌丝和粉红色胶状物,即病原菌丝和分生孢子。病茎部维管束变为褐色,木质部及髓腔不变色(见图1-21)。

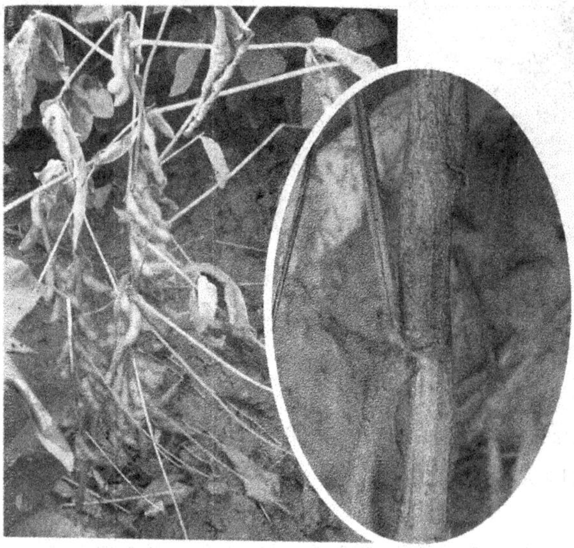

图1-21 大豆枯萎病为害植株症状

3. 防治方法

因地制宜选用抗枯萎病品种。重病地实行水旱轮作2~3年,不便轮作的可覆塑料膜进行热力消毒土壤,施用充分沤制的堆肥或腐熟的有机肥,减少化肥施用量。发现病株及时拔除,带出田间销毁。

处理种子是防治大豆枯萎病的主要措施。播种前可用以下药剂拌种:

(1)用种子重量1.2%~1.5%的35%多福克悬浮剂拌种;

(2)用种子重量0.2%~0.3%的2.5%咯菌腈悬浮剂拌种;

(3)用种子重量1.3%的2%宁南霉素水剂拌种。

发病初期,可选用下列药剂:

(1)70%甲基硫菌灵可湿性粉剂800倍液;

(2)50%多菌灵可湿性粉剂500倍液;

(3)10%双效灵水剂300倍液;

(4)50%琥胶肥酸铜可湿性粉剂500倍液。

淋穴,每穴喷淋兑好的药液300~500 ml,间隔7 d喷淋1次,共防治2~3次。

(十二)大豆链格孢黑斑病

1. 症状

主要为害叶片、种荚。叶片染病,初生圆形至不规则形病斑,中央褐色,四周略隆起,暗褐色,后病斑扩展或破裂,叶片多反卷干枯,湿度大时表面生有密集黑色霉层(见图1-22),即病原菌分生孢子梗和分生孢子。荚染病,生网形或不规则形斑,密生黑霉层。

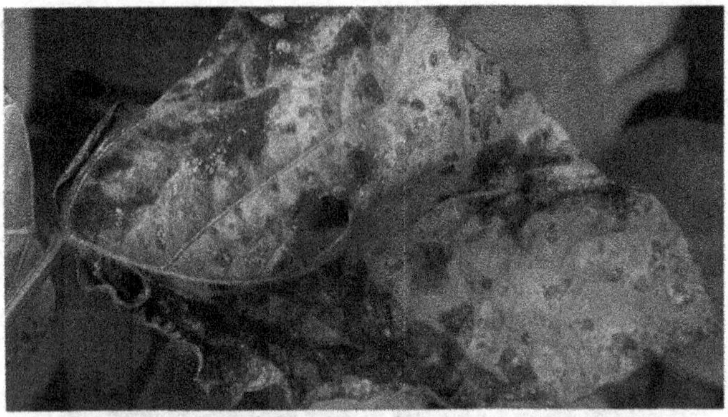

图1-22 大豆链格孢黑斑病为害叶片后期症状

2. 防治方法

收获后及时清除病残体，集中深埋或烧毁。

发病初期及时施药防治，可以选用下列杀菌剂：

(1)70%甲基硫菌灵可湿性粉剂600～800倍液＋70%代森锰锌可湿性粉剂500～600倍液；

(2)50%腐霉利可湿性粉剂800倍液＋75%百菌清可湿性粉剂800倍液；

(3)50%异菌脲可湿性粉剂800倍液＋50%福美双可湿性粉剂500倍液；

(4)50%噻菌灵可湿性粉剂600～800倍液；

(5)50%异菌脲可湿性粉剂600～800倍液；

(6)25%丙环唑乳油2 000～3 000倍液；

(7)25%咪鲜胺乳油1 000～2 000倍液；

(8)50%咪鲜胺锰络合物可湿性粉剂1 000～2 000倍液。

喷雾防治，视病情间隔7～10 d喷施1次，连续防治2～3次。

(十三)大豆耙点病

1. 分布为害

我国的吉林、山东、安徽、四川、河南等省均有发生。

感病品种发病严重时可减产18%～32%。

2. 症状

主要为害叶、叶柄、茎、荚及种子。叶片染病产生圆形至不规则形斑，浅红褐色，病斑四周多具浅黄绿色晕圈，大斑常有轮纹，造成叶片早落(见图1-23)。叶柄、茎染病生长条形暗褐色斑。荚染病，病斑网形，稍凹陷，中间暗紫色，四周褐色，严重的豆荚上密生黑色霉层。

3. 防治方法

选种抗病品种，从无病株上留种并进行种子消毒。实行3年以上轮作，切忌与寄主植物轮作。秋收后及时清除田间的病残体，进行秋翻土地，减少菌源。

发病初期及时施药防治，可选用下列杀菌剂：

(1)50%多菌灵可湿性粉剂600～800倍液＋75%百菌清可湿性粉剂800～1 000

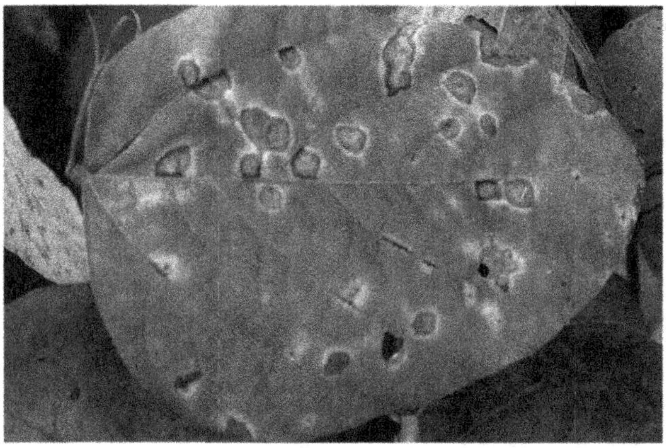

图 1-23　大豆靶点病为害叶片症状

倍液；

(2)66%敌磺钠·多菌灵可湿性粉剂 600～800 倍液；

(3)70%甲基硫菌灵可湿性粉剂 600～800 倍液+70%代森锰锌可湿性粉剂 500～600 倍液；

(4)50%腐霉利可湿性粉剂 800 倍液+75%百菌清可湿性粉剂 800 倍液；

(5)50%异菌脲可湿性粉剂 800 倍液+50%福美双可湿性粉剂 500 倍液；

(6)50%咪鲜胺锰络合物可湿性粉剂 1 000～2 000 倍液。

用药液 40 kg/亩均匀喷施，视病情间隔 7～10 d 喷施 1 次，连续防治 2～3 次。

(十四)大豆荚枯病

1. 分布为害

主要分布于东北、华北、四川等地。

2. 症状

主要为害豆荚，也能为害叶片和茎。荚染病，病斑初呈暗褐色，后变苍白色，凹陷，上轮生小黑点(见图 1-24)，幼荚常脱落，老荚染病萎垂不落，病荚大部分不结实，发病轻的虽能结荚，但粒小，易干缩，味苦。茎染病产生灰褐色不规则形病斑，上生无数小黑粒点，病部以上干枯。

3. 防治方法

建立无病留种田，选用无病种子。发病重的地区实行 3 年以上轮作。收获后清除田间病残体及周边杂草，减少病源。深翻土壤，雨后排水，提倡轮作，合理密植，使用充分腐熟的有机肥。

种子处理，可用种子重量 0.4%的 50%多菌灵可湿性粉剂、50%福美双可湿性粉剂、50%拌种双可湿性粉剂拌种。

发病初期及时施药防治，可选用下列杀菌剂：

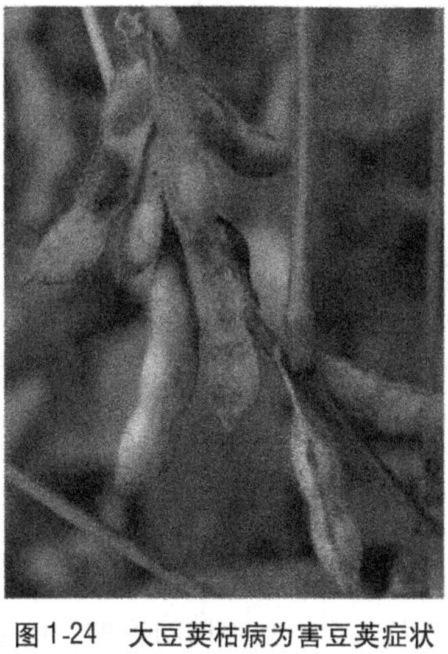

图 1-24　大豆荚枯病为害豆荚症状

(1)25%嘧菌酯悬浮剂1 000～2 000倍液；

(2)50%噻菌灵可湿性粉剂600～800倍液＋75%百菌清可湿性粉剂800～1 000倍液；

(3)66%敌磺钠·多菌灵可湿性粉剂600～800倍液；

(4)70%甲基硫菌灵可湿性粉剂600～800倍液＋70%代森锰锌可湿性粉剂500～600倍液。

用药液40 kg/亩均匀喷施，视病情间隔7～10 d喷施1次，连续防治2～3次。

(十五)大豆霜霉病

1. 分布为害

大豆霜霉病在我国各大豆产区均有发生，东北、华北及大豆生育期气候冷凉地区发生较多，尤以黑龙江、吉林最为严重。常引起种子霉烂、叶片早落或凋萎，导致大豆产量和品质下降，可减产8%～15.2%(见图1-25)。

图1-25　大豆霜霉病为害情况

2. 症状

主要为害幼苗或成株叶片、荚及豆粒。带病种子直接引起幼苗发病，一般幼苗子叶不显病。当真叶展开后，从真叶叶片基部开始沿叶脉出现大片褪绿斑块，以后伞叶变黄枯死。天气潮湿时，病斑背面密生很厚的灰白色霉层，即病菌的孢囊梗和孢子囊。受害重的幼苗生长矮小，叶皱缩以至枯死。成株期复叶上的病斑散生，网形或不规则形的褪绿黄斑，后期形成黄褐色、不规则形或多角形枯斑，病健部分界明显，发病重时很多病斑可汇合成更大的块状病斑，其病斑背面也布满灰白色霉层。病叶枯干后，可引起提早落叶。豆荚病斑表面无明显症状，剥开豆荚，其内部可见不定形的块状斑，其上可见灰白色霉层。病粒表面全部或大部变白，无光泽，其上黏附一层黄灰色或白色霉层，即病菌的卵孢子和菌丝。

3. 防治方法

选用抗病品种，针对该菌卵孢子可在病茎、叶上残留在土壤中越冬，提倡与非豆科作物轮作。中耕除草，将病株残体清除至田外销毁以减少菌源，排除积水，增施磷、钾肥提高植株抗病力。加强田间管理。锄地时注意铲除系统侵染的病苗，减少田间侵染源。

种子处理,播种前用种子重量0.3%的3.5%甲霜灵粉剂拌种。或用种子重量0.5%的50%福美双可湿性粉剂拌种;或用72.2%霜霉威水剂或70%敌磺钠可湿性粉剂按种子重量0.1%~0.3%拌种。

大豆开花期,可选用下列药剂:

(1)25%甲霜灵可湿性粉剂600倍液+50%福美双可湿性粉剂500~800倍液;

(2)20%苯霜灵乳油800~1 000倍液+65%代森锌可湿性粉剂500~1 000倍液;

(3)72.2%霜霉威水剂800~1 000倍液+75%百菌清可湿性粉剂500~800倍液;

(4)64%恶霜·锰锌可湿性粉剂500倍液;

(5)58%甲霜灵·代森锰锌可湿性粉剂600倍液;

(6)69%烯酰·锰锌可湿性粉剂900~1 000倍液;

(7)72%霜脲氰·代森锰锌可湿性粉剂800~1 000倍液。

用药液40 kg/亩均匀喷施,视病情间隔7~10 d喷洒1次,连喷2~3次。

(十六)大豆黑点病

1. 分布为害

分布于东北、华北、江苏、湖北、四川、云南等地的大豆产区。

2. 症状

主要为害茎秆,严重时也可为害豆荚。茎部受害:初在茎基及下部分枝上出现灰褐色病斑,边缘红褐色,渐变为略凹陷的红褐色条纹,后变为灰白色,长条形或椭圆形,严重时扩散至全茎,上生成行排列的小黑点,即分生孢子器。豆荚受害:初生近圆形褐色病斑,后变灰白色干枯而死,其上生小黑点。病荚中籽粒表面密生白色菌丝,豆粒呈苍白色萎缩僵化(见图1-26)。

图1-26 大豆黑点病为害豆荚后期症状

3. 防治方法

农业防治:选用无病种子。重病田实行与禾本科作物轮作。增施磷、钾肥,提高植株的抗病力。及时收割,收获后清除田间病残体,并进行深耕。

种子处理：用种子重量 0.3% 的 50% 福美双可湿性粉剂拌种。

田间发现病情及时施药防治，生长后期温暖潮湿时，可以选用下列药剂：

(1)50% 苯菌灵可湿性粉剂 800 倍液 +65% 代森锌可湿性粉剂 500 倍液；

(2)25% 嘧菌酯悬浮剂 1 000 ~2 000 倍液；

(3)66% 敌磺钠 · 多菌灵可湿性粉剂 600 ~800 倍液；

(4)70% 甲基硫菌灵可湿性粉剂 600 ~800 倍液 +70% 代森锰锌可湿性粉剂 500 ~600 倍液；

(5)50% 腐霉利可湿性粉剂 800 倍液 +75% 百菌清可湿性粉剂 800 倍液；

(6)50% 异菌脲可湿性粉剂 800 倍液 +50% 福美双可湿性粉剂 500 倍液；

(7)50% 咪鲜胺锰络合物可湿性粉剂 1 000 ~2 000 倍液。

用药液 40 kg/亩均匀喷施，视病情间隔 7 ~10 d 喷施 1 次，连续防治 2 ~3 次。

(十七)大豆白粉病

1. 分布为害

分布于华北、南方等各地，多发生于大豆植株生育的中后期。

2. 症状

此病主要为害叶片，叶上斑点圆形，具黑暗绿晕圈，逐渐长满白色粉状物，后期在白色粉状物上产生黑褐色球状颗粒物(见图 1-27)。

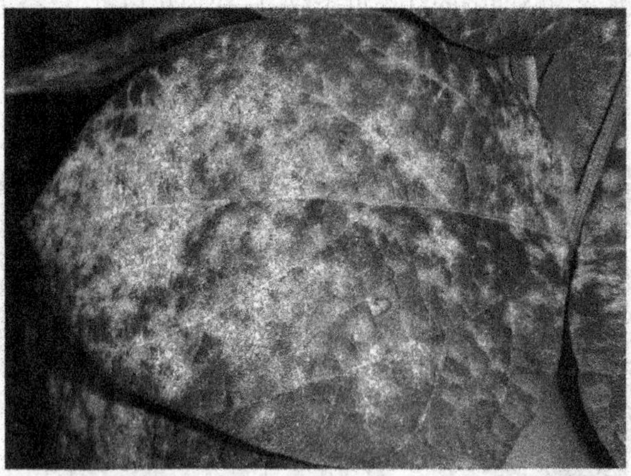

图 1-27　大豆白粉病为害叶片症状

3. 防治方法

选用抗病品种，收获后及时清除病残体，集中深埋或烧毁。

发病初期，可选用下列药剂：

(1)2% 武夷菌素水剂 200 ~300 倍液；

(2)60% 多菌灵盐酸盐水溶性粉剂 500 ~1 000 倍液；

(3)15% 三唑酮可湿性粉剂 600 ~1 000 倍液；

(4)12.5% 烯唑醇可湿性粉剂 1 000 ~1 500 倍液；

(5)6% 氯苯嘧啶醇可湿性粉剂 1 000 ~1 500 倍液；

(6)25%丙环唑乳油2 000～2 500倍液；

(7)40%氟硅唑乳油6 000～8 000倍液。

喷雾防治。

(十八)大豆轮纹病

1. 分布为害

主要分布于东北、华北、华东等地，常造成早期落叶和不结荚。

2. 症状

叶片染病，病斑圆形，褐色至红褐色，中央灰褐色，具不明显同心轮纹，其上密生小黑点。多在茎秆分枝处发病，病斑近梭形，灰褐色，扩大干燥后变为灰白色，密生小黑点。豆荚染病，病斑圆形，初为褐色，干燥后变为灰白色，其上也密生黑色小点(见图1-28)。

图1-28　大豆轮纹病为害豆荚症状

3. 防治方法

选用抗病品种或无病种子。合理密植，增施有机肥和磷肥。收获后及时清除病株残体，深翻土地，减少越冬菌源。

发病初期可选用下列药剂：

(1)50%多菌灵可湿性粉剂1 000倍液；

(2)70%甲基硫菌灵可湿性粉剂1 000倍液；

(3)50%苯菌灵可湿性粉剂1 500倍液；

(4)50%异菌脲可湿性粉剂1 000倍液。

喷雾防治。

(十九)大豆细菌性角斑病

1. 症状

叶片上病斑初期为圆形或多角形小斑点，水渍状，以后逐渐扩大。病斑最后变为深褐色，稍凹陷，病斑周围有一狭窄的褪绿晕圈(见图1-29)。发病严重时叶片枯死脱落。当病斑多时，病斑相互汇合成大块组织枯死，似火烧状。

图 1-29　大豆细菌性角斑病为害叶片症状

2. 防治方法

可参考大豆细菌性斑点病。

二、大豆虫害防治

(一)食心虫

1. 为害特点

大豆食心虫,别名小红虫、豆荚虫,属鳞翅目,小卷叶蛾科。主要为害大豆,极少为害野生大豆,是南阳市大豆的一种主要害虫。以幼虫在豆荚内食害豆粒,将豆籽咬成豁子,成为烂瓣。一般年份受食心虫为害豆籽虫食率在 10% ~30%,严重年份可达 70%,减产 40%以上,极大地影响了大豆的品质和产量。

2. 形态特征

成虫,是一种灰褐色或黄褐色的小蛾子。雄蛾色浅,雌蛾色深。体长 5 ~6 mm,翅展 12 ~13 mm。前翅杂生灰黄褐色鳞片,沿前缘并列有明显的 7 ~11 条黑色斜纹,其周围有明显的黄色纹,原翅深灰色(见图 1-30)。

图 1-30　大豆食心虫幼虫

卵:椭圆形,稍扁平,表面有光泽,长 0.5 mm,宽 0.3 mm,在放大镜下面可见到表面有短纹。初产卵乳白色,经 2 d 后变为黄褐色,4 ~ 5 d 后,卵上见一小黑点,此时卵将孵化。幼虫共分四龄。一龄体长 1 ~ 1.8 mm,淡黄色,有光泽,头黑色。二龄体长 2 ~ 4 mm,乳白色。三龄体长 5 ~ 8 mm,橘红色,头黄褐色。

蛹:纺锤形,长 6 mm,深红褐色,羽化前呈黑褐色。尾部末端有半弧形锯齿状尾刺8 ~ 10 根。生殖孔在第八腹节上的为雌蛹,在第九腹节上的为雄蛹。

土茧是老熟幼虫在土中吐丝做成的,呈土色,像带壳的麦粒一样。长 7.8 mm,宽 3.3 mm。土茧一头有个小裂缝的是蛹茧,便于羽化后飞出。无小裂缝的是幼虫茧。

3. 生活习性

大豆食心虫一年发生一代,越冬幼虫于 7 月下旬到 8 月上旬上升到表土 1.5 cm 深处,再结茧化蛹。8 月上旬成虫羽化出土,8 月中旬为成虫盛发期,8 月下旬成虫羽化结束。8 月下旬至 9 月上旬卵粒孵化,幼虫入荚,在荚内为害,9 月下旬老熟幼虫咬破荚皮脱荚入土,结茧越冬。

4. 测报

1)测报方法

于 8 月初成虫开始羽化后,选择有代表性田 2 ~ 3 块,于傍晚 5 ~ 7 时,用目测法调查成虫发生情况,开始每 3 d 调查一次,到蛾量猛增时,每天调查一次,具体方法是:采用 5 点取样,每点长 100 m、宽 1 m。调查人员拿一根 1 m 长的小棍,顺垄向前,用小棍拨动 4 垄豆棵(1 m 宽),使食心虫蛾受惊后飞翔,用眼观其数量,记载调查日期、调查长度、蛾量、百米蛾量、百米累计蛾量、打团飞翔数、交尾情况。当百米累计蛾量达 50 头时,应定为防治田块。蛾量达高峰时,应为防治适期,立即施药防治。

2)防治时期

由于食心虫蛀荚为害,幼虫外露时间短,仅 7 ~ 8 h,因此防治的有利时期不在幼虫期,而在成虫盛发期。

确定成虫盛发期的指标是:田间成虫数量出现成倍增长的骤增现象或蛾子集团飞翔数量多,每团蛾量大。从时间上讲,在 8 月中下旬。

5. 防治方法

1)药剂防治

采用常规喷雾,每亩用 20% 速灭杀丁 15 ml,应在产卵盛期(8 月 20 日左右)喷洒,杀虫效果很好,且有一定增产效果。

敌敌畏熏蒸成虫,在成虫盛发期,每亩用 50% 敌敌畏乳油 100 ~ 150 g(间作豆地药量应适当加大),稀释 5 倍,浸泡 50 个玉米穗轴插入大豆行间即可。或用同等药量拌麦糠 15 ~ 25 kg,撒施于垄沟内,效果均达 90% 以上,但此法不适用于高粱、大豆间作地,因敌敌畏对高粱有害。

每亩用 50% 杀螟硫磷乳油 60 ml,一次蛀荚前,兑水 50 ~ 60 kg 喷雾,每亩用 20% 氰戊菊酯乳油 20 ~ 40 ml,在大豆开花盛期,卵孵化高峰期施药;每亩用 50 倍硫磷乳油 50 ~ 150 ml 兑水 30 ~ 50 kg 喷雾;每亩用 40.7% 乐斯本乳油 75 ~ 100 ml 兑水喷雾。

2)生物防治

利用赤眼蜂灭卵。于成虫产卵盛期,每亩放 2 万 ~ 3 万头赤眼蜂灭卵。如增加放蜂次数，尚能提高防治效果。

利用白僵菌防治脱荚越冬幼虫，于幼虫脱荚之前，每亩用 1.5 kg 白僵菌粉，每千克菌粉加细土或草木灰 9 kg，均匀喷撒在豆田垄面上，落地幼虫接触白僵菌孢子，以后遇适合温度条件时，便发病致死。

3）农业防治

选用抗虫或耐虫品种。大豆对食心虫的表现在两个方面：一是回避成虫产卵，二是侵入荚幼虫死亡率高。在应用时应因地制宜，选用虫食率低、丰产性好的品种。

合理轮作，增加虫源地中耕次数。

翻耕豆茬地。大豆收割后进行秋翻秋耙，能破坏幼虫和越冬场所，提高越冬幼虫死亡率。

及时耕翻豆后麦茬地。豆茬地如播种小麦，麦收后，随即翻耕麦茬，可大量消灭幼虫和蛹，降低羽化率。

（二）蚜虫

1. 分布

大豆蚜虫（*Aphis glycines*）属同翅目，蚜科。主要分布在东北、华北、华南、西南等地区。一般北部省区发生较重，是大豆的主要害虫。轻者减产 20% ~ 30%，重者减产 50% 以上。

2. 为害特点

以成虫和若虫集中在豆株的顶叶、嫩叶、嫩茎上刺吸汁液，被害处形成枯黄斑，严重时叶片卷缩、脱落，分枝、结荚数减少，百粒重下降，更有甚者造成大豆光秆甚至死亡。此外，大豆蚜虫还能传播病毒病。

3. 形态特征

有翅孤雌蚜长 1.2 ~ 1.6 mm，长椭圆形，头、胸黑色，额瘤不显著；触角长 1.1 mm，第 3 节有次生感觉圈 3 ~ 8 个，一般 5 ~ 6 个，排成一行；腹部黄绿色，腹管黑色，圆筒状，基部宽为端部宽的 2 倍，有瓦状纹，腹管内侧基部左右各有 1 个黑斑；尾片圆锥形，与腹同色，有 7 ~ 10 根长毛，臀板末端钝圆，与体色相同，多毛（见图 1-31）。无翅孤雌蚜长 1.3 ~ 1.6 mm，长椭圆形，黄色或黄绿色，腹部第 1 和第 7 节有钝圆锥状突起；额瘤不显著，触角比躯体短，第 4、5 节末端和第 6 节黑色，第 6 节鞭部为基部长的 3 ~ 4 倍，第 5 节末端及第 6 节各有一原生感觉圈；腹管基部灰色，端半部黑色，基部略宽，有瓦状纹；尾片圆锥形，有 7 ~ 10 根长毛，臀部有细毛（见图 1-32）。若虫形态与成虫基本相似，腹管短小。

4. 发生规律

南阳每年发生 20 多代。以卵在鼠李的芽腋或枝条隙缝里越冬。翌年春季 4 月间平均气温约达 10 ℃时，鼠李芽鳞露绿，越冬卵开始孵化为干母。5 月中下旬鼠李开花前后又值豆苗出土以后发生的有翅胎生雌蚜向豆田迁飞，在豆田孤雌胎生繁殖 10 余代。6 月末至 7 月初是豆田大豆蚜盛发前期，7 月中下旬为盛发期，可使大豆受害成灾。7 月末开始，气候和营养等条件逐渐对大豆蚜不利，豆株上出现淡黄、体小的蚜虫，为蚜量消退标志。8 月末至 9 月初为大豆蚜繁殖后期，产生有翅型母蚜飞回越冬寄主鼠李上，并胎生无翅型产卵成性雌蚜，另一部分在大豆上胎生有翅型雄蚜，飞回越冬寄主，雌雄性蚜交配产

图 1-31　大豆蚜虫有翅孤雌蚜

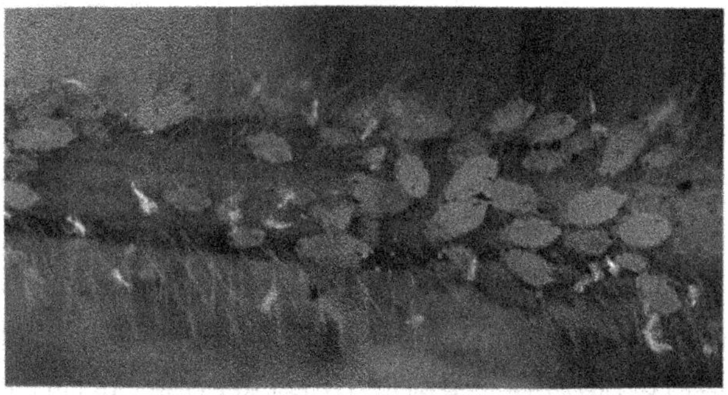

图 1-32　大豆蚜虫无翅孤雌蚜

卵越冬。

5. 防治方法

及时铲除田边、沟边、塘边杂草，减少虫源。利用银灰色膜避蚜和黄板诱杀。

加强预测预报。中、长期预报，根据越冬卵量的多少和 4 月下旬到 5 月中旬以及 6 月下旬至 7 月上旬的气候条件等因素综合分析，作出当年发生趋势预报。短期预报，6 月上旬在田间调查蚜量，如 6 月 25 日前后寄生株率达 5%，蚜量较多，结合短期天气预报和天敌数量分析，有大发生可能，应准确预报。如 6 月下旬仍无消退，气候适宜，天敌不多，为害有趋重可能，应做防治预报。如果在此期间内有蚜株率达 50%，百株蚜量 1 500 头以上，旬平均气温在 22 ℃以上，旬平均相对湿度在 78% 以下，应立即进行防治。

药剂拌种可以减少蚜虫的为害，也可在苗期、蚜虫盛发期喷药防治。

大豆种衣剂拌种，播种前用 40% 甲基异柳磷乳剂按种子重量的 0.2% ~0.3% 拌种，可防治苗期蚜虫，同时兼治苗期的某些其他害虫。

当田间点片发生蚜虫，有蚜株率达 10% 或平均每株有虫 10 头，天敌较少，温湿度适宜时，可选用下列药剂：

(1)10% 吡虫啉可湿性粉剂 2 000 ~3 000 倍液；

(2)2.5% 联苯菊酯乳油 3 000 倍液；

(3)40%乐果乳油500倍液喷雾防治。

在成虫盛发期,可选用下列药剂:

(1)15%唑蚜威乳油4~6 ml/亩;

(2)2.5%氟氯氰菊酯乳油20~30 ml/亩;

(3)30%甲氰菊酯·氧乐果乳油15~20 ml/亩;

(4)4%高效氯氰菊酯·吡虫啉乳油30~40 ml/亩;

(5)40%氧乐果乳油40~50 ml/亩。

(三)卷叶螟

1. 分布

卷叶螟(*Sylepta ruralis*)属鳞翅目,螟蛾科。是大豆的主要害虫,主要发生在华北和东北地区。

2. 为害特点

以幼虫蛀食大豆叶、花、蕾和豆荚。初孵幼虫蛀入花蕾和嫩荚,被害蕾易脱落,被害荚的豆粒被虫咬伤,蛀孔口常有绿色粪便,虫蛀荚常因雨水灌入而腐烂,影响品质和产量。幼虫为害叶片时,常吐丝把两叶粘在一起,躲在其中咬食叶肉,残留叶脉。幼龄幼虫不卷叶,3龄开始卷叶,4龄卷成筒状。叶柄或嫩茎被害时,常在一侧被咬伤而萎蔫至凋萎。

3. 形态特征

成虫为黄白色小蛾,体长10~13 mm,翅展25~26 mm;头部黄白,稍带褐色,两侧有白色鳞片;体色黄褐,前翅黄褐色,中室的端部有一块白色半透明的近长方形斑,中室中间近前缘处有一个肾形白斑,稍后有一个圆形小白斑点,有紫色的折闪光,后翅白色、半透明。卵椭圆形,黄绿色,表面有近六角形的网纹。卵乳白色,椭圆形,多产于叶背,常两粒并生,亦有单粒或3粒以上的。幼龄幼虫黄白,取食后可以透过虫体看到体内内脏,呈绿色;头部绿色;前胸背板和臀板与体色相同,中后胸有4个毛片,呈一横行排列(见图1-33)。在卷叶内化蛹,淡褐色,翅芽明显,伸至第4腹节,蛹外有两层白色的薄丝茧。

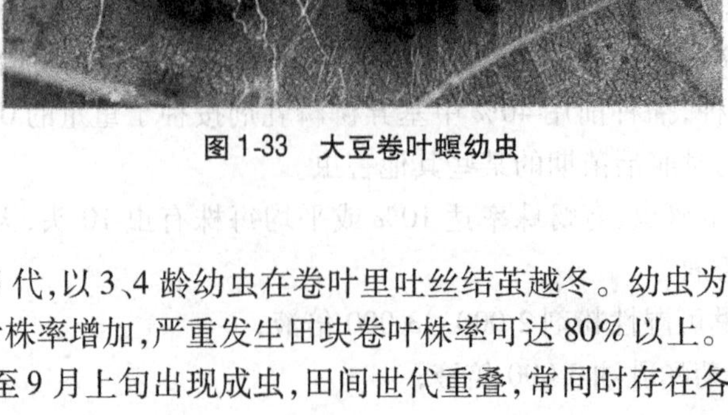

图1-33　大豆卷叶螟幼虫

4. 发生规律

一年发生3~5代,以3、4龄幼虫在卷叶里吐丝结茧越冬。幼虫为害盛期7月下旬至8月上旬,田间卷叶株率增加,严重发生田块卷叶株率可达80%以上。8月中下旬进入化蛹盛期。8月下旬至9月上旬出现成虫,田间世代重叠,常同时存在各种虫态。河南省6

月中旬第一代幼虫盛发,为害夏大豆,6 月中旬化蛹,7 月中旬进入羽化高峰,其后田间各种虫态都有,9 月秋大豆常被为害。成虫有趋光性,喜在傍晚活动、取食花蜜及交配,喜在生长茂盛、成熟晚、叶宽圆的品种上产卵,卵多产在植株下部叶片,第 2 代产卵部位多在大豆上部叶片,卵期 4 ~5 d。幼虫有转移为害习性,性活泼,遇惊扰后常迅速倒退。3 龄前喜食叶肉,不卷叶,1 ~3 龄约 10 d。3 龄后开始卷叶,4 龄幼虫则将叶片全卷成筒状,潜伏其中取食为害,食量增大,有时把几个叶片卷缩在一起。幼虫尚有转移为害习性,幼虫老熟后在卷叶内化蛹,有时也做一新茧化蛹,蛹期约 10 d。大豆卷叶螟喜多雨湿润气候,一般干旱年份发生较轻。生长茂密的豆田重于植株稀疏田,大叶、宽叶品种重于小叶、窄叶品种。

5. 防治方法

及时清理田园内的落花、落蕾和落荚,以免转移为害。在面积较大的地方,可安装黑光灯诱杀成虫。

在卵孵化盛期,可选用下列药剂:

(1)35% 辛硫磷·三唑磷乳油 50 ml/亩;

(2)1.8% 阿维菌素乳油 20 ml/亩;

(3)5% 氟虫脲乳油 25 ml/亩;

(4)2% 苏云金杆菌·阿维菌素可湿性粉剂 25 g/亩;

(5)2.5% 高效氟氯氰菊酯乳油 35 ml/亩。

兑水 40 ~50 kg,喷雾防治,间隔 10 d 左右喷施 1 次,连喷 2 ~3 次。

(四)豆荚螟

1. 分布

豆荚螟(*Etiella zinckenella*)属鳞翅目,螟蛾科。是大豆重要害虫之一。分布北起吉林、内蒙古,南至台湾、广东、广西、云南。在河南、山东为害最重。严重受害区,蛀荚率达 70% 以上。

2. 为害特点

以幼虫在豆荚内蛀食,被害籽粒轻则蛀成缺刻,重则蛀空。被害籽粒内充满虫粪,发褐以致霉烂。受害豆荚味苦,不堪食用。

3. 形态特征

成虫体长 10 ~12 mm,前翅展 20 ~24 mm;前翅狭长,灰褐色,近翅基 1/3 处有 1 条金黄色隆起横带,外围有淡黄褐色宽带,前缘有 1 条白色纵带;后翅黄白色(见图 1-34)。卵椭圆形,初产白色,渐变红色,表面有网纹。幼虫 5 龄;初孵黄白色,渐变绿色;4 ~5 龄幼虫前胸盾片中央有"人"字形黑纹,两侧各有 1 个黑点,后方也有 2 个黑点,具背线、亚背线、气门线和气门下线;老熟时虫体体背紫红色,腹面灰绿色,腹足趾钩双序全环。蛹体黄褐色,翅芽及触角达第五腹节后缘,端部有钩刺 6 根。茧长椭圆形,白色丝质,外附有土粒。

4. 发生规律

豆荚螟一年发生 3 ~4 代,以老熟幼虫在豆田和场边草垛下 1 ~3 cm 土内结茧越冬。越冬幼虫于 4 月中旬开始化蛹,5 月下旬为化蛹盛期,化蛹期长达 4 d 左右。4 月下旬为

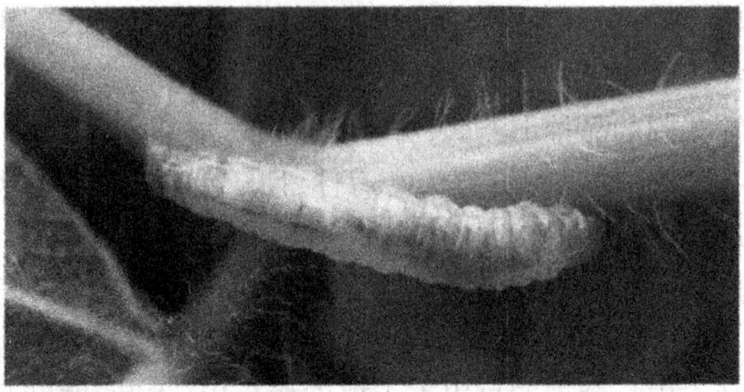

图 1-34　豆荚螟幼虫

成虫始发期,6 月上旬为盛发期,6 月上中旬为一代幼虫盛发期。7 月上中旬为成虫发生期。二代卵、幼虫盛发期分别为 7 月下旬和 8 月上旬;8 月中下旬为二代成虫盛发期,三代卵、幼虫盛发期为 9 月上中旬。9 月下旬末龄幼虫脱荚入土结茧越冬。从 2 代开始,世代重叠明显,其中,以 2、3、4 代为田间的主害代。越冬代成虫在豌豆、绿豆或冬季豆科绿肥上产卵发育为害;第 2 代幼虫为害春播大豆或绿豆等其他豆科植物;第 3 代为害晚播春大豆、早播夏大豆及夏播豆科绿肥;第 4 代为害夏播大豆和早播秋大豆;第 5 代为害晚播夏大豆和秋大豆。

豆荚螟喜干燥,在适温条件下,湿度对其发生的轻重有很大影响,雨量多、湿度大则虫口少,雨量少、湿度低则虫口大。地势高、土壤湿度低的地块比地势低、湿度大的地块为害重。结荚期长的品种较结荚期短的品种受害重,荚毛多的品种较荚毛少的品种受害重,豆科植物连作田受害重。

5. *防治方法*

选育抗虫品种、早熟丰产、结荚期短、荚毛少或无毛品种,可减少成虫产卵。合理轮作,避免大豆与豆科植物连作或邻作。有条件的地区,实行水旱轮作。适当调整播种期,使寄主结荚期与成虫产卵盛期错开,可压低虫源,减轻为害。灌溉灭虫,水旱轮作和水源方便的地区可在秋、冬灌水数次,促使越冬幼虫大量死亡。夏大豆开花结荚期,灌溉 1 ~ 2 次,可增加入土幼虫死亡率,又能增产。豆科绿肥结荚前翻耕沤肥,及时收割大豆,及早运出大田,减少大田越冬幼虫,同时,收获后豆田进行翻耕,可消灭部分潜伏在土中的幼虫。

应采取“治花不治荚”的药剂防治策略,于作物始花期喷第 1 次药,盛花期喷第 2 次药,两次喷药间隔为 7(夏播豆) ~ 10 d(春播豆),以早上 8 时前花瓣张开时喷药为宜,重点喷蕾、花、嫩荚及落地花,连喷 2 ~ 3 次。

在始花期,卵孵盛期,可选用下列药剂:

(1)20% 氰戊菊酯乳油 20 ~ 40 ml/亩;

(2)35% 辛硫磷 · 三唑磷乳油 50 ml/亩;

(3)1. 8% 阿维菌素乳油 20 ml/亩;

(4)5% 氟虫脲乳油 25 ml/亩;

(5)2% 苏云金杆菌 · 阿维菌素可湿性粉剂 25 g/亩。

兑水 45 kg,喷雾防治。

在大豆盛花期,低龄幼虫期,可选用下列药剂:

(1)2.5%氯氟氰菊酯乳油2 000倍液;

(2)10%氯氰菊酯乳油3 000倍液;

(3)80%敌敌畏乳油1 000倍液;

(4)20%三唑磷乳油1 000~1 500倍液。

喷雾防治,间隔7~10 d,连喷2~3次。

(五)豆天蛾

1. 分布

豆天蛾(*Clanis bilineata tsingtauica*)属鳞翅目,天蛾科。分布广泛,各省区均有发生,在山东、河南等省为害较重。

2. 为害特点

幼虫食叶,为害轻时将叶片吃成网状,严重时将全株叶片吃光,不能结荚。

3. 形态特征

成虫体长40~45 mm,翅展100~120 mm,体、翅黄褐色,头及胸部有较细的暗褐色背线,腹部背面各节后缘有棕黑色横纹;前翅狭长,前缘近中央有较大的半圆形褐绿色斑,中室横脉处有一个淡白色小点,内横线及中横线不明显,外横线呈褐绿色波纹,近外缘呈扇形,顶角有一条暗褐色斜纹;后翅暗褐色,基部上方有色斑。卵椭圆形,初产黄白色,后转褐色。幼虫共5龄:1龄幼虫头部圆形;2~4龄幼虫头部三角形,有头角;老熟幼虫体黄绿色,体表密生黄色小突起(见图1-35);胸足橙褐色;腹部两侧各有7条向背后倾斜的黄白色条纹,臀背具尾角一个。蛹纺锤形,红褐色,腹部口器明显突出,呈钩状弯曲。

图1-35 豆天蛾幼虫

4. 发生规律

在河南、河北、山东、安徽、江苏等省每年发生1代,湖北每年发生2代,均以老熟幼虫在9~12 cm土层越冬,多潜伏在豆田内或豆科植物附近的粪堆边、田埂等向阳处。豆天蛾在南阳市一年发生一代,老熟幼虫在土内越冬后,于6月中下旬化蛹,蛹期8~13 d,7月上旬羽化为成虫,7月下旬至8月上旬为成虫产卵盛期,卵期5~7 d,8月上旬为幼虫发生盛期,9月老熟幼虫入土越冬。第2年6月上升土表作土室化蛹。如6~8月雨水协调,则发生较重。一般生长茂密、低洼肥沃的大豆田产卵量多,为害重。茎秆柔软、蛋白质含量高的品种受害重,早播豆田比晚播豆田重。

5. 防治方法

豆天蛾属暴食性害虫,必须采取综合防治措施。

对土壤进行深耕,翻耕豆茬地时随犁拾虫,消灭土壤中的老熟幼虫。合理间作,高秆作物有碍成虫在大豆上产卵,大豆与玉米等高秆作物间作,与其他作物进行间作套种,可显著减轻受害程度。当幼虫达4龄以上时,可人工捕捉或用剪刀剪杀。

在成虫发生初期选代表性豆田1~2块,每块田随机取250~500 m长,日落前调查点内成虫数量。当成虫进入高峰后,后推15 d即为3龄幼虫盛发期,也是药剂防治适期。也可利用黑光灯诱集,推算防治适期。幼虫期调查,当百株有虫5~10头,即应列为防治田。

掌握在3龄前幼虫期,百株幼虫10头时喷药。喷药时应注意喷叶背面,并宜在下午进行。可选用下列药剂:

(1)8 000 IU/ ml 苏云金杆菌可湿性粉剂300~500倍液;

(2)4.5%高效氯氰菊酯乳油1 500倍液;

(3)20%氰戊菊酯乳油1 000~2 000倍液;

(4)80%敌敌畏乳油800倍液;

(5)25%甲氰菊酯乳油2 000~3 000倍液;

(6)45%马拉硫磷乳油1 000倍液;

(7)50%辛硫磷乳油1 500倍液。

喷雾防治。

(六)豆秆黑潜蝇

1. 分布

豆秆黑潜蝇(*Melan gromyz sojae*)属双翅目,潜蝇科。广泛分布于我国黄淮、南方等大豆产区。吉林、河南、江苏、安徽、浙江、江西、湖南、贵州、甘肃、广西、云南、福建、台湾等省或地区均有发生。

2. 为害特点

以幼虫蛀食大豆叶柄和茎秆,造成茎秆中空,植株因水分和养分输送受阻而逐渐枯死。苗期受害,因水分和养分输送受阻,有机养料累积,刺激细胞增生,根茎部肿大,大多造成叶柄表面褐色,全株铁锈色,比健株显著矮化,重者茎中空、叶脱落,以致死亡(见图1-36)。后期受害,造成花、荚、叶过早脱落,千粒重降低而减产。成虫也可吸食植株汁液,形成白色小点。

3. 形态特征

成虫是一种小蝇子。体长2.1~2.5 mm,宽1 mm,翅展4~5 mm,体漆黑色而有金属绿色光泽,表面密生有细毛,复眼暗红色,触角三节,第三节钝圆,背中央有角芒一条,长度为触角的3倍,前翅膜质透明。

卵:长椭圆形,长0.4 mm,乳白色,半透明,放大80倍相当于中等豆粒大小。

幼虫:是一种小蛆,圆管形,初孵化为乳白色半透明,逐渐变为黄色,老熟幼虫体长3~4 mm,尾部有个明显的尾刺。

蛹:纺锤形,长2~3 mm,刚化蛹为金黄色,以后逐渐加深到老黄色、褐色、黑色。

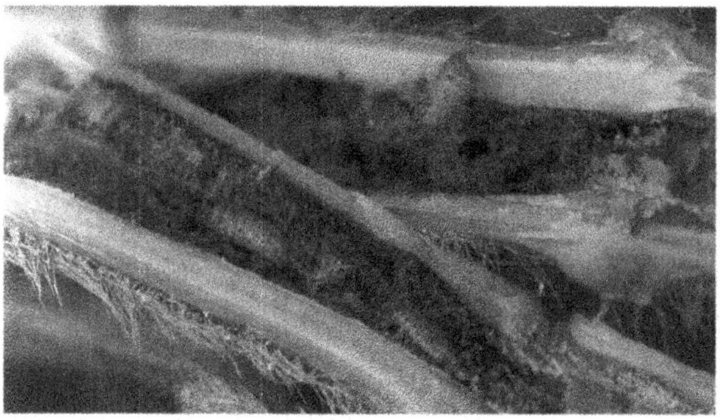

图 1-36　豆秆黑潜蝇幼虫

4. 发生规律

在我国每年发生代数各地不同，且世代重叠。广西每年发生 13 代以上，福建 7 代，浙江 6 代，南阳市 4～5 代。一般以蛹和少量幼虫在寄主根茬和秸秆上越冬。越冬蛹于 4 月上旬开始羽化，部分蛹可延迟到 6 月初羽化。越冬蛹成活率低，因此第 1 代幼虫基本不造成为害。第 2 代幼虫于 6 月上旬始盛，6 月中旬末为高峰期，而蛹和成虫的高峰期仍不明显，只为害部分迟播的春大豆。第 3 代幼虫于 7 月初始盛，7 月上旬为高峰期，发生趋重，主要为害夏大豆。第 4 代幼虫在 8 月初始发，8 月中旬为高峰期，严重为害夏秋大豆。第 5 代幼虫于 9 月初始发，9 月中旬盛发。第 6 代幼虫于 10 月上旬始发，10 月中旬盛发。第 5、6 代为害秋大豆。

5. 防治方法

农业防治：选用早熟抗虫品种，凡前期生长快、发苗早、早熟、生育期短，有限结荚，主茎较粗的品种都受害较轻；适时早播夏大豆，适时间苗，减轻为害；处理豆秸，消灭越冬蛹，于 4 月底在越冬蛹羽化前，将豆秸全部处理完；于冬季增施基肥、轮作换茬等措施。

药剂防治时，应在成虫盛发期至幼虫蛀食之前进行。在当地主要为害世代成虫发生初期，每日清晨 6～8 时在豆田捕捉成虫，用口径 33 cm、长 57 cm 的捕虫网沿豆垄来回走动扫网，当平均 50 网次有虫 10～15 头时，即应进行防治。

在成虫盛发期至幼虫蛀食之前，可选用下列药剂：

(1)50% 辛硫磷乳油 1 000～1 500 倍液；

(2)75% 灭蝇胺可湿性粉剂 5 000 倍液；

(3)2.5% 高效氟氯氰菊酯乳油 3 000 倍液；

(4)10% 吡虫啉可湿性粉剂 1 500～2 000 倍液；

(5)1.8% 阿维菌素乳油 3 000 倍液。

喷雾防治。

在大豆盛花期，平均每株有 1 头幼虫时，可选用下列药剂：

(1)90% 灭多威可湿性粉剂 1 000～2 000 倍液；

(2)20% 氰戊菊酯乳油 2 000～3 000 倍液；

(3)2.5% 溴氰菊酯乳油 2 000～4 000 倍液。

喷雾防治，间隔 7～10 d 再防治 1 次，连喷 2 次，效果更佳。

(七)豆灰蝶

1. 分布

豆灰蝶(*Plebejus argus*)属鳞翅目,灰蝶科。分布于黑龙江、吉林、辽宁、河北、山东、山西、河南、陕西、甘肃、青海、内蒙古、湖南、四川、新疆。

2. 为害特点

幼虫咬食叶片下表皮及叶肉,残留上表皮,个别啃食叶片正面,严重的把整个叶片吃光,只剩叶柄及主脉,有时也为害茎表皮及幼嫩荚角。

3. 形态特征

成虫体长9~11 mm,翅展25~30 mm。雌雄异形。雄虫翅正面青蓝色,具青色闪光,黑色缘带宽,缘毛白色且长;前翅前缘多白色鳞片,后翅具1列黑色网点与外缘带混合。雌虫翅棕褐色,前、后翅亚外缘的黑色斑镶有橙色新月斑,反面灰白色。前、后翅具3列黑斑,外列圆形与中列新月形斑点平行,中间夹有橙红色带,内列斑点圆形,排列不整齐,第2室1个,圆形,显著内移,与中室端长形斑上下对应,后翅基部另具黑点4个,排成直线;黑色网斑外围具白色环(见图1-37)。卵扁圆形,初黄绿色,后变黄白色,幼虫头黑褐色,胴部绿色,背线色深,两侧具黄边,气门上线深,气门线白色。老熟幼虫体背面具2列黑斑。蛹长椭圆形,淡黄绿色,羽化前灰黑色,无长毛及斑纹。

图1-37 豆灰蝶雌成虫

4. 发生规律

一年发生5代,以蛹在土壤耕作层内越冬。翌年1月至3月下旬羽化为成虫,4月底至5月初进入羽化盛期,成虫把卵产在沙打旺等杂草叶片或叶柄上,在田间繁殖5代,9月下旬老熟幼虫钻入土壤中化蛹越冬。成虫喜白天羽化、交配。成虫可交配多次,多次产卵,卵多产在叶背面,散产,有的产在叶柄或嫩茎上。幼虫5龄,3龄前只取食叶肉,3龄后食量增加,最后暴食2 d进入土中预蛹期。幼虫有相互残杀习性,常与蚂蚁共生。幼虫老熟后爬到植株根附近,头向下进入预蛹期。

5. 防治方法

选用抗虫品种。秋冬季深翻灭蛹。

幼虫孵化初期,可选用下列药剂:

(1)25%灭幼脲悬浮剂80~100 ml/亩;

(2)15%阿维菌素·三唑磷乳油40~50 ml/亩;

(3)1.8%阿维菌素乳油20~30 ml/亩;

(4)1%甲氨基阿维菌素苯甲酸盐乳油20~30 ml/亩。

兑水40 kg,喷雾防治,视虫情间隔7~10 d喷1次,连续防治2~3次。

(八)大造桥虫

1. 分布

大造桥虫(*Ascotis selenaria*)属鳞翅目,尺蛾科。分布于我国各大豆主要产区,其中,以黄淮、长江流域受害较重。

2. 为害特点

低龄幼虫仅啃食叶肉,留下透明表皮。虫龄增大食量也随之增加,将叶片边缘咬成缺刻和孔洞,甚至全部吃光,留少数叶脉,造成落花落荚,豆粒秕瘦。

3. 形态特征

成虫体长15~20 mm,翅展38~45 mm,体色变异很大,有黄白、淡黄、淡褐、浅灰褐色,一般为浅灰褐色,翅上的横线和斑纹均为暗褐色,中室端具1斑纹,前翅亚基线和外横线锯齿状,其间为灰黄色,有的个体可见中横线及亚缘线,外缘中部附近具1斑块;后翅外横线锯齿状,其内侧灰黄色,有的个体可见中横线和亚缘线。雌成虫触角丝状,雄羽状,淡黄色。卵长椭圆形初产青绿色,渐变黄绿色,孵化前灰白色,表面有许多小粒状突起。幼虫体长38~49 mm,黄绿色。头黄褐至褐绿色,头顶两侧各具1黑点。背线宽淡青至青绿色,亚背线灰绿至黑色,气门上线深绿色,气门线黄色杂有细黑纵线,气门下线至腹部末端,淡黄绿色;第3、4腹节上具黑褐色斑,气门黑色,围气门片淡黄色,胸足褐色,腹足2对生于第6、10腹节,黄绿色,端部黑色(见图1-38)。蛹长14 mm左右,深褐色有光泽,尾端尖,臀棘2根。

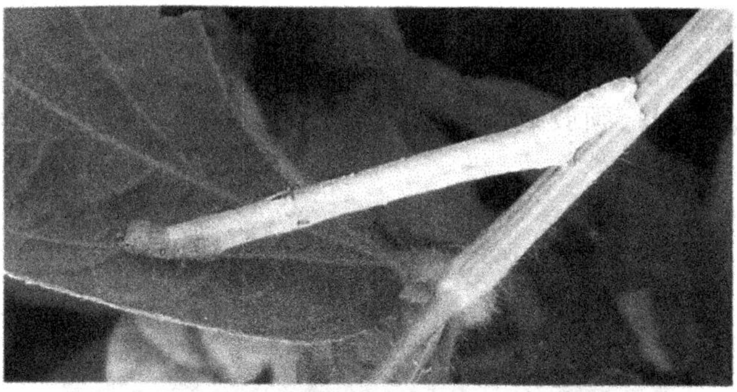

图1-38　大造桥虫幼虫

4. 发生规律

南阳市一年发生4~5代,以蛹于土中越冬。4~5月间羽化为成虫,各代成虫盛发期:6月上中旬,7月上中旬,8月上中旬,9月中下旬,有的年份11月上中旬可出现少量第5代成虫。第2~4代卵期5~8 d,幼虫期18~20 d,蛹期8~10 d,完成1代需32~42 d。成虫昼伏夜出,飞翔力弱,趋光性强,羽化后2~3 d产卵,多产在地面、土缝及草秆上,大发生时枝干、叶上都可产,数十粒至百余粒成堆,每雌可产1 000～2 000粒,越冬代仅200余粒。初孵幼虫可吐丝随风飘移传播扩散。10～11月以末代幼虫入土化蛹越冬。此虫为间歇暴发性害虫,一般年份主要在棉花、豆类等农作物上发生。

5. 防治方法

冬耕,消灭土中越冬蛹。诱杀成虫,从成虫始发期开始,用黑光灯诱杀。

用青虫菌或杀螟杆菌(每克含100亿孢子)1 000～1 500倍液喷雾。

一定要在幼虫3龄以前低龄期,进入暴食期前进行防治,当100株大豆有虫5头以上时即需防治。可选用下列药剂:

(1)80%敌敌畏乳油1 000倍液;

(2)40%乐果乳油800倍液;

(3)5%高效氯氰菊酯乳油2 000倍液;

(4)20%氰戊菊酯乳油2 000～2 500倍液;

(5)2.5%溴氰菊酯乳油2 500倍液;

(6)50%喹硫磷乳油1 000倍液。

喷雾防治。

(九)豆叶螨

1. 分布

豆叶螨(*Tetranychus phaselus*)属蜱螨目,叶螨科。主要分布在北京、浙江、江苏、四川、云南、湖北、福建、河南、台湾等地。

2. 为害特点

豆叶螨在寄主叶背或卷须上吸食汁液,初叶面上出现白色斑痕,严重的致叶片干枯或呈火烧状,造成严重减产。

3. 形态特征

雌螨体长0.46 mm、宽0.26 mm。体椭圆形,深红色,体侧具黑斑(见图1-39);须肢端感器柱形,长是宽的2倍,背感器梭形,较端感器短;气门沟末端弯曲成"V"形;26根背毛。雄螨体黄色,有黑斑,须肢端感器细长,长是宽的2.5倍,背感器短;阳具末端形成端锤。

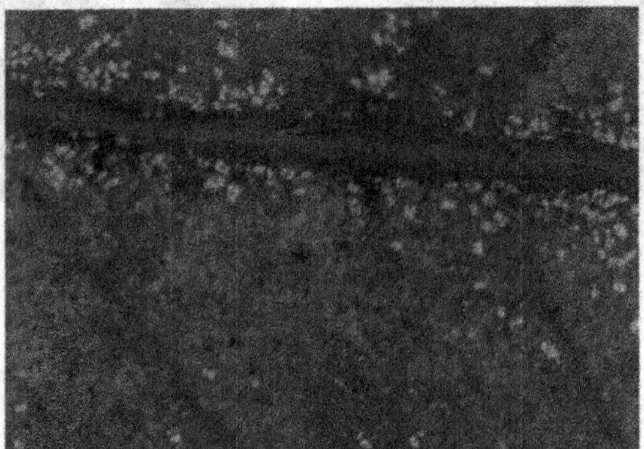

图1-39 豆叶螨雌体

4. 发生规律

一年发生 10 代左右，以雌成螨在缝隙或杂草丛中越冬。5 月下旬绽花时开始发生，夏季是发生盛期，增殖速度很快，冬季在豆科植物、杂草、茶树近地面叶片上栖息，全年世代平均天数为 41 d，发育适温 17 ~ 18 ℃，卵期 5 ~ 10 d，从幼螨发育到成螨约 10 d。降雨少、天气干旱的年份易发生。天敌有塔六点蓟马、钝绥螨、食螨瓢虫、中华草蛉、小花蝽等，对叶螨种群数量有一定控制作用。

5. 防治方法

收获后及时清除残枝败叶，集中烧毁或深埋，进行翻耕。注意虫情监测，发现有少量受害，应及时摘除虫叶烧毁，遇有天气干旱要注意及时灌溉和施肥，促进植株生长，抑制叶螨增殖。

田间 2% ~5% 的叶片出现叶螨，每片叶上有 2 ~ 3 头时，应进行防治，把叶螨控制在点片发生阶段，可选用下列药剂：

(1)20% 双甲脒乳油 2 000 倍液；

(2)25% 三唑乳油 1 000 ~ 2 000 倍液；

(3)5% 氟虫脲乳油 1 000 ~ 2 000 倍液；

(4)5% 噻螨酮乳油 2 000 倍液。

喷雾防治。

注意轮换用药，提倡使用 20% 复方浏阳霉素乳油 1 000 ~ 1 500 倍液。

(十) 豆毒蛾

1. 分布

豆毒蛾(*Ciluna locuples*)属鳞翅目，毒蛾科，又称肾毒蛾、大豆毒蛾、肾纹毒蛾。大豆产区普遍发生。

2. 为害特点

以幼虫取食叶片，吃成缺刻、孔洞，严重时将叶片吃光，仅剩叶脉。

3. 形态特征

成虫：雄虫翅展 34 ~ 40 mm，腹部较瘦。雌虫翅展 45 ~ 50 mm，腹部较肥大；头、胸部均深黄褐色，腹部黄褐色，雌蛾比雄蛾色暗；后胸和第 2、3 腹节背面各有 1 束黑色短毛。雄蛾触角羽毛状，雌蛾短栉齿状。前翅内区前半褐色，布白色鳞，后半褐黄色，后翅淡黄带褐色，横脉纹及缘线色暗。前、后翅反面黄褐色，横脉纹、外横线、亚缘线、缘毛黄褐色。卵半球形，初产淡青绿色，渐变暗。幼虫体长 40 mm 左右，头部黑褐色，有光泽，上具褐色次生刚毛，体黑褐色，亚背线和气门下线为橙褐色间断的线；前胸背板黑色，有黑色毛；前胸背面两侧各有一黑色大瘤，上生向前伸的长毛束，其余各瘤褐色，上生灰褐色毛，除前胸及第 1 ~ 4 腹节外，二瘤上还有白色羽状毛。第 1 ~ 4 腹节背面有暗黄褐色短毛刷，第 8 腹节背面有黑褐色毛束；胸足黑褐色，每节上方白色，跗节有褐色长毛；腹足暗褐色(见图 1-40)。蛹体红褐色，背面有黄色长毛。

4. 发生规律

南阳市每年发生 3 代，以幼虫在枯枝落叶或树皮缝隙等处越冬。4 月开始为害，5 月幼虫老熟化蛹，6 月第 1 代成虫出现。成虫具有趋光性，常产卵于叶片背面，每个卵块有

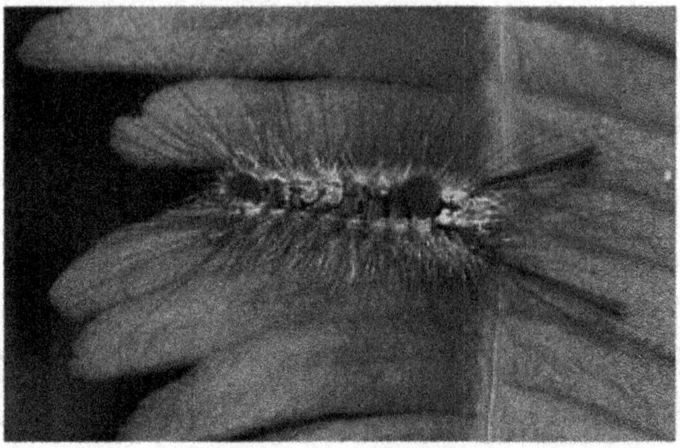

图 1-40　豆毒蛾幼虫

卵 50 ~ 200 粒。幼虫 3 龄前群聚叶背剥食叶肉,吃成网状或孔洞状。3 龄以后分散为害,4 龄幼虫食量大增,5 ~ 6 龄幼虫进入暴食期,蚕食叶片。老熟幼虫在叶背吐丝结茧化蛹。

5. 防治方法

秋冬季节,清除田间枯枝落叶,减少越冬幼虫数量。掌握在各代幼虫分散为害之前,及时摘除群集为害虫叶,杀灭低龄幼虫。设置黑光灯或高压汞灯诱杀成虫。

豆毒蛾幼虫在 3 龄以前多群聚,不甚活动,抗药力弱,掌握这个时机选用下列药剂:

(1)杀螟杆菌粉(每克含 100 亿孢子)700 ~ 800 倍液;

(2)20% 除虫脲悬浮剂 2 000 ~ 3 000 倍液;

(3)25% 灭幼脲悬浮剂 2 000 倍液;

(4)2% 阿维菌素乳油 3 000 倍液;

(5)10% 氯氰菊酯乳油 3 000 倍液;

(6)10% 二氯苯醚菊酯乳油 4 000 倍液;

(7)2.5% 溴氰菊酯乳油 3 000 倍液。

喷雾防治。

(十一)豆荚野螟

1. 分布

豆荚野螟(*Maruca testulalis*)属鳞翅目,螟蛾科。国内分布北起内蒙古,南至台湾、海南、广东、广西、云南,东至滨海,西线自陕西、宁夏、甘肃折入四川、云南、西藏。华中、华南诸省密度较大。

2. 为害特点

以幼虫为害豆叶、花及豆荚,早期造成落荚,后期种子被食,蛀孔堆有腐烂状的绿色粪便。幼虫还能吐丝缀卷几张叶片并在内取食叶肉,以及蛀害花瓣和嫩茎,造成落花、枯梢,对产量和品质影响很大。

3. 形态特征

成虫体长 10 ~ 16 mm,翅展 25 ~ 28 mm;体灰褐色,前翅黄褐色,前缘色较淡,在中室部有 1 个白色透明带状斑,在室内及中室下面各有 1 个白色透明的小斑纹;后翅近外缘有 1/3 面积色泽同前翅,其余部分为白色半透明,有若干波纹斑;前后翅都有紫色闪光。雄虫尾部有灰黑色毛1丛,挤压后能见黄白色抱握器1对。雌虫腹部较肥大,末端圆筒形。卵椭圆形,初产时淡黄绿色,后逐渐变成淡黄色,近孵化时卵的顶部出现红色的小圆点。卵壳表面有近六角形网状纹。老熟幼虫体黄绿色,头部及前胸背板褐色;中、后胸背板有黑褐色毛片6个,排成两列,前列4个各生有2根细长的刚毛,后列2个无刚毛;腹部各节背面上的毛片位置同胸部,但各毛片上都着生1根刚毛;腹足趾钩为双序缺环(见图1-41)。蛹初化蛹时黄绿色,后变黄褐色。头顶突出。复眼浅褐色,后变红褐色。蛹体外被白色薄丝茧。

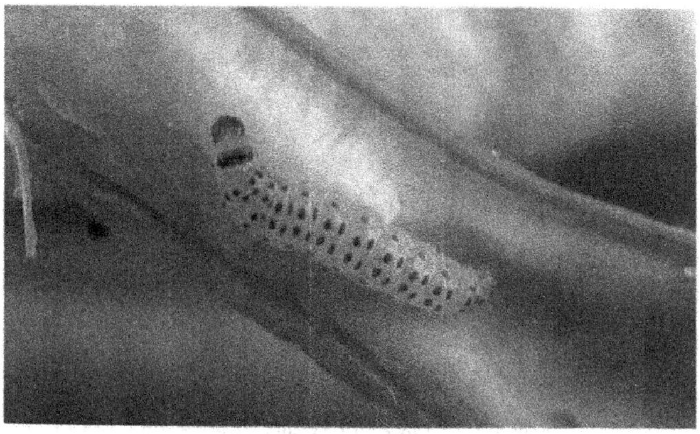

图1-41　豆荚野螟幼虫

4. 发生规律

南阳市每年发生4~5代。以蛹在土中或茎秆中越冬。5月下旬到6月上旬气温的高低,决定第1代幼虫发生为害的迟早和轻重,这一段气温高,则发生早,反之发生就迟。播种早的花蕾受害重。成虫多在夜间羽化,白天停息在作物下部的叶背面等荫蔽处,天黑开始活动,以晚上22~23时活动最盛;成虫羽化2~4 d后即交尾;喜在黄昏交配,产卵前期3 d左右。卵散产,也有2~4粒产于一处的;多将卵产在花瓣上或花萼凹陷处,也有将卵产在叶片上的。成虫有趋光性。初孵幼虫很快在花瓣上咬一小孔蛀入花中为害,在叶片上的卵孵化的幼虫取食叶片,并吐丝卷叶,躲在其中为害,1~2龄幼虫主要蛀食花蕾,极少数为害嫩叶,进入3龄后开始蛀食豆荚。幼虫外出活动时多在傍晚至次日清晨,阴雨天也有出来活动和转移为害的;幼虫老熟后吐丝下落土表和落叶中吐丝作茧,茧外包满小土粒和残叶,化蛹深度在表土3 cm之内。

5. 防治方法

在化蛹高峰期,结合抗旱放水灭蛹能收到一定的效果。人工摘除虫蛀花蕾和虫蛀荚是减少田间虫口密度的重要方法,但摘除时须仔细,摘除的虫蛀花、蕾、荚要集中处理,避免幼虫爬出再行为害。及时清除田间落花、落荚,集中烧毁。在豆田设置黑光灯诱杀成虫。

可在豆类植株盛花期喷药,或孵卵盛期喷施第1次药,隔7 d再喷1次,连续喷3~4次。一般宜在清晨豆类植物花瓣开放时喷药,喷洒重点部位是花蕾、已开的花和嫩荚,落地的花荚也要喷药。可选用下列药剂:

(1)5%氟啶脲乳油 2 000 倍液；

(2)苏云金杆菌乳剂(每克含 100 亿孢子)500 倍液；

(3)25%灭幼脲悬浮剂 500 倍液；

(4)2.5%高效氟氯氰菊酯乳油 2 000 ~ 4 000 倍液；

(5)20%氯氰菊酯乳油 3 000 倍液。

喷雾防治。

(十二)豆叶东潜蝇

1. 分布

豆叶东潜蝇(*Japanagromyza tristella*)属双翅目，潜蝇科。分布在北京、河南、河北、江苏、福建、四川、陕西、广东、云南。

2. 为害特点

幼虫在叶片内潜食叶肉，仅留叶表，在叶面上呈现直径 1 cm 左右的白色膜状斑块，每叶可有 2 个以上斑块。

3. 形态特征

成虫为小型蝇，翅长 2.4 ~ 2.6 mm，具小盾前鬃及两对背中鬃，体黑色；单眼三角尖端仅达第一上眶鬃，颊狭，约为眼高的 1/10；小盾前鬃长度较第一背中鬃之半稍长；平衡棒棕黑色，但端部部分白色。雄蝇下生殖板两臂较细，其内突约与两臂等长，阳体具有长而卷曲的小管及叉状突起；雌蝇产卵器瓣具紧密锯齿列，锯齿瘦长，端部钝。幼虫体长约 4 mm，黄白色，口钩每颚具 6 齿；咽骨背角两臂细长，腹角具窗，骨化很弱；前气门短小，结节状，具 3 ~ 5 个开孔；后气门平覆在第 8 腹节后部背面大部分，具 31 ~ 57 个开孔，排成三个羽状分支(见图 1-42)。蛹体红褐色，卵形，节间明显缢缩，体下方略平凹。

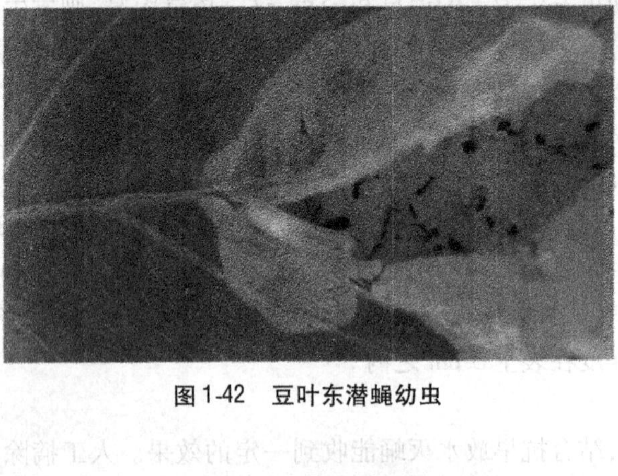

图 1-42　豆叶东潜蝇幼虫

4. 发生规律

每年发生 3 代以上，7 ~ 8 月发生多，豆株上部嫩叶受害最重。幼虫老熟后入土化蛹，成虫多在上层叶片上活动，卵产在叶片上。多雨年份发生重。

5. 防治方法

上茬收获后，清除田间及四周杂草，集中烧毁或沤肥；深翻地灭茬，促使病残体分解，减少虫源和虫卵寄生地。合理施肥，增施磷钾肥；重施基肥、有机肥，有机肥要充分腐熟，合理密植，增加田间通风透光度。

害虫发生初期,幼虫未潜叶之前,可选用下列药剂:

(1)2.5%高效氯氟氰菊酯乳油2 000~3 000倍液;

(2)2.5%高效氟氯氰菊酯乳油1 500~2 000倍液;

(3)25%噻虫嗪水分散颗粒剂6 000~8 000倍液;

(4)48%毒死蜱乳油1 000~1 500倍液。

喷雾防治。

(十三)甜菜夜蛾

1. 分布

甜菜夜蛾(*Spodoprera exigua*)属鳞翅目,夜蛾科。国内各省区均有分布。

2. 为害特点

幼虫食叶成缺刻或孔洞,严重的把叶片吃光,仅剩下叶柄、叶脉,对产量影响很大。

3. 形态特征

成虫体长8~10 mm,翅展19~25 mm。灰褐色,头、胸有黑点;前翅灰褐色,基线仅前段可见双黑纹;内横线双线黑色,波浪形外斜;剑纹为一黑条;环纹粉黄色,黑边;肾纹粉黄色,中央褐色,黑边;中横线黑色,波浪形;外横线双线黑色,锯齿形,前、后端的线间白色;亚缘线白色,锯齿形,两侧有黑点,外侧有一个较大的黑点;缘线为一列黑点,各点内侧均为白色;后翅白色,翅脉及缘线黑褐色。卵白色,馒头形,上有放射状纹,单层或多层重叠排列成块,卵块上覆盖有雌蛾脱落的白色或淡黄色茸毛。幼虫共5龄,少数6~7龄。1~3龄虫体色由淡绿到浅绿,头黑色渐呈浅褐色;2龄时前胸背板有一个倒梯形斑纹;3龄时气门后出现白点。4龄虫体色开始多变,有绿、暗绿、黄褐、黑褐等色,前胸背板斑纹呈口字形,背线有不同颜色或不明显,气门线下为白色或绿色,有时带粉红色的纵带出现并直达腹末,气门后白点明显,后两项是该虫区别其他夜蛾的特征。老熟幼虫体色变化很大,由绿色、暗绿色、黄褐色、褐色至黑褐色;背线有或无,颜色亦各异(见图1-43)。较明显的特征为:腹部气门下线为明显的黄白色纵带,有时带粉红色,此带直达腹部末端,不弯到臀足上,各节气门后上方具一明显白点,是区别于甘蓝夜蛾的重要特征。

图1-43 甜菜夜蛾幼虫

4. 发生规律

甜菜夜蛾每年发生的代数由北向南逐渐增加。南阳4~5代,世代重叠。成虫羽化后还需补充营养,以化蜜为食。成虫具有趋光性和趋化性,对糖醋液有较强趋性。成虫昼伏夜出,白天潜伏于植株叶间、枯叶杂草或土缝等隐蔽场所,受惊时可作短距离飞行,夜间进行取食、交配产卵。初孵幼虫先取食硬壳,2 ~5 h 后陆续从茸毛内爬出,群集叶背。3 龄前群集为害,但食量小,4 龄后食量大增,占幼虫一生食量的88% ~92%。昼伏夜出,有假死性,受惊扰即落地。老熟幼虫有强的负趋光性,白天隐匿在叶背、植株中下部,有时隐藏于松表土中及枯枝落叶内,阴雨天全天为害。老熟幼虫一般入表土 3 cm 处或在枯枝落叶中做土室化蛹。稀植大豆田比密植大豆田虫量大;长势老健的豆株比旺嫩豆株上虫量大。

5. 防治方法

合理轮作,避免与寄主植物轮作套种,清理田园、去除杂草落叶均可降低虫口密度。秋季深翻可杀灭大量越冬蛹。早春铲除田间地边杂草,消灭杂草上的初龄幼虫。在虫、卵盛期结合田间管理,提倡早晨、傍晚人工捕捉大龄幼虫,挤抹卵块,这样能有效地降低虫口密度。在夏季干旱时灌水,增大土壤的湿度,恶化甜菜夜蛾的发生环境,也可减轻其发生。

物理防治:成虫始盛期,在大田设置黑光灯、高压汞灯及频振式杀虫灯诱杀成虫。各代成虫盛发期用杨柳枝诱蛾,消灭成虫,减少卵量。利用性诱剂诱杀成虫。

甜菜夜蛾低龄幼虫在叶背为害,很难接触药液,3 龄以后抗药性增强,因此药剂防治难度大,应掌握其卵孵盛期至2 龄幼虫盛期开始喷药。可选用下列药剂:

(1)10% 虫螨腈悬浮剂 1 000 ~1 500 倍液;

(2)20% 虫酰肼悬浮剂 1 000 ~1 500 倍液;

(3)5% 氟啶脲乳油 3 000 ~4 000 倍液;

(4)25% 灭幼脲悬浮剂 1 000 倍液;

(5)1. 8% 阿维菌素乳油 2 000 ~3 000 倍液。

喷雾防治,连续施用 2 ~3 次,隔 5 ~7 d 喷施 1 次。

宜在清晨或傍晚幼虫外出取食活动时施药。注意不同作用机制的药剂轮换使用,以延缓抗药性的产生和发展。

(十四)斜纹夜蛾

1. 分布

斜纹夜蛾(*Prodenia litura*)属鳞翅目,夜蛾科,是一种间歇暴发为害的杂食性害虫。分布于国内所有省区。长江流域及其以南地区密度较大,黄河、淮河流域可间歇成灾。

2. 为害特点

幼虫食叶为主,也咬食嫩茎、叶柄,大发生时,常把叶片和嫩茎吃光,造成严重损失(见图 1-44)。

3. 形态特征

成虫头、胸、腹均深褐色;前翅灰褐色,斑纹复杂,内横线及外横线灰白色,波浪形,中间有白色条纹,在环状纹与肾状纹间;后翅白色,无斑纹。卵扁半球形,初产黄白色,后淡绿,孵化前紫黑色。老熟幼虫头部黑褐色,腹部体色因寄主和虫口密度不同而异:土黄色、青黄色、灰褐色或暗绿色。蛹赭红色,腹部背面第 4 至第 7 节近前缘处各有一个小刻点。

4. 发生规律

每年发生 4 ~9 代,幼虫取食不同食料,发生参差不齐,造成世代重叠现象严重。华北

图 1-44 斜纹夜蛾为害叶片症状

大部分地区以蛹越冬,少数以老熟幼虫入土做室越冬;在华南地区无滞育现象,终年繁殖;有时在长江以北地区不能越冬,属单性迁飞害虫。在黄淮地区,2~4 代幼虫发生在 6~8 月下旬,7~9 月为害严重。斜纹夜蛾是一种喜温性害虫,其生长发育最适宜温、湿度条件为温度 28~30 ℃,相对湿度 75%~85%。

5. *防治方法*

及时翻犁闲田,铲除田边杂草。合理安排种植茬口,避免斜纹夜蛾寄主作物连作。

药剂防治掌握在卵块孵化到 3 龄幼虫前喷洒药剂防治,此期幼虫正群集叶背面为害,尚未分散且抗药性低,药剂防效高。由于斜纹夜蛾白天不活动,喷药应在午后和傍晚进行。可选用下列药剂:

(1)2.5% 高效氯氟氰菊酯乳油 1 000~2 000 倍液;

(2)2.5% 溴氰菊酯乳油 1 000~2 500 倍液;

(3)1.8% 阿维菌素乳油 2 000~3 000 倍液;

(4)20% 氰戊菊酯乳油 3 000 倍液;

(5)10% 吡虫啉可湿性粉剂 2 500 倍液;

(6)5.7% 氟氯氰菊酯乳油 4 000 倍液。

喷雾防治;间隔 7~10 d 喷 1 次,连用 2~3 次。

(十五)大豆田杂草防治技术

不同地区、不同地块的栽培方式、管理水平和肥水差别大,在大豆田杂草防治中应注意区别对待,选用适宜的除草剂品种和配套的施药技术。

大豆播种期进行杂草防治是杂草防治中的一个最有利、最关键的时期。播前、播后苗前施药的优点:可以防除杂草于萌芽期和为害之前;由于早期控制了杂草,可以推迟或减少中耕次数;播前施药混土能提高对土壤深层出土的一年生大粒阔叶杂草和某些防治的禾本科杂草的防治效果,还可以改善某些药剂对大豆的安全性。播前、播后苗前施药的缺点:使用药量与药效受土壤质地、有机质含量、pH 制约;在沙质土上,遇大雨可能将某些除草剂(如嗪草酮、利谷隆、乙草胺)淋溶到大豆种子上产生药害;播后苗前土壤处理,土壤必须保持湿润才能使药剂发挥作用,如在干旱条件下施药,除草效果差,甚至无效。

1. *以禾本科杂草为主的豆田播后芽前杂草防治*

在大豆非主产区,部分地区或田块也有大豆栽培,这些豆田除草剂应用较少,豆田主要杂草为马唐、狗尾草、牛筋草、菟丝子、藜、反枝苋等。这类杂草比较好治，生产中可以用酰胺类、二硝基苯胺类除草剂。

在大豆播后苗前施药时，因为大豆出苗较快而不能施药太晚。夏大豆出苗一般需4～5 d，施用除草剂时宜在大豆播种3 d内施药，且最好在播种的2 d之内施药。可以用以下除草剂：

(1)50%乙草胺乳油100～150 ml/亩；

(2)72%异丙甲草胺乳油150～200 ml/亩；

(3)72%异丙草胺乳油150～200 ml/亩；

(4)33%二甲戊乐灵乳油150～200 ml/亩。

兑水50～80 kg喷雾土表。

土壤有机质含量低、沙质土、低洼地、水分足，用药量低，反之用药量高。土壤干旱条件下施药要加大用水量或进行浅混土(2～3 cm)，施药后如遇干旱，有条件的可以灌水。大豆幼苗期，遇低温、多湿、田间长期积水或药量过多，易受药害。其药害症状为叶片皱缩，待大豆长至3片复叶以后，即进入7月、温度升高可以恢复正常生长，一般对产量无影响。

在大豆播后芽前，低温高湿条件下，喷施48%氟乐灵乳油后易出现药害症状。受害后出苗缓慢、根系受抑制，叶片皱缩、畸形，长势差。轻度受害大豆基本上可以恢复，重者根系受抑制，叶片皱缩、畸形，生长受到严重抑制或死亡。

2. 草相复杂的豆田播后芽前杂草防治

部分地区大豆种植较为集中，豆田除草剂应用较多，豆田杂草为害严重，特别是酰胺类、精喹禾灵系列药剂不能防治的阔叶杂草和莎草科杂草大量上升，给豆田杂草的防治带来了新的困难。

在大豆播后苗前施用除草剂时，最好在播种的2 d之内施药，可以用以下除草剂：

(1)50%乙草胺乳油100 ml/亩+24%乙氧氟草醚乳油10～15 ml/亩；

(2)72%异丙草胺乳油150 ml/亩+10%氯嘧磺隆可湿性粉剂5～7.5 g/亩；

(3)72%异丙草胺乳油150 ml/亩+15%噻磺隆可湿性粉剂8～10 g/亩。

兑水50～80 kg喷雾土表。

土壤有机质含量低、沙质土、低洼地、水分足，用药量低，反之用药量高。土壤干旱条件下施药要加大用水量或进行浅混土(2～3 cm)，施药后如遇干旱，有条件的可以灌水。大豆幼苗期，遇低温、高湿、田间长期积水或药量过多，易受药害。乙氧氟草醚为芽前触杀性除草剂，除草效果较好，但施药必须均匀；否则，部分杂草死亡不彻底而影响除草效果。乙氧氟草醚对大豆易于发生药害，生产上要严格掌握施药剂量。氯嘧磺隆可以有效防治多种一年生禾本科杂草和阔叶杂草，但对大豆安全性较差，施药量过大易于对大豆发生药害。

可以用下列除草剂：

(1)72%异丙甲草胺乳油100～150 ml/亩+48%异恶草酮乳油50～75 ml/亩+80%唑嘧磺草胺可湿性粉剂3～4 g/亩；

(2)72%异丙甲草胺乳油100～150 ml/亩+48%异恶草酮乳油50～75 ml/亩+15%

噻磺隆可湿性粉剂 10 ~ 12 g/亩。

3. 大豆苗期以禾本科杂草为主的豆田

对于多数大豆田,特别是除草剂应用较少的地区或地块,马唐、狗尾草、牛筋草、稗草等发生为害严重,占杂草的绝大多数。防治时要针对具体情况选择药剂种类和剂量。

在大豆苗期,杂草出苗较少或雨后正处于大量发生之前,盲目施用茎叶期防治禾本科杂草的除草剂,如精喹禾灵等,并不能达到理想的除草效果。

该期施药时,可以选用以下除草剂:

(1)5%精喹禾灵乳油 50 ~ 75 ml/亩 + 72%异丙甲草胺乳油 100 ~ 150 ml/亩;

(2)5%精喹禾灵乳油 50 ~ 75 ml/亩 + 33%二甲戊乐灵乳油 100 ~ 150 ml/亩;

(3)12.5%稀禾啶乳油 50 ~ 75 ml/亩 + 72%异丙甲草胺乳油 100 ~ 150 ml/亩;

(4)24%烯草酮乳油 20 ~ 40 ml/亩 + 50%异丙草胺乳油 100 ~ 200 ml/亩。

兑水 30 kg 均匀喷施。施药时,视草情、墒情确定用药量,尽量不喷到大豆叶片上。由于豆田干旱或中耕除草,田间尽管杂草较小较少,但大豆较大时,不宜施用该配方;否则,药剂过多喷施到大豆叶片,特别是遇高温干旱正午强光下施药易发生严重的药害。

对于前期未能封闭除草的田块,在杂草基本出齐,且杂草处于幼苗期时应及时施药。

可以选用以下除草剂:

(1)5%精喹禾灵乳油 50 ~ 75 ml/亩;

(2)10.8%高效氟吡甲禾灵乳油 20 ~ 40 ml/亩;

(3)10%喔草酯乳油 40 ~ 80 ml/亩;

(4)15%精吡氟禾草灵乳油 40 ~ 60 ml/亩;

(5)10%精恶唑禾草灵乳油 50 ~ 75 ml/亩;

(6)12.5%稀禾啶乳油 50 ~ 75 ml/亩;

(7)24%烯草酮乳油 20 ~ 40 ml/亩。

兑水 30 kg 均匀喷雾,可以有效防治多种禾本科杂草。施药时,视草情、墒情确定用药量,草大、墒差时适当加大用药量。施药时注意不能飘移到周围禾本科作物上;否则,会发生严重的药害。

对于前期未能有效除草的田块,在杂草较多较大时,应适当加大药量和水量,喷透喷匀,保证杂草均能接受到药液。

可以选用以下除草剂:

(1)5%精喹禾灵乳油 75 ~ 125 ml/亩;

(2)10.8%高效氟吡甲禾灵乳油 40 ~ 60 ml/亩;

(3)10%喔草酯乳油 60 ~ 80 ml/亩;

(4)15%精吡氟禾草灵乳油 75 ~ 100 ml/亩;

(5)10%精恶唑禾草灵乳油 75 ~ 100 ml/亩;

(6)12.5%稀禾啶乳油 75 ~ 125 ml/亩;

(7)24%烯草酮乳油 40 ~ 60 ml/亩。

兑水 45 ~ 60 kg 均匀喷雾防治,施药时,视草情、墒情确定用药量,可以有效防治多种禾本科杂草;但天气干旱、杂草较大时,死亡时间相对缓慢。杂草较大、杂草密度较高、墒情较差时,可适当加大用药量和喷液量;否则,杂草接触不到药液或药量较小,影响除草效果。

4. 大豆苗期以香附子、鸭跖草或马齿苋、铁苋等阔叶杂草为主的豆田

在大豆主产区,除草剂应用较多的地区或地块,前期施用乙草胺、异丙甲草胺或二甲戊乐灵等封闭除草剂后,马齿苋、铁苋、打碗花等阔叶杂草或香附子、鸭跖草等恶性杂草发生较多的地块,杂草防治比较困难,应抓住有利时机及时防治。

在马齿苋、铁苋、打碗花、香附子等基本出齐,且杂草处于幼苗期时应及时施药。

具体药剂如下:

(1)10%乙羧氟草醚乳油 10~30 ml/亩;

(2)48%苯达松水剂 150 ml/亩;

(3)25%三氟羧草醚水剂 50 ml/亩;

(4)25%氟磺胺草醚水剂 50 ml/亩;

(5)24%氟禾草灵乳油 20 ml/亩。

兑水 30 kg 均匀喷施。该类除草剂对杂草主要表现为触杀性除草效果,施药时务必喷施均匀。宜在大豆 2~4 片羽状复叶时施药,大豆田施药会产生轻度药害,过早或过晚均会加大药害。施药时,视草情、墒情确定用药量。

5. 大豆苗期以禾本科杂草和阔叶杂草混生的豆田

部分大豆田,前期未能及时地施用除草剂或除草效果不好时,后期发生大量杂草,生产上应针对杂草发生种类和栽培管理情况,正确地选择除草剂种类和施药方法。

对于以马唐、狗尾草为主,并有藜、苋少量发生的地块,在大豆 2~4 片羽状复叶期、杂草基本出齐且处于幼苗期时应及时施药。

具体药剂如下:

(1)5%精喹禾灵乳油 50~75 ml/亩 +48%苯达松水剂 150 ml/亩;

(2)10.8%高效氟吡甲禾灵乳油 20~40 ml/亩 +25%三氟羧草醚水剂 50 ml/亩;

(3)5%精喹禾灵乳油 50~75 ml/亩 +24%氟禾草灵乳油 20 ml/亩。

兑水 30 kg 均匀喷施。宜在大豆 2~4 片羽状复叶时施药,施药时,视草情、墒情确定用药量。草大、墒差时,适当加大用药量。

具体药剂为:5%精喹禾灵乳油 50~75 ml/亩 +48%苯达松水剂 150 ml/亩。

三、大豆肥害的防治

(一)症状

大豆施用底肥过量,致使豆苗产生了反渗透现象,地上大豆叶片泛黄,地下根系由褐色变为黑色。

(二)病因

底肥施用过量。

(三)防治方法

大豆是豆科作物,有根瘤菌可以增加固氮能力,对肥料的需求应以有机肥为主,适量施用氮、磷、钾肥即可。据测定,生产 100 kg 大豆,需纯氮 5.3~7.3 kg、五氧化二磷 1.0~

1.8 kg、氧化钾 1.3～4.0 kg。为此,每亩底肥以农家肥 3 t 左右为好,或施生物有机复合肥 50 kg,或施复合肥 20～25 kg。追肥,可在开花前或初花期追尿素 3～5 kg 即可。另外,在结荚期每亩还应喷施 0.2%～0.3% 的磷酸二氢钾溶液 50～60 kg。

要及早消除肥害,可采取以下措施:①喷施含有很强活性物质的惠满丰活性液肥 500 倍液;②施用嘉斯顿土壤消毒肥每亩 10 kg;③喷施 10～40 mg/kg 的生长调节剂"九二〇";④喷施植物生长促进剂"802"6 000 倍液。除上述措施外,还应喷洒清水 2～3 次,并要开好"三沟",速灌水、速排水,降低肥料溶液浓度。

第十一节 大豆品种介绍

一、普通大豆品种

(一)中黄 13

特征特性:该品种夏播生育期 105～108 d。春播为 130～135 d。株高 50～70 cm,系半矮秆品种,适于密植,抗倒伏性强。主茎节数 14～16 节,结荚高度在 10～13 cm,有效分枝 3～5 个。粒形圆,种皮黄色,百粒重为 24～26 g,脐褐色,紫斑粒率和虫蚀率低,商品品质较好。中抗孢囊线虫和根腐病。本品种增产潜力大,如肥水等管理措施得当,亩产可达 250 kg 左右。

栽培技术要点:每亩密度 1.7 万～2 万株,根据土壤肥力来调节,肥地宜稀,瘦地宜密。亩施有机肥 2 000～3 000 kg,最好在前茬或播前施入。每亩施磷酸二铵 10～15 kg,钾肥 5 kg。开花前后,注意防治蚜虫。整个生育期注意防治病虫害。注意前期锄草,后期及时拔大草。本品种属大粒型,在出苗及鼓粒期需要充足水分,应及时灌溉。

适宜地区:可在安徽、山东、陕西南部、河北南部、河南、江苏夏播,又可在天津、辽宁南部、北京、河北北部和四川等地作为春播种植。

(二)周豆 12

特征特性:紫花,灰毛,椭圆叶,有限结荚习性。平均生育期 112 d,株高 74.42 cm,有效分枝 1.71 个,单株有效荚数 32.08 个,单株粒数 58.98 个。百粒重 23.72 g。抗倒性较好,中抗花叶病毒病。平均粗蛋白含量 40.25%,粗脂肪含量 19.95%。

栽培技术要点:适宜播期为 6 月 5～25 日,亩播量 5～6 kg,亩留苗 1.6 万株;全生育期治虫 2 次,后期遇旱浇水。

适宜地区:该品种属黄淮海夏大豆晚熟高产品种,适宜在河南南部、江苏和安徽两省淮河以北地区夏播种植。

(三)豫豆 29

特征特性:该品种紫花,灰毛,圆叶,株型收敛,有限结荚习性。两年区试平均生育期 109 d,株高 81 cm,百粒重 20.06 g。种皮黄色,强光泽,椭圆粒,浅褐脐。抗倒、抗病性好。平均粗蛋白质含量 42.8%,粗脂肪含量 20.34%。生育期 109 d,株高 81 cm,百粒重 20.06 g。种皮黄色,强光泽,椭圆粒,浅褐脐。抗倒、抗病性好。平均粗蛋白质含量 42.8%,粗脂肪含量 20.34%。

栽培技术要点:6月上中旬播种,每亩播种量4 kg,亩留苗1.2万~1.5万株为宜。行距40~50 cm,株距10~13 cm。要求麦收后足墒播种,力争全苗。在结荚期、鼓粒期遇旱浇水,可增加结荚数,提高粒重。

适宜地区:适宜在河南中部和北部、河北南部、山西南部、陕西中部、山东西南部夏播种植。

(四)豫豆22

特征特性:该品种生育期100 d左右,属中熟品种。其根系发达,苗期长势旺,茎秆粗壮,主茎节数多达22节,分枝中等,植株直立,株高100 cm左右,叶片下部偏大,上部渐小,叶柄叶片呈上举型,通风透光性好,叶色浓绿。花紫色,茸毛和荚皮呈灰色,落叶性好。有限结荚习性,结荚稠密,成熟一致,抗裂荚性强,籽粒黄色,圆形,脐淡褐色,百粒重22 g左右。蛋白质含量46.5%,脂肪含量18.07%。抗花叶病霉病,中抗食心虫和胞囊线虫病,抗大豆灰斑病和紫斑等。抗旱性中上。

栽培技术要点:

(1)播期。适宜播期为6月上中旬,在豫、皖、苏、鄂等省如遇特殊年份,播期推迟到7月上旬仍可获得较好收成,在鲁、冀、晋、陕以及豫西地区麦垄套种,可在麦收前10 d播种。

(2)密度。每亩播量4 kg。行距40 cm,株距10~13 cm。亩密度应在1.25万~1.5万株/亩为宜,最高不要超过2万株/亩 。

(3)田间管理。黄淮地区多为麦收后铁茬抢墒播种,为此要注意在豆子出苗后进行深中耕灭茬,破除板结,促进幼苗根系发育。在苗子出土后5~10 d进行移苗补缺,并进行人工间苗,以达到苗匀苗壮。由于铁茬播种来不及施肥,要求在出苗30~40 d进行适量追肥,追肥应以磷、钾肥为主,中等以下肥力加追适量氮素。注意做到及时中耕除草,防治病、虫害,遇旱灌水,遇涝排水。

适宜地区:适宜在黄淮地区南部的河南、江苏和安徽省北部种植。该品种植株高大,栽培上注意防止倒伏。

(五)郑196

特征特性:该品种平均生育期105 d,株高74.7 cm,卵圆叶,紫花,灰毛,有限结荚习性,株型收敛,主茎15.3节,有效分枝2.8个。单株有效荚数47.3个,单株粒数87.5粒,单株粒重15.0 g,百粒重17.4 g,籽粒圆形、黄色、微光、浅褐色脐。接种鉴定,抗花叶病毒病SC3株系,中感SC7株系;中感大豆胞囊线虫病1号生理小种。粗蛋白质含量40.69%,粗脂肪含量19.47%。

栽培技术要点:6月上中旬播种,每亩种植密度1.2万~1.5万株;一般每亩施磷酸铵20 kg、尿素3~4 kg、氯化钾6~7 kg作底肥;鼓粒期遇旱浇水可提高产量。

适宜地区:适宜在山东西南部、河南南部、江苏和安徽两省淮河以北地区夏播种植。

(六)商豆1099

特征特性:有限结荚习性,生育期107 d。植株直立,株型紧凑,株高71.5 cm左右,叶形圆,中等大小,紫花,棕毛。分枝1.3个,单株荚47.2个,每荚粒数2.2个,成熟荚褐色。籽粒扁圆,种皮黄色,有光泽,脐褐色,百粒重15.3 g,抗大豆花叶病、紫斑病和褐斑病。

栽培技术要点:6 月上中旬播种,亩播量 4 kg,密度 1.2 万~1.5 万株/亩,不可重茬。出苗后要及时间苗、定苗,封垄前中耕锄草 2~3 遍。分枝期追施二铵 20 kg/亩左右,花荚期遇旱浇水,注意防治病虫害。

适宜地区:河南省各地均可种植。

(七)周豆 16 号

特征特性:大豆杂交品种,有限结荚习性,生育期 113 d。幼苗根茎为紫色,茎秆绿色,灰色茸毛,叶卵圆形,色浅绿;株高 80~100 cm,株型紧凑,茎秆粗壮,较抗倒伏;节间长度 3~5 cm,分枝数 3~4 个,主茎节数 15~16 个,单株有效荚数 60 个,单株粒数 107 粒,紫花,荚黄褐色,籽粒椭圆,黄色,脐色浅,中粒,百粒重 21~23 g。生育期 113 d。

栽培技术要点:

(1)播期和播量。适宜播期 6 月 5~25 日,亩播量 5~6 kg。适宜行距 40 cm,株距 10 cm 左右,留苗密度 1.6 万株/亩左右。

(2)田间管理。出苗后及时对缺苗断垄地块进行补种或幼苗移栽。要早间苗、定苗,早中耕,防止苗荒、草荒。及时防治食叶性害虫,全生育期治虫 2~3 次,后期遇旱浇水增产效果明显。

适宜地区:河南省大豆产区种植。

(八)郑 90007

特征特性:该品种紫花,灰毛,圆叶,株型收敛,有限结荚习性。两年区试平均生育期 104.5 d,株高 74.2 cm,单株有效荚数 48 个,单株粒重 16.1 g,百粒重 16.1 g。种皮黄色,有光泽,圆粒,褐脐。较抗病。平均粗蛋白质含量 41.16%,粗脂肪含量 20.46%。

栽培技术要点:6 月上中旬播种,豫北、豫西麦垄套种可在麦收前 10 d 播种,每亩播种量 4~5 kg,亩留苗 1 万~1.5 万株。亩施钙镁磷肥 40~50 kg,或二铵 40 kg,初花期追施尿素 5~10 kg,也可叶面喷肥。该品种多枝、花期集中、开花多,花荚期遇旱浇水是夺取高产的关键。

适宜地区:适宜在河南中部和南部、山东西南部、江苏北部、安徽北部夏播种植。

二、毛豆品种

(一)黑香毛豆

黑香毛豆属迟熟新品种,从台湾引进,2001 年通过河南省品种审定委员会审定。该品种经两年多品种比对试验,鲜荚平均亩产 750~800 kg,比对照“台湾 75”增产 11.9%~16.8%。该品种春播生育期(出苗至采收鲜荚)92 d,比对照“台湾 75”迟熟 7 d,有限结荚习性,株高 65 cm 左右;百荚鲜重约 300 g;鲜豆百粒重 70~75 g,老熟时豆荚黑色,干豆百粒重约 40 g,黑皮黄仁。该品种适宜春、夏季播种,春季播种不宜过早,一般在 3 月下旬至 4 月上旬,夏季在 6 月上旬至 7 月初。食味甜软,适合鲜销和加工用。生长前期易发菌核病,应及时防治。

(二)粒粒鲜毛豆

粒粒鲜毛豆是近年从国外引种成功的毛豆新品种。该品种植株高大,分枝多,结荚多而密,豆角大,产量高,鲜豆角亩产可达 1 300 kg,比普通毛豆品种高 2~3 倍。食用口感良好,百荚鲜重约300 g,营养丰富,剥壳容易。

栽培技术要点:该品种适应区域广,不择土质,抗旱、特耐涝,抗病、抗逆性强,适宜稀植,用种量少,点播亩用种量750～1 000 g,机播2 500～3 000 g,种植行距70 cm,株距40～50 cm。亩施硫酸钾复合肥20～30 kg,一次性底肥或花前追肥每亩加施2 kg磷酸二氢钾。

(三)美粒丰早毛1号

特早熟,辽宁地区从出苗到结青荚需70 d左右,长江流域需50～55 d。有限结荚习性,株高55～60 cm,分枝3～4个,主茎节数9～12个,叶椭圆形,花白色,鲜荚毛灰白色,鲜荚鲜绿色,单株结荚60～70个,三粒荚居多。鲜荚内有豆衣,种皮绿色,种脐褐色,百粒重35～39 g,脂肪含量19.5%,蛋白质含量43.2%。抗倒伏,耐旱性好,抗病性强。保鲜期长,口感佳,适宜作鲜食品种栽培。

第二章　绿　豆

绿豆(*Vigna radiata*(Linn.)*Wilczek*),又名青小豆,豆科、蝶形花亚科豇豆属,一年生草本植物,绿豆种皮的颜色主要有青绿、黄绿、墨绿三大类。绿豆起源于亚洲东南部,中国也在起源中心之内,在我国有2 000多年的栽培史。绿豆是我国人民的传统豆类食物。绿豆的经济价值主要体现在营养价值、食用价值、保健价值、商品价值等方面,又被誉为“绿色珍珠”。绿豆属高蛋白、低脂肪、中淀粉、医食同源作物,是人们理想的营养保健食品。

第一节　绿豆在我国国民经济中的作用

一、营养价值

绿豆籽粒含蛋白质24.5%左右,人体所必需的氨基酸0.20%～2.4%,淀粉约52.5%,脂肪1%以下,纤维素5%。其中,蛋白质是小麦面粉的2.3倍、小米的2.7倍、大米的3.2倍。另外,绿豆还含有丰富的维生素、矿物质等营养素。其中维生素B_1是鸡肉的17.5倍;维生素B_2是禾谷类的2～4倍;钙是禾谷类的4倍、鸡肉的7倍;铁是鸡肉的4倍;磷是禾谷类及猪肉、鸡肉、鱼、鸡蛋的2倍。

绿豆芽中含有丰富的蛋白质、矿物质及多种维生素。每100 g豆芽干物质中含有蛋白质27～35 g,人体所必需的氨基酸0.3～2.1 g;钾981.7～1 228.1 mg,磷450 mg,铁5.5～6.4 mg,锌5.9 mg,锰1.28 mg,硒0.04 mg;维生素C 18～23 mg。

二、保健功能

绿豆含有生物碱、香豆素、植物甾醇等生理活性物质,对人类和动物的生理代谢活动具有重要的促进作用。绿豆皮中含有0.05%左右的单宁物质,能凝固微生物原生质,故有抗菌、保护创面和局部止血作用。另外,单宁具有收敛性,能与重金属结合生成沉淀,进而起到解毒作用。

三、加工产品

绿豆用途广泛,加工产品也比较多。目前市场上常见的产品主要有各种风味绿豆糕、粉皮,最普遍的、家喻户晓的是绿豆芽等。

(1)绿豆粉:山东龙口粉丝、天津津统粉丝。

(2)绿豆沙:辽宁沈阳隆迪绿豆沙,北京京日绿豆沙、绿豆馅。

(3)绿豆饮料:黑龙江绿豆汤、山东秦老太绿豆爽、山西绿源绿豆汁、碧亨通绿豆爽等。

(4)绿豆酒:四川泸州的绿豆大曲、安徽明绿液、山西及江苏的绿豆烧、河南的绿豆大曲。

(5)绿豆芽:绿豆芽菜。

(6)其他:绿豆奶(乳)。

四、产品出口

绿豆是我国传统的出口商品。1982 年我国绿豆出口仅有 806 t,到 1995 年出口量达 23.6 万 t,出口比例从 1982 年占全国杂豆总量的 1.1%,发展到 1995 年占全国杂豆出口总量的 17.2%,最高年份达到 43.7%。据有关资料显示,1996 ~ 2001 年,出口绿豆在 7.64 万 ~ 28.9 万 t,平均年出口 13.07 万 t。我国绿豆出口价格在 565 ~ 680 美元/t。出口绿豆主要销往全世界 60 多个国家和地区,其中进口量大的是日本、中国香港、菲律宾、韩国、越南、中国台湾、英国等国家和地区。我国出口的绿豆主要来自东北、华北、华中等地区,其中以河北张家口鹦哥绿、陕西榆林绿豆、吉林白城绿豆等最为有名,供不应求。

我国生产的绿豆粉丝,特别是龙口粉丝,誉满全球,畅销 50 多个国家和地区,绿豆粉皮、绿豆酒、绿豆糕点等食品驰名中外,在国际市场备受青睐。

五、在农业生产中的作用

绿豆适应性广、抗性强,耐旱、耐瘠、耐荫蔽,生育期短、播种适期长,并有共生固氮、培肥土壤的能力,是补种、填闲和救荒的优良作物。绿豆常被作为开荒先锋作物种植于丘陵、岗坡、田边地角的闲散地,在其他作物不能正常生长的情况下,种植绿豆仍能获得一定产量。

第二节 绿豆生产概况及区划

一、生产概况

绿豆为短日照、喜温作物,在温带、亚热带、热带地区被广泛种植,以亚洲的印度、中国、泰国、缅甸、印度尼西亚、巴基斯坦、菲律宾、斯里兰卡、孟加拉、尼泊尔等国家栽培最多。近年来在美国、巴西、澳大利亚及其他一些非洲、欧洲、美洲国家,绿豆种植面积也在不断扩大。

我国绿豆主要产区在黄河、淮河流域及东北地区。从播种面积看,主要集中在内蒙古、吉林、安徽、河南、山西、陕西和湖南,合计占全国播种总面积的 78.8%;从产量看,吉林和内蒙古最多,合计占总产量的 42.2%,其次是河南、湖南、山西、新疆、重庆、四川和湖北;从单位面积产量看,新疆、湖南和四川都在 2 000 kg/hm^2 以上,位居全国前列,而主产区内蒙古却远低于全国平均水平(见表 2-1)。

表 2-1 2010 年我国主要绿豆产区生产概况

地区	播种面积(万 hm^2)	总产量(万 t)	单位面积产量(kg/hm^2)
内蒙古	18. 3	16. 9	923. 4
吉林	14. 8	23. 4	1 577. 7
安徽	6. 6	2. 3	350. 3
河南	5. 3	6. 4	1 204. 3
山西	5. 1	4. 2	833. 3
陕西	3. 2	3. 3	1 034. 3
湖南	2. 5	6. 1	2 489. 8
重庆	2. 1	3. 8	1 798. 0
湖北	2. 1	3. 5	1 703. 1
四川	1. 8	3. 6	2 011. 5
新疆	1. 6	4. 2	2 525. 9
其他	5. 6	10. 8	—
全国	70. 8	95. 4	1 285. 5

我国出口的绿豆主要以地名为商标,根据外商的要求组织货源,没有严格的质量标准。从外观上分为明绿豆、毛绿豆和传统绿豆 3 种,以大粒、色艳,适合生豆芽的明绿豆最为畅销。按照出口绿豆的质量大致可分为三级。

一级:粒型均匀,色泽一致,杂质和异色粒≤1%,纯质率不低于 97%;

二级:粒型均匀,色泽比较一致,杂质和异色粒≤2%,纯质率不低于 95%;

三级:外观正常,其他条件达不到上述标准,但能达到合同要求。

2000 年农业部制定的我国商品绿豆质量指标为:水分≤13.5%,不完善粒总量≤5%,杂质总量≤1%。其中蛋白质≥25%、淀粉≥54%为一级;蛋白质≥23%、淀粉≥52%为二级;蛋白质≥21%、淀粉≥50%为三级;低于三级者为等外绿豆。

国家科技攻关项目规定的我国绿豆优异种质标准为:百粒重≥6. 5 g、蛋白质≥26%、淀粉≥55%为一级;百粒重≥6. 2 g、蛋白质≥25%、淀粉≥54%为二级;百粒重≥6. 0 g、蛋白质≥24%、淀粉≥53%为三级。

河南是我国历史上绿豆种植较多的省份。尤其是 20 世纪 80 年代中后期,随着绿豆新品种的引进和普及,加之政府的重视,使得河南绿豆生产有了较大发展。河南绿豆产量最高的年份为 1989 年,达 16. 6 万 t。进入 90 年代以后,除 1993 年生产绿豆 16 万 t 以外,其余年份处于低谷状态,1997 年以后有所恢复,2000 年河南绿豆播种面积 8. 9 万 hm^2,产量为 12. 7 万 t,约占全国绿豆播种面积和总产量的 11. 6%和 14. 3%。2008~2010 年,河南绿豆播种面积持续减少,2010 年为 5. 3 万 hm^2,仅占全国的 2. 9%,产量保持在 6. 4 万~6. 9 万 t。

南阳盆地气候温和湿润,适合绿豆生长,是我国绿豆的主产区之一,20 世纪 90 年代初,随着中绿 1 号的引进和推广,南阳绿豆种植面积达到 100 万亩以上,每亩单产 150 kg,总产 1. 5 亿 kg。进入 21 世纪以来,2011 年种植面积 25 万亩,每亩单产 130 kg,总产 0. 325 亿 kg;2012 年种植面积 15 万亩,每亩单产 100 kg,总产 0. 15 亿 kg;2013 年种植面积7万亩。近几年随着品种退化、病虫害防治不力、涝灾频发、劳力缺乏等原因,导致面积与产量呈现下降趋势。由于绿豆味道独特鲜美,并具有一定的药用价值,需求量逐年增加。

二、区划

根据自然条件和耕作制度,我国绿豆大致可分为四个栽培生态区。

(1)北方春绿豆区。本区包括黑龙江、吉林、辽宁、内蒙古的东南部、河北张家口与承德、山西大同与朔州、陕西榆林与延安和甘肃庆阳等地。本区春季干旱,日照率较高,无霜期较短,雨量集中在7、8月。通常在4月下旬到5月上旬播种,8月下旬至9月上、中旬收获。

(2)北方夏绿豆区。本区包括我国冬小麦主产区及淮河以北地区。此区年降水量600~800 mm,雨量多集中在7、8、9月三个月,日照充足,无霜期180 d以上,年平均温度在12 ℃左右。绿豆通常在6月上、中旬麦收后播种,9月上、中旬收获。

(3)南方夏绿豆区。本区包括长江中下游广大地区。本区气温较高,无霜期长,雨量较多,日照率较低。绿豆多在5月末至6月初油菜、麦类等作物收获后播种,8月中、下旬收获。

(4)南方夏秋绿豆区。本区包括北纬24°以南的岭南亚热带地区及台湾、海南两省。本区高温多雨,年平均温度在20~25 ℃,年降水量1 500~2 000 mm,无霜期在300 d以上。绿豆在春、夏、秋三季均可播种,为一年三熟制绿豆产区。

第三节　绿豆栽培的生物学特性

一、绿豆的生长发育

(一)根

绿豆的根系由主根、侧根、根毛和根瘤等几部分组成。主根由胚根发育而成,垂直向下生长,入土较浅。主根上长有侧根,侧根细长而发达,向四周水平延伸。次生根较短,侧根的梢部长有根毛。

绿豆的根系有两种类型:一种为中生植物类型,主根不发达,有许多侧根,属浅根系,多为蔓生品种;另一种为旱生植物类型,主根扎得较深,侧根向斜下方伸展,多为直立或半蔓生品种。

绿豆根上长有许多根瘤。绿豆出苗7 d后开始有根瘤形成,初生根瘤为绿色或淡褐色,以后逐渐变为淡红色直至深褐色。主根上部的根瘤体形较大,固氮能力最强。苗期根瘤固氮能力很弱,随着植株的生长发育,根瘤菌的固氮能力逐步增强,到开花盛期达到高峰。

(二)茎

绿豆种子萌发后,其幼芽伸长形成茎。绿豆茎秆比较坚韧,外表近似圆形。幼茎有紫色和绿色两种。成熟茎多呈灰黄、深褐和暗褐色。茎上有绒毛,也有无绒毛品种。按其长相可分为直立型、半蔓生型和蔓生型三种。

植株高度(主茎高)因品种而异,一般 40 ~ 100 cm,高者可达 150 cm,矮者仅 20 ~ 30 cm。绿豆主茎和分枝上都有节,主茎一般 10 ~ 15 节,每节生一复叶,在其叶腋部长出分枝或花梗。主茎一级分枝 3 ~ 5 个,分枝上还可长出 2 级分枝或花梗。节与节之间叫节间,在同一植株上,上部节间长,下部节间短。一般在茎基部第 1 ~ 5 节上着生分枝,第 6 ~ 7节以上着生花梗,在花梗的节瘤上着生花和豆荚。

(三)叶

绿豆叶有子叶和真叶两种。子叶两枚,白色,呈椭圆形或倒卵圆形,出土 7 d 后枯干脱落。真叶有两种,从子叶上面第 1 节长出的两片对生的披针形真叶是单叶,又叫初生真叶,无叶柄,是胚芽内的原胚叶;随幼茎生长在两片单叶上面又长出三出复叶。复叶互生,由叶片、托叶、叶柄三部分组成。绿豆叶片较大,一般长 5 ~ 10 cm、宽 2.5 ~ 7.5 cm,绿色,卵圆或阔卵圆形,全缘;也有三裂或缺刻型,两面被毛。托叶一对,呈狭长三角形或盾状,长 1 cm 左右。叶柄较长,被有绒毛,基部膨大部分为叶枕。

(四)花

绿豆为总状花序,花黄色,着生在主茎或分枝的叶腋和顶端花梗上。花梗密被灰白色或褐色绒毛。绿豆小花由苞片、花萼、花冠、雄蕊和雌蕊 5 部分组成。苞片位于花萼管基部两侧,长椭圆形,顶端极尖,边缘有长毛。花萼着生在花朵的最外边,钟状,绿色,萼齿 4 个,边缘有长毛。花冠蝶形,5 片联合,位于花萼内层,旗瓣肾形,顶端微缺,基部心脏形。翼瓣 2 片,较短小,有渐尖的爪。龙骨瓣 2 片联合,着生在花冠内,呈弯曲状楔形,雄蕊 10 枚,为(9 +1)二体雄蕊,由花丝和花药组成。花丝细长,顶端弯曲有尖喙,花药黄绿色,花粉粒有网状刻纹。雌蕊 1 枚,位于雄蕊中间,由柱头、花柱和子房组成,子房无柄,密被长绒毛,花柱细长,顶端弯曲,柱头球形,有尖喙。

(五)果实

绿豆的果实为荚果,由荚柄、荚皮和种子(见图 2-1)组成。绿豆的单株结荚数因品种和生长条件而异,少者 10 多个,多者可达 150 个以上,一般 30 个左右。豆荚细长,具褐色或灰白色绒毛,也有无毛品种。成熟荚黑色、褐色或褐黄色,呈圆筒形或扁圆筒形,稍弯。荚长 6 ~ 16 cm、宽 0.4 ~ 0.6 cm,单荚粒数一般 8 ~ 14 粒。

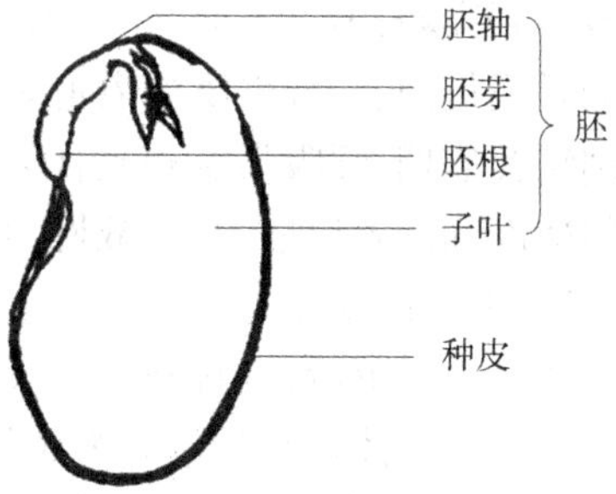

图 2-1 绿豆种子的纵剖面图

二、绿豆的生育进程

(一)生育期

绿豆从出苗到成熟所经历的时间叫生育期。绿豆生育期长短,因品种、播期、栽培地区不同而不同。在春播条件下,生育期少于 110 d 为早熟品种,111 ~ 125 d 为中熟品种,大于 125 d 为晚熟品种;夏播条件下,70 ~ 80 d 为早熟品种,80 ~ 90 d 为中熟品种,大于 90 d 为晚熟品种。

(二)生育时期

绿豆从播种到成熟共经历播种、出苗、分枝、开花、结荚、鼓粒、成熟等 7 个生育时期。

根据绿豆生长中心和营养分配规律，又可以把绿豆一生分为三个生育阶段：自出苗到始花之前是以营养生长为主阶段；自始花到终花是营养生长与生殖生长并进阶段；自终花后期到成熟为生殖生长阶段。

1. 绿豆种子萌发

绿豆种子发芽，需要吸足体重 120% ~150% 的水分，才能充分吸胀，吸胀的种子，在适宜的温度和氧气条件下即可发芽。从土壤湿度来说，田间持水量为 60% 最适宜，小于 50% 不利于种子吸收水分，对出苗不利。然而土壤水分过多也不行，如播种后遇上雨水过多时，则因缺乏空气而不能发芽或使种子烂掉。

2. 绿豆的幼苗期

从播种到子叶完全展开，一般需 10 d 左右。从出苗到第一分枝出现为幼苗期。绿豆幼苗期，茎、叶、根并列生长，而生根是主流。出苗后生出的真叶是一对单叶，以后继续生出互生的复叶。在绿豆的第 1 复叶展平，第 2 ~3 复叶初露时，开始进行花芽分化。

3. 分枝与花芽分化期

绿豆自形成第一分枝到第一朵花出现称为分枝期。绿豆分枝期也是花芽分化时期，此时植株有 6 ~8 片叶。绿豆出苗后 20 ~25 d 开始分枝，同时花芽也开始分化。分枝始期后 10 ~15 d 就能见到开花始期。

4. 开花结荚期(关键期)

绿豆的开花、结荚是并进的。绿豆主茎或分枝的第一朵花开放就是开花始期。绿豆从出苗到开花一般需要 35 ~50 d，因品种不同、播种期不同而有差异。

绿豆花授粉后，子房开始膨大，形成豆荚。当荚长达 2 cm 时称为结荚。结荚的发育规律是先长，次宽，后增厚度。

开花结荚期仍是绿豆营养生长与生殖生长并进时期，一方面，植株旺盛生长，叶面积系数达到高峰；另一方面，花芽不断产生与长大，不断地开花受精形成荚粒。这一时期，绿豆的呼吸作用、光合强度随着叶面积增大而增加，到盛花期达到高峰，而后便有所下降。待到结荚盛期，呼吸强度和光合强度再次达到新的高峰，根系活动也达到高峰，而营养生长的速度到结荚后期，开始减慢，并逐步停止。

5. 鼓粒成熟期

绿豆在结荚后，豆粒开始长大，先是宽度增大，然后顺序增加种子的长度和厚度。当豆粒达到最大体积与重量时为鼓粒期。鼓粒期营养生长逐渐停止，生殖生长居于首位，光合作用强度有所降低，无论是光合产物或矿质养分，都从植株各部位向豆荚和子粒转移。鼓粒以后，植株本身逐渐衰老，根条死亡，叶片变黄脱落，种子脱水干燥，由绿变黑，变硬，呈现该品种固有的籽粒色泽和种粒大小，并与荚皮脱离，摇动植株时，荚内有轻微响声，即为成熟期。绿豆荚细长，具褐色或灰白色绒毛，也有无毛品种。成熟荚黑色、褐色或褐黄色，呈圆筒形或扁圆筒形，稍弯。

三、绿豆生长对环境条件的要求

(一)光照

绿豆属短日照作物，但有较多的栽培品种对光周期反应不敏感。因而在南方生长期较长的地区，一年可种植两季或多季。

亚洲蔬菜研究与发展中心研究报告指出：在1 273个绿豆品种资源中，光周期反应不敏感占47%；在16 h光照下延迟开花10 d以上的占18%；在12 h光照下不能开花，而在16 h光照下开花受抑制的占31%；无论是在12 h还是在16 h光照下都不能开花的占40%。来自全国各地的农家绿豆品种在北京夏播，高纬度地区来的品种，一般都比较早熟，而从低纬度地区来的品种，有不少是早熟类型的，也有生育期偏晚的，但除极少数品种外，都能开花结实，而且有相当多的品种既适宜于春播，也适宜于夏播，说明绿豆对光照周期反应是不敏感的。

（二）温度

绿豆适宜种植的范围广，自温带至热带都能栽培，喜温暖湿润的气候，耐高温，日平均温度30～36 ℃，生长茂盛（适作绿肥）。气温在8～12 ℃即可发芽，适宜生长的温度为25～30 ℃。温度过高，茎叶生长过旺，开花结荚数少。一般温度低于20 ℃或高于30 ℃，不能开花结荚。结荚成熟期要求晴朗干燥的天气。有效积温早熟品种为1 600～1 800 ℃，晚熟品种为2 300～2 400 ℃。生育后期抗冻能力比大豆弱，气温降至0 ℃，植株就会冻死，植株上的种子发芽率也降低。因此，夏秋播绿豆必须注意适时早播，以便在低温早霜来临之前正常成熟。

（三）水分

绿豆耐旱，农民中有“旱绿豆，涝小豆”的谚语，但绿豆生育期间还是需要一定水分的，苗期需水少些，花期前后需水增加。缺水过多会导致过多的花荚败育，落花落荚，降低产量。台湾的一份研究报告指出，绿豆植株需水量平均为3.2 mm/d（大豆与玉米3～3.3 mm/d，高粱2.8 mm/d，甘薯1.8 mm/d）。亚洲蔬菜研究与发展中心的生理研究报告也指出，在不同的生长阶段，缺水7 d，光合作用率减少76%～99%，并导致单株产量减少28.45%。研究还发现，绿豆在开花到成熟过程中，土壤持水量从50%减少到20%，所产生的硬粒会多于90%。绿豆怕涝，土壤过湿易徒长倒伏，花期遇连阴雨天，落花落荚严重，地面积水2～3 d会造成死亡。

（四）土壤

绿豆耐瘠性强，对土质要求不严，以壤土或石灰性冲积土为宜，在红壤与黏壤土中也能生长。中性土壤最合适，适应的pH值一般不低于5.5。但也耐微酸性或碱性土壤。怕盐碱，在滨海盐土上的耐盐极限为土壤含量的0.2%左右，在黄淮海平原的盐碱土上为0.15%～0.2%，在西北内陆碱土上，耐盐能力表现略高。

（五）养分

生产100 kg绿豆需氮（N）4.04 kg、磷（P_2O_5）0.73 kg、钾（K_2O）1.6 kg。三者比例为1∶0.18∶0.4。

（1）出苗—开花期，是绿豆的营养生长阶段，此期生长的中心是茎、叶和根，吸收的氮、磷、钾占全生育期的75%以上。

（2）开花—结荚期，绿豆开始转入营养生长与生殖生长并盛的时期，生长中心除根、茎、叶外，还有花和荚。此期内吸收氮、磷、钾的量分别占整个生育期的12.13%、6.0%和6.31%，吸收的氮、磷主要分配在粒中，钾主要分配在茎中。

(3)结荚—成熟期,是绿豆生育过程中的重大转折期,这一时期,绿豆进入了以结荚、鼓粒为主的生殖生长阶段,生长中心开始由茎、叶、根逐步转为花荚和豆粒。此时期氮、磷、钾主要分配在粒中,积累量分别占该时期总吸收量的78.36%、76.55%和40.77%。

四、绿豆的分类

(1)按籽粒颜色分为绿色、黄绿色、金黄色、黑色、褐色等颜色。

(2)按种皮光泽度可分为明绿豆(种皮上有蜡质,带光泽)和毛绿豆(种皮上无蜡质,不带光泽)。

(3)按籽粒大小可分为大粒型(百粒重6 g以上)、中粒型(百粒重4 ~6 g)和小粒型(百粒重4 g以下)。

(4)按生育期可分为早熟种(生育期70 ~110 d)、中熟种(生育期80 ~125 d)和晚熟种(生育期125 d以上)。

(5)按结荚习性可分为有限型、亚有限型和无限型。

(6)按生长习性可分为直立型、半蔓生型和蔓生型。

第四节　绿豆栽培技术

一、整地

绿豆忌连作,在播种时切忌重茬。春播绿豆可在年前进行早秋深耕,耕深15 ~25 cm。播种前浅耕细耙,做到疏松适度,地面平整,满足绿豆发芽和生长发育的需要。夏播绿豆多在麦收后播种,小麦收获后应及早整地,疏松土壤,清理根茬,掩埋底肥,减少杂草。套种绿豆因受条件限制,无法进行整地,应加强套种作物的中耕管理,为绿豆播种创造条件。

二、施肥

绿豆生育期短,需肥集中,所以施肥应以底肥为主,一次性施入。采用测土配方施肥。各地可根据测土结果因地制宜确定施肥量。参考施肥量:亩产150 kg地块每亩化肥使用量尿素3 ~5 kg,磷酸二铵10 kg左右,硫酸钾5 kg左右;亩产200 kg地块每亩化肥使用量尿素3.5 kg左右,磷酸二铵10 kg左右,硫酸钾5 kg左右。套种绿豆可用2 ~5 kg/亩尿素或5 kg/亩复合肥作种肥。

种植绿豆的地多为薄地、旱地,增施有机肥、复合肥或化肥,都将有明显的增产效果。

在绿豆开花后,每亩用0.2% ~0.3%的磷酸二氢钾溶液50 kg进行喷施,每摘收一次豆荚前两天喷施一次,增产效果更明显。

三、种植方式

(一)间作

1. 绿豆/玉米(高粱)

2行玉米、4行绿豆或2行玉米(高粱)、2行绿豆或4垄玉米、2垄绿豆。以玉米为主,增收绿豆;以绿豆为主,增收玉米。

一般种植区采用1.3~1.4 m种植带,绿豆、玉米按2∶2种植。4月中旬先播种两行绿豆,小行距40~50 cm,株距13 cm,密度8 000株/亩。一般5月下旬播种玉米,小行距40~50 cm,株距25 cm,密度4 000株/亩。

2. 绿豆/谷子

1耧谷子,4行绿豆。绿豆、谷子都可增产10%。

(二)套种

1. 绿豆—甘薯

垄上栽甘薯,沟内穴播或条播1行绿豆,每亩可多收40~50 kg绿豆,甘薯不少收。

在甘薯宽行距(50 cm)种植的地块,隔两沟套种一行绿豆,采取3∶1的种植组合;对宽行距(57 cm以上)种植甘薯的地块,隔一沟套种一行绿豆,采取2∶1的种植组合。绿豆的播种期根据当地甘薯栽秧时间而定,以甘薯封垄前绿豆能成熟为佳。绿豆条播,株距10~15 cm,单株留苗;点播穴距30~50 cm,每穴2~3株。

2. 棉花—绿豆

棉花采用宽窄行种植,宽行80~100 cm,窄行50 cm。4月20日前后,棉花播种时在宽行中间种一行绿豆,株距10~15 cm,密度5 000株/亩。棉、绿同期播种,在棉花铃期收完绿豆。

(三)混种

一般在玉米、高粱行间或株间撒种绿豆或播种绿豆。通常用于玉米等主栽作物补缺,使缺苗主栽作物少减收,并可以使绿豆在瘠薄地养地,达到增收目的。

(四)复种

主要是在多熟地区,利用麦类或其他下茬作物种植绿豆,实行一地多收,提高土地利用率。有小麦—绿豆、马铃薯—绿豆、油菜—绿豆等种植方式。

(五)纯种

即一年种一季绿豆,多在无霜期较短以及贫瘠的砂薄地、岗地或坡地种植,尤其是气候干燥、土层薄的干旱地区,以及地广人稀、生育期短、管理粗放地区实行绿豆纯种,可获得一定产量。

(六)其他方式

绿豆也种于果树、林木行间、田埂及间隙地等。

四、品种选择

传统绿豆大多为茎蔓生或半蔓生,成熟期炸荚,不利于大面积栽培;为便于田间管理,机械集中收获,提高产量和商品性状,生产上应弃用农家品种而选用培育优良品种,品种株型直立抗倒伏,成熟后不炸荚,适宜集中机械收获的品种;根据市场需求和人们的口感选择抗病、结荚集中、品质优、产量高、色泽油绿、粒大饱满的优良品种。

五、合理密植

一般条播为1.5~2.0 kg/亩,撒播为4~5 kg/亩,间作套种根据绿豆实际种植面积而定。绿豆种植密度可根据品种特性、土壤肥力和耕作制度而定。一般早熟直立型品种 8 000 ~ 15 000 株/亩，半蔓生型品种 7 500 ~ 12 000 株/亩，晚熟蔓生型品种 6 000 ~ 10 000 株/亩。肥地留苗 8 000 ~ 12 000 株/亩，中肥地块 13 000 ~ 15 000 株/亩，瘠薄地块 15 000 ~ 18 000 株/亩较好。行距 40 ~ 50 cm，株距据密度而定。

六、播种

（一）种子处理

1. 选种

利用风选、水选或机选，清除秕粒、小粒、杂质、草籽，选留干净的大粒种子播种。

2. 晒种

播前选晴天中午将种子薄摊席上，翻晒 1 ~ 2 d，增强活力，提高发芽势。

3. 擦种

将种子中粒小、色暗、皮糙、组织坚实、吸水力差、不易发芽的"铁绿豆"摊于容器内，用新砖来回轻擦搓，使种皮稍有破损，容易发芽和出苗。

4. 接种根瘤菌

接种方式有土壤接种和种子接种。土壤接种采用上年绿豆地表土 100 kg，均匀撒于绿豆新植地上。种子接种系在播种前将菌肥或根瘤加水调成菌液，将菌剂撒于湿种子上拌匀，随拌随用。根瘤菌肥勿与化肥、杀菌剂同时使用。

（二）播种

1. 播期

绿豆生育期短，播种适期长，可春、夏二种亦可一年三种。春播一般 5 cm 土壤耕层温度稳定通过 15 ℃时开始播种，正常年份在 4 月中旬到 4 月下旬；夏播期在 6 ~ 7 月，可以晚到 8 月初。一般应掌握春播适时，夏播抢早的原则。

2. 播种方法

绿豆的播种方法有条播、穴播和撒播，大面积播种可用机械进行条播，套种和零星种植可选用人工穴播。条播要防止覆土过深、下籽过稠和漏播，并要求行宽一致。撒播一般用于地头、果树、林木行间、田埂及间隙地。

播种时墒情较差、坷垃较多、土壤砂性较大的地块，播后应及时镇压，以减少土壤空隙，增加表层水分，镇压后深度为 4 ~ 5 cm，注意覆土一致。

七、田间管理

（一）前期管理

前期管理是指从出苗到现蕾这一阶段。包括幼苗期和分枝期。

1. 生育特点

前期以长根、茎、叶、分枝等营养器官为主，其中幼苗期以根为生长中心；分枝期则以长分枝和发棵为主，同时又是由营养生长向营养生长和生殖生长并进的转折时期。

2. 主攻目标

在全苗、匀苗的基础上，促根生长，培育壮苗，促进发棵长分枝，促进早现蕾。

3. 管理措施

1)间苗定苗

为使幼苗分布均匀,个体发育良好,应在第1片复叶展开后间苗,在第2片复叶展开后定苗。按既定的密度要求,去弱苗、病苗、小苗、杂苗,留壮苗、大苗,实行单株留苗。绿豆种植密度因区域、播种时间、品种、地力和栽培方式不同而异,春绿豆留苗5 000~8 000株/亩,夏播绿豆因生长期短,群体在8 000~12 000株/亩。间作套种的留苗密度,应根据主栽作物的种类、品种、种植形式及绿豆的实际播种面积进行相应的调整。

2)中耕培土

在绿豆生长初期,田间易生杂草。在开花封垄前应中耕2~3次,即在第1片复叶展开后结合间苗进行第1次浅锄;在第2片复叶展开后,开始定苗并进行第2次中耕;到分枝期进行第3次深中耕并进行培土。

(二)中期管理

1. 生育特点

中期是营养生长和生殖生长并进时期。根、茎、叶生长旺盛,均达高峰;大量花荚出现,并进入鼓粒灌浆期。此期是个体及器官对养分、水分和光照争夺最激烈的时期。

2. 主攻目标

以增花保荚为中心,促控结合,使茎、叶稳长,植株健壮,争取花多、荚多、荚大、粒饱。

3. 管理措施

1)适当培土

绿豆主根不发达,且枝叶茂盛,尤其是到了花荚期,荚果都集中在植株顶部,头重脚轻,易发生倒伏。绿豆倒伏后根系受损,植株荫蔽,通风透光不良,引起大量花荚脱落,下部荚果霉烂或遭鼠、虫等为害,严重影响绿豆产量和品质。培土后不仅可以护根防倒,还能促进根系生长。培土工作应在封垄前进行,可用犁在绿豆行间冲沟或用锄头、铁锹在行间开沟,将土翻向两边绿豆根旁。培土不宜过高,以10 cm左右为宜。另外,绿豆怕涝,培土后有利于将田间多余的水分排出。

2)适时灌水

绿豆耐旱主要表现在苗期,三叶期以后需水量逐渐增加,现蕾期为绿豆的需水临界期,花荚期达到需水高峰。实践证明,当土壤最大持水量为30%时,开花期浇水可增产32.7%,若推迟到结荚期浇水仅增产18.9%,如开花和结荚两期都浇水比不浇水增产62.3%。当土壤持水量在20%时,开花期灌水可增产59.8%,推迟到结荚期灌水仅增产36.6%,若两期都灌水比不灌水的增产106.1%,因此在绿豆生长期,如遇干旱应适当灌水,在有条件的地区可在开花前灌1次,以促单株荚及单荚粒数;在结荚期再灌水1次,以增加粒重并延长开花时间。在水源紧张时,应集中在盛花期灌水1次。在没有灌溉条件的地区,可适当调节播种期,使绿豆花荚期赶在雨季。

3)及时排水防涝

绿豆不耐涝、怕水淹。如苗期水分过多,会使根病加重,引起烂根死苗,造成缺苗断垄,或发生徒长导致后期倒伏。后期遇涝,根系及植株生长不良,出现早衰,花荚脱落,产量下降。地面积水2~3 d,会导致植株死亡。另外,土壤过湿,根瘤菌活动差,固氮能力减弱。对根瘤菌最适宜的土壤水分是最大田间持水量的 50% ~60% 。可在三叶期或封垄前用,在绿豆行间冲沟或用锄头、铁锹开沟培土,使明水能排、暗水能泄,不仅防旱防涝,还能减轻根腐病发生。

(三)后期管理

后期是指从第一批熟荚收摘至收获完毕。

1. 生育特点

后期纯属生殖生长阶段。根、茎、叶逐渐衰退,表现为下部叶片逐渐变黄、脱落,根系吸收能力下降,光合产物不断向生殖器官运转。

2. 主攻目标

管理上应着重保护根、茎、叶,防止早衰,延长开花结荚时间,即保叶、增花、增荚、增粒重。

3. 管理措施

1)保护功能叶片

绿豆花梗的近位叶是制造和输送营养的主要叶片,称之为功能叶片。功能叶旺盛是荚多、荚大、粒多、粒重的前提。这些功能叶片对于花芽分化、开花、鼓粒灌浆、增粒重和提高品质起决定性作用。所以,在收摘熟荚的过程中,要注意保护功能叶片。

2)保护花原基

花原基是着生在花梗节瘤轴两侧的潜伏花芽突起,是现蕾、开花、结荚的部位。只要施肥适当,灌水及时,熟荚收摘后,花原基突起就能萌生新芽,重新现蕾、结荚。所以,在收摘熟荚时,严禁将花原基连荚揪掉,以减少花荚脱落率。

3)遇旱浇水

土壤缺水会影响绿豆灌浆,降低粒重,从而降低产量和品质。所以,干旱情况下,应进行灌溉。

4)叶面喷施药肥

后期缺肥的情况下,一般不宜土壤施肥。进行叶面喷肥,不仅吸收速度快,且利用率高。喷肥时可加入适当农药,兼治虫害,保护叶片。使用方法同中期管理。

八、收获

一般植株上有 60% ~70% 的荚成熟后,应适时收摘。以后每隔 6 ~8 d 收摘一次,效果最好。对大面积生产的绿豆地块,应选用熟期一致,成熟时不炸荚的绿豆品种,当 70% ~80% 的豆荚成熟后,在早晨或傍晚时收获。收下的绿豆应及时晾晒、脱粒、清选,含水量低于 13% 时冷晾入仓,熏蒸后,保持低温(低于 20 ℃)密闭缺氧保管,以防止变色。

第五节　绿豆病虫草害防治

南阳市绿豆病虫害较多,其中绿豆叶斑病、白粉病、轮斑病、病毒病、豆蚜、豆荚螟、卷叶螟等对绿豆为害较重。

一、绿豆病害防治

（一）绿豆白粉病

1. 为害症状

为害叶片、茎秆和荚。叶片受害，表面散生白色粉状霉斑，开始点片发生，后扩展到全叶，后期密生很多黑色小点，发生严重时，叶片变黄，提早脱落（见图 2-2）。嫩荚受害，呈畸形，表面生白色粉状物，后期在白色粉状物中产生黑色的小粒点。

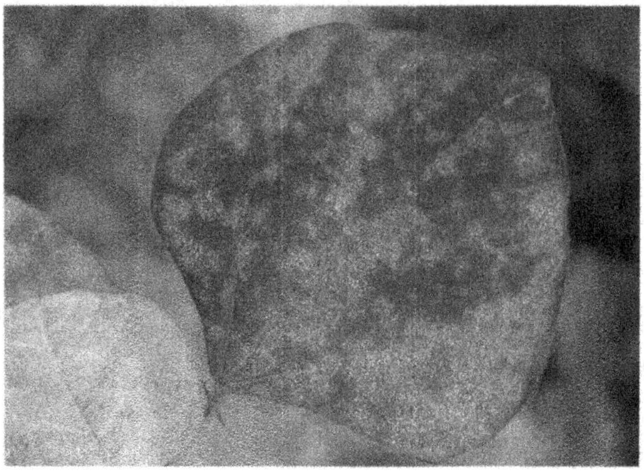

图 2-2　绿豆白粉病为害叶片后期症状

2. 防治方法

收获后及时清除病残体，集中深埋或烧毁。施用充分沤制的堆肥或腐熟的有机肥。

发病初期，可选用下列药剂：

（1）2% 武夷菌素水剂 200 ~ 300 倍液；

（2）60% 多菌灵盐酸盐水溶性粉剂 500 ~ 1 000 倍液；

（3）15% 三唑酮可湿性粉剂 800 ~ 1 000 倍液；

（4）12. 5% 烯唑醇可湿性粉剂 1 000 ~ 1 500 倍液；

（5）6% 氯苯嘧啶醇可湿性粉剂 1 000 ~ 1 500 倍液；

（6）25% 丙环唑乳油 2 000 ~ 2 500 倍液；

（7）40% 氟硅唑乳油 6 000 ~ 8 000 倍液。

喷雾防治。

（二）绿豆褐斑病

1. 为害症状

主要为害叶片，发病初期叶片上出现水渍状褐色小点，扩展后形成边缘红褐色至红棕色、中间浅灰色至浅褐色近圆形病斑（见图 2-3）。湿度大时，病斑上密生灰色霉层，病情严重时，病斑融合成片，很快干枯。荚果受害，病斑褐色，后期病斑扩大，荚果干枯。

2. 防治方法

选无病株留种，收获后进行深耕，有条件的实行轮作。播前用 45 ℃温水浸种 10 min 消毒。

图 2-3　绿豆褐斑病为害叶片后期症状

发病初期，可选用下列药剂：

(1)50%多·霉威(多菌灵·乙霉威)可湿性粉剂 1 000 ~1 500 倍液 +75% 百菌清可湿性粉剂 800 倍液；

(2)80%代森锰锌可湿性粉剂 800 倍液 +70% 甲基硫菌灵可湿性粉剂 600 倍液；

(3)12%松脂酸铜乳油 600 倍液；

(4)80%代森锰锌可湿性粉剂 600 倍液；

(5)30%碱式硫酸铜悬浮剂 400 倍液；

(6)47%春雷霉素·氧氯化铜可湿性粉剂 800 倍液。

喷雾防治，间隔 7 ~10 d 防治 1 次，连续防治 2 ~3 次。

(三)绿豆炭疽病

1. 为害症状

主要为害叶、茎及荚果。叶片染病初呈红褐色条斑，后变黑褐色或黑色，并扩展为多角形网状斑(见图 2-4)。叶柄和茎染病，病斑凹陷龟裂，呈褐锈色细条形斑，病斑连合形成长条状。豆荚染病初现褐色小点，扩大后呈褐色至黑褐色圆形或椭圆形斑，周缘稍隆起，四周常具红褐或紫色晕环，中间凹陷，湿度大时，溢出粉红色黏稠物。种子染病出现黄褐色大小不等的凹陷斑。

图 2-4　绿豆炭疽病为害叶片后期症状

2. 防治方法

选用抗病品种，实行2年以上轮作。

种子处理，用种子重量0.4%的50%多菌灵或福美双可湿性粉剂拌种；或用40%多硫悬浮剂或60%多菌灵盐酸盐超微粉剂600倍液浸种30 min，洗净晾干后播种。

开花后、发病初期，可选用下列药剂：

(1)25%溴菌腈可湿性粉剂500倍液；

(2)80%代森锰锌可湿性粉剂600倍液+50%多菌灵可湿性粉剂600倍液；

(3)75%百菌清可湿性粉剂600倍液+70%甲基硫菌灵可湿性粉剂600~800倍液；

(4)80%福美双·福美锌可湿性粉剂800倍液+50%异菌脲可湿性粉剂800~1 000倍液。

喷雾防治，隔7~10 d防治1次，连续防治2~3次。

(四)绿豆轮斑病

1. 为害症状

主要为害叶片。出苗后即可染病，但后期发病多。叶片染病，初生褐色圆形病斑，边缘红褐色，病斑上出现明显的同心轮纹(见图2-5)，后期病斑上生出许多褐色小点。病斑干燥时易破碎，发病严重的叶片早期脱落，影响结实。

图2-5　绿豆轮斑病为害叶片后期症状

2. 防治方法

重病地于生长季节结束时要彻底收集病残体烧毁，并深耕晒土，有条件时实行轮作。

发病初期，可选用下列药剂：

(1)77%氢氧化铜可湿性粉剂500倍液；

(2)47%春雷霉素·氧氯化铜可湿性粉剂800~900倍液；

(3)70%甲基硫菌灵可湿性粉剂1 000倍液+75%百菌清可湿性粉剂1 000倍液；

(4)40%多菌灵·硫悬浮剂500倍液。

喷雾防治，间隔7~10 d防治1次，共防治2~3次。

(五)绿豆锈病

1. 为害症状

为害叶片、茎秆和豆荚，叶片染病散生或聚生许多近圆形小斑点，病叶背面现锈色小隆起,后表皮破裂外翻,散出红褐色粉末。秋季可见黑色隆起小长点混生,表皮裂开后散出黑褐色粉末(见图 2-6)。发病重的,致叶片早期脱落。

图 2-6　绿豆锈病为害叶片症状

2. *防治方法*

种植抗病品种。施用充分腐熟有机肥。春播宜早,且应清洁田园,加强管理,适当密植。

发病初期,可选用下列药剂:

(1)15% 三唑酮可湿性粉剂 1 000 ~ 1 500 倍液;

(2)50% 萎锈灵乳油 800 倍液;

(3)25% 丙环唑乳油 2 000 倍液;

(4)70% 代森锰锌可湿性粉剂 800 倍液 + 50% 腐霉利可湿性粉剂 1 000 ~ 2 000 倍液;

(5)6% 氯苯嘧啶醇可湿性粉剂 1 000 ~ 1 500 倍液;

(6)40% 氟硅唑乳油 8 000 倍液。

喷雾防治,间隔 15 d 左右防治 1 次,防治 2 ~ 3 次。

(六)绿豆病毒病

1. *为害症状*

绿豆出苗后到成株期均可发病。叶上出现斑驳花叶或绿色部分凹凸不平,叶皱缩。有些品种出现叶片扭曲畸形或明脉,病株矮缩,开花晚(见图 2-7)。豆荚上症状不明显。

图 2-7　绿豆病毒病为害叶片条斑症状

2. 防治方法

选用抗病毒病品种。

蚜虫迁入豆田要及时喷洒常用杀蚜剂进行防治,可选用下列药剂:

(1)10% 吡虫啉可湿性粉剂 2 000 ~2 500 倍液;

(2)50% 抗蚜威可湿性粉剂 1 000 ~1 500 倍液;

(3)3% 啶虫脒乳油 1 000 ~2 000 倍液。

喷雾防治,以减少传毒。

也可在发病初期,选用下列药剂:

(1)0. 5% 菇类蛋白多糖水剂 250 ~300 倍液;

(2)2% 宁南霉素水剂 150 ~200 倍液;

(3)15% 三氮唑核苷可湿性粉剂 500 ~700 倍液。

喷雾防治,可有效控制病害的发生。

(七)绿豆根结线虫病

1. 为害症状

主要发生在根部,侧根或须根上,须根或侧根染病后产生大小不等的瘤状根结。解剖根结,病部组织里有很多细小的乳白色线虫埋于其内。根结之上一般可长出细弱的新根,致寄主再度染病,形成根结(见图 2-8)。地上部表现症状因发病的轻重程度不同而异,轻病株症状不明显,重病株生育不良,叶片中部萎蔫或逐渐黄枯,植株矮小,影响结实,发病严重时,全株枯死。

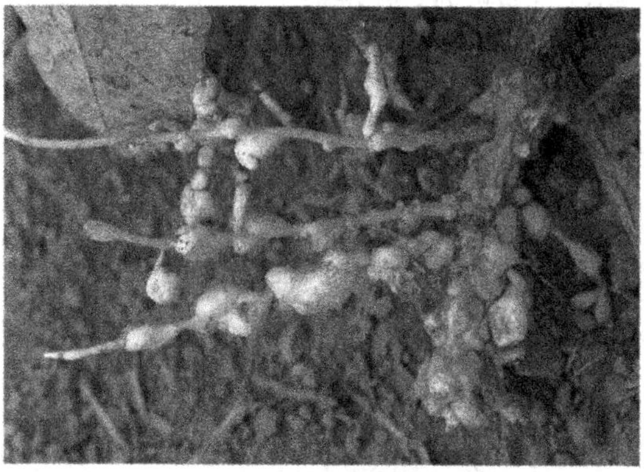

图 2-8　绿豆根结线虫病为害根部症状

2. 防治方法

加强检疫,选用抗病品种,与禾本科作物轮作等。增施底肥和种肥,促进植株健壮生长,增强植株抗病力,也可相对减轻损失。

选用 35% 乙基硫环磷或 35% 甲基硫环磷按种子量的 0. 5% 拌种;或用 5% 阿维菌素颗粒剂 1 ~2 kg/亩,同种肥一起施入播种沟里,不仅可以防治线虫,还可防治地下害虫等。

(八)绿豆细菌性疫病

1. 为害症状

主要为害叶片,严重时也可为害豆荚。叶片上病斑为圆形或不规则的褐色疱状斑,初为水渍状（见图 2-9），后呈坏炭疽状，严重时变为木栓化。叶柄、豆荚受害症状同叶片。

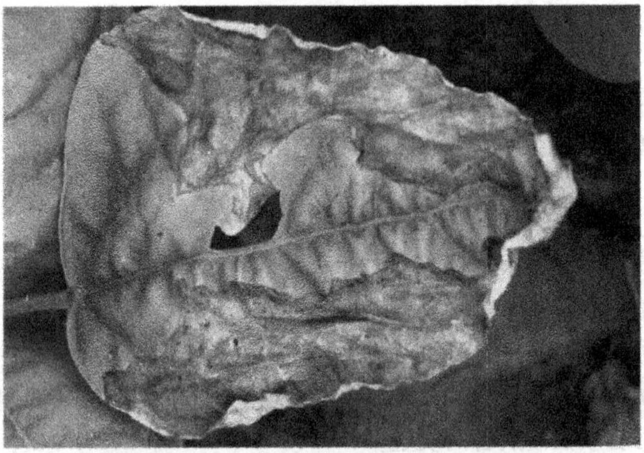

图 2-9　绿豆细菌性疫病为害叶片后期症状

2. *防治方法*

实行轮作，选用无病种子，降低田间湿度。

种子处理，可用种子重量的 0.3% 的 95% 敌磺钠原粉、50% 福美双可湿性粉剂拌种。

病害发生初期，可选用下列药剂：

（1）72% 农用链霉素可湿性粉剂 3 000～4 000 倍液；

（2）50% 琥胶肥酸铜可湿性粉剂 500 倍液；

（3）14% 络氨铜水剂 300 倍液；

（4）50% 甲霜灵 · 氢氧化铜可湿性粉剂 600 倍液；

（5）47% 春雷霉素 · 氢氧化铜可湿性粉剂 700 倍液；

（6）50% 氯溴异氰尿酸可溶性粉剂 1 200 倍液；

（7）27% 碱式硫酸铜悬浮剂 400 倍液；

（8）3% 中生菌素可湿性粉剂 600～800 倍液。

喷雾防治。

（九）绿豆细菌性斑疹病

1. *为害症状*

主要为害叶片，严重时也可为害豆荚。叶片受害，初生浅绿色小点，后变为大小不等的多角形红褐色病斑，病斑逐渐隆起扩大，形成小疱状斑，干枯，表皮破裂后似火出口状，形似斑疹，周围无明显黄晕。严重时大量病斑汇合，组织变褐，枯死，似火烧状。豆荚受害，初生红褐色圆形小点，后变成黑褐色枯斑，稍隆起。

2. *防治方法*

选用抗病品种。从无病田留种，精选无病种子播种。与禾本科作物实行 3～4 年以上轮作。收获后，清除田间病残体，集中烧毁，然后深翻土壤。

发病初期，可选用下列药剂：

（1）1∶1∶200 倍式波尔多液；

(2)72%农用链霉素可溶性粉剂3 000～4 000倍液；

(3)90%新植霉素可溶性粉剂3 000～4 000倍液；

(4)30%氢氧化铜悬浮剂800倍液；

(5)12%松脂酸铜乳油600倍液；

(6)30%碱式硫酸铜悬浮剂400倍液；

(7)47%春雷霉素·氢氧化铜可湿性粉剂700～800倍液。

喷雾防治，视病情防治1～2次。

(十)绿豆菌核病

1. 为害症状

主要为害绿豆地上部，多从主茎分枝下部或分枝处侵染发病。初始病斑水渍状，呈不规则浅褐色，逐渐环绕茎部并向上下扩展，造成病部皮层软腐、脱落并引起植株枯死，湿度适宜时，病部生出絮状白色菌丝(见图2-10)，后期菌丝纠结在病部或髓部形成豆瓣状的菌核。干燥时病部茎部皮层常纵向撕裂，露出木质部。花染病后引起花腐并逐渐扩展至茎部。叶片受害，呈暗青色，水渍状软腐，条件适宜则出现絮状白色菌丝。

图2-10　绿豆菌核病为害茎基部症状

2. 防治方法

避免与寄主作物连作或邻作，与禾本科作物轮作；及时清除或焚烧残株以减少菌源。适期播种，合理密植，防止田间荫蔽；控制浇水过量和次数过多；绿豆封垄前，及时中耕培土，防止菌核萌发出土，并注意排淤、防涝、平整土地，防止积水和水流传播。

淘除混杂在种子中的菌核，可用10%盐水漂洗2～3次，也可用55 ℃温水浸种15 min，捞出投入冷水中，杀死种子中混杂的菌核。绿豆幼苗期，菌核萌发出土后，可选用下列药剂：

(1)50%腐霉利可湿性粉剂500～800倍液；

(2)30%菌核利可湿性粉剂400～600倍液；

(3)50%异菌脲可湿性粉剂1 000～1 500倍液；

(4)50%多菌灵可湿性粉剂400倍液；

(5)50%乙烯菌核利可湿性粉剂1 000倍液；

(6)40%菌核净·多菌灵可湿性粉剂600～800倍液；

(7)50% 腐霉利 · 福美双可湿性粉剂 800 ~ 1 000 倍液；

(8)40% 戊唑醇 · 多菌灵可湿性粉剂 1 000 ~ 2 000 倍液；

(9)70% 甲基硫菌灵可湿性粉剂 600 倍液。

喷雾防治，视病情防治 1 ~ 2 次。

二、绿豆虫害防治

(一)豆荚螟

1. 分布

豆荚螟(*Etiella zinckenella*)属鳞翅目，螟蛾科，是豆类重要害虫之一。分布北起吉林、内蒙古，南至台湾、广东、广西、云南。在河南、山东为害最重。严重受害区，蛀荚率达 70% 以上。

2. 为害特点

以幼虫在豆荚内蛀食，被害籽粒轻则蛀成缺刻，重则蛀空。被害籽粒内充满虫粪，变褐以致霉烂(见图 2-11)。受害豆荚味苦，不堪食用。

图 2-11　豆荚螟为害豆荚状

3. 形态特征

可参考大豆虫害防治——豆荚螟。

4. 发生规律

可参考大豆虫害防治——豆荚螟。

5. 防治方法

可参考大豆虫害防治——豆荚螟。

(二)朱砂叶螨

1. 分布

朱砂叶螨(*Tetranychusychus cinnabarinus*)属真螨目，叶螨科。在国内各地区均有分布。

2. 为害特点

成、若螨聚集在叶背面刺吸汁液，叶片正面出现黄白色斑，后来叶面出现小红点，为害严重的，红色区域扩大，致叶片焦枯脱落，状似火烧。常与其他叶螨混合发生，混合为害。

3. 防治方法

可参考大豆虫害防治——豆叶螨。

三、绿豆田常见杂草防治

绿豆田常见的禾本科杂草有马唐、狗尾草、牛筋草等,阔叶杂草有灰菜、反枝苋(野苋菜)、牵牛花(喇叭花)、马齿苋等,还有寄生性杂草菟丝子(老百姓叫黄金丝)。绿豆除草剂的应用包括苗前土壤封闭处理和苗后茎叶处理两种。

(一)苗前土壤封闭处理

在绿豆播后苗前,最好在播种后 3 d 之内施用。

药剂用 48% 氟乐灵乳油(俗称土里闷)封闭,作用主要通过杂草的胚芽鞘与胚轴吸收,但是对已经出土的杂草没有防治效果。用量:有机质含量 3% 以下的每亩是 77 ~ 100 g,一般用量不得超过 170 g,量大容易产生药害,药害症状是绿豆苗根部肿大,子叶发厚,生长停止,有的需要毁种。喷水量是 30 ~ 45 kg/亩。因为氟乐灵容易挥发和光解,用药后必须及时耙地,混土,混土深度 3 ~ 5 cm,施药以后隔 7 d 再播种。氟乐灵是一种长残效除草剂,影响下茬,用过氟乐灵 10 个月内不能种植高粱和谷子。

如果下茬想倒茬,可以选用 96% 金都尔乳油,其优点是有效成分含量高,除草效果好而且不伤根,可以防除多种单、双子叶杂草和莎草。在低温、高湿气候下,低洼地使用同样安全。持效期为 50 ~ 60 d,施药 12 周后一般不会给后茬作物带来不利影响。

或用 50% 乙草胺乳油 100 ~ 150 ml/亩、72% 异丙甲草胺乳油 150 ~ 200 ml/亩、33% 二甲戊乐灵乳油 150 ~ 200 ml/亩,兑水 50 ~ 80 kg/亩喷雾土表。

(二)苗后茎叶处理

绿豆播种时间是在 5 月中下旬以后,大多数是雨后播种,草苗齐长,而且草比苗长得快,因此大多数农民选用的是苗后除草剂。

1. 禾本科草

苗后除草剂禾本科草多的可以选用以下药剂:

一是目前用得比较多的 5% 精喹禾灵(精禾草克)乳油,正常用量每亩 80 ~ 100 g(每瓶 250 ml,用 2 瓶半到 3 瓶),兑水 30 kg,在杂草 2 ~ 3 叶时茎叶喷雾。但是现在有的农民用量已经翻倍了,用到 6 ~ 7 瓶,有的更多,出现这种现象的原因一是精喹禾灵使用年头多,杂草对这种除草剂已经产生抗药性,二是农药的质量问题,农药有效成分含量不够。精喹禾灵的优点是杂草死得快,但是后期如果遇雨容易返青。如果出现上述问题,建议农民可以换一换药,换以下三种药。以下三种药的特点是杂草死得慢,但是杂草没有返青现象。

二是可以选用 10.8% 高效氟吡甲禾灵(高效盖草能)乳油,该药防除一年生禾本科杂草时期较长,每亩用量 30 ~ 40 ml,兑水 30 kg,在杂草 3 ~ 5 叶期施药效果最好。

三是 15% 精吡氟禾草灵乳油(精稳杀得),防治多年生禾本科杂草效果好,如狗牙根、芦苇,尤其是对芦苇第一年用药以后下一年地里都不长芦苇。施药时间在杂草 2 ~ 3 叶期,33 ~ 50 ml/亩;杂草 4 ~ 5 叶期,每亩用 50 ~ 66 ml,在水分条件好的情况下用低量,在干旱条件下用高量。

四是烯草酮(收乐通),施药时间在一年生禾本科杂草 3 ~ 5 叶期,使用量为每亩 24%乳油 15 ~ 20 ml,兑水 20 ~ 30 kg 进行茎叶定向喷雾。

2. 阔叶草

可以选用 48% 灭草松(排草丹、苯达松)水剂,这种除草剂对多种阔叶杂草和莎草科杂草有特效。亩用药 100 ~ 120 ml,兑水 30 kg,在杂草 3 ~ 5 叶期定向喷雾。灭草松喷药后 8 h 内如果降雨会影响药效,施药后 8 ~ 16 周在土壤中被微生物分解,不易挥发,但易光解。高温晴天除草效果好。

(三)绿豆苗后 1 ~ 3 片复叶期、杂草 2 ~ 4 叶期防治

绿豆苗后 1 ~ 3 片复叶期、杂草 2 ~ 4 叶期要进行化学除草剂防治,具体的防治方法如下:

(1)稗草为主的地块,用 12.5% 拿捕净 80 ~ 120 ml/亩或 10.8% 高效盖草能 30 ~ 35 ml/亩 + 25% 氟磺胺草醚 72 ~ 86.4 ml/亩,茎叶喷雾。

(2)马唐、狗尾草、碱草、野黍等恶性杂草为主的地块,用 24% 阔旺 30 ~ 40 ml/亩 + 25% 氟磺胺草醚 72 ~ 86.4 ml/亩,茎叶喷雾。

(3)芦苇为主的地块,用 15% 精稳杀得 100 ~ 120 ml/亩 + 25% 氟磺胺草醚 72 ~ 86.4 ml/亩,茎叶喷雾。

(4)禾本科杂草较小时,用 5% 精喹禾灵 50 ~ 70 ml/亩 + 25% 氟磺胺草醚 72 ~ 86.4 ml/亩,茎叶喷雾。

(5)苗后 1 ~ 2 片复叶,阔叶杂草 2 ~ 4 叶期,用 48% 灭草松 100 ~ 200 ml/亩,喷雾防治。

第六节　绿豆品种介绍

一、几个优质绿豆新品种及高产栽培技术

(一)品种

1. 豫绿四号

由河南省农科院粮食作物所选育而成。该品种株型直立,有限结荚习性,不拖蔓,茎较粗,抗倒伏能力强。株高 50 cm 左右,幼茎为紫色,百粒重 7.38 g。叶为心形,绿色,苗色浅黄,荚为黑色,大荚易收获。收获后植株依然枝青叶绿,枝叶可作饲料使用。该品种超大粒、商品性好。其蛋白质含量 26.04%,粗脂肪 0.76%,粗淀粉 49.83%,非常适合做粉丝和粉皮制品。生育期 57 d 左右,特早熟,一年至少可种两茬,是我国最早熟的高产早熟绿豆品种,亩产一般 150 kg 以上,丰产稳产性好。其结荚集中,适合一次性收获。抗性好,适应性强。抗叶斑病、白粉病和枯萎病,同时表现出较强的抗旱性、耐涝耐瘠性,对温度、光照不敏感。

2. 豫绿五号

由河南省农科院粮食作物所选育而成。该品种株型直立,不拖蔓,籽粒碧绿,后期灌浆速度快,籽粒饱满美观,为圆柱形。生育期 57 d 左右,一年可种两茬,是我国最早熟的

优良绿豆品种之一。株高一般 70 cm，百粒重 6.6 g，亩产可达 150 ~ 200 kg。籽粒蛋白质含量 26.13%，粗淀粉 50.69%，粗脂肪 1.06%，适宜做粉丝和粉条制品，商品特性好，适宜原粮出口创汇。该品种高抗根结线虫病，抗白粉病，中抗叶斑病，不抗枯萎病，具有较强的抗旱性和耐涝耐瘠性，抗倒伏能力强。

3. 豫绿六号

由河南省农科院粮食作物所选育而成。生育期 55 d 左右，一年可种植 2 ~ 3 茬。株高 46 cm，耐密植，秆较粗，抗倒伏能力强。籽粒较小，百粒重 5.6 g，有限结荚习性，结荚集中，不炸荚，适合一次性收获。籽粒粗蛋白质含量 25.5%，粗脂肪 1.0%，粗淀粉 44.5%，非常适合生豆芽，口感好，市场需求量大。其抗根结线虫病，抗花叶病毒病、锈病和白粉病，中抗叶斑病，耐枯萎病。一般亩产 150 ~ 200 kg。

（二）以上几个优良品种栽培技术

1. 整地施肥

前茬收获后及时耕地下茬，施足底肥，每亩施优质农家肥 2 500 kg、过磷酸钙 20 ~ 25 kg、尿素 20 kg。

2. 播前晒种

在播种前，选择晴天晒种 1 ~ 2 d，以提高种子活力。

3. 播期播种

春播期以 5 cm 地温稳定超过 14 ℃时就可开始，一般中原地区在 4 月下旬到 5 月上中旬。夏播要尽量提早，一般 6 月中下旬。绿豆最好条播，播深 4 ~ 4.5 cm，行距 40 ~ 50 cm，株距 15 ~ 20 cm。

4. 田间管理

在第一对真叶展开时开始间苗，在 4 片真叶时进行定苗，每亩留苗万株左右。间苗、定苗时注意剔除病苗、弱苗、小苗，选留壮苗。出苗到开花要进行中耕灭草，防止板结。花荚期看苗情适当追肥，视墒情及时浇水。同时也要防止雨涝，田间如有积水要及时排放，以免受涝害。绿豆危害较大的病害是叶斑病及病毒病，可用多菌灵、代森锰锌、百菌清等喷洒防治。绿豆虫害发生年份可放置赤眼蜂进行生物防治。虫害较重时，可在开花期喷洒菊酯类农药，如氯氰菊酯 1∶1 000 倍防治菜青虫，用甲胺磷防治蚜虫和豆荚螟。

5. 适时收获

绿豆开花结荚有时先后不一，豆荚成熟也不一致，这时就要根据情况人工分次采摘。在豆荚变成褐色时，要及时收获。

二、中绿 1 号（VC1973A）

中绿 1 号是中国农业科学院作物品种资源研究所从国外引进的优良品种。该品种早熟，夏播 70 d 即可成熟。植株直立抗倒伏，株高 60 cm 左右。主茎分枝 1 ~ 4 个，单株结荚 10 ~ 36 个，多者可达 50 ~ 100 个。结荚集中成熟一致，不炸荚，适于机械化收获。籽粒绿色有光泽，百粒重约 7 g，单株产量 10 ~ 30 g。种子含蛋白质 21% ~ 24%、脂肪 0.78%、淀粉 50% ~ 54%，以及多种维生素和矿物质元素，具有较高的商品价值和较好的加工品质。做绿豆汤好煮易烂，适口性好；发豆芽，芽粗、根短，甜脆可口。较抗叶斑病、白粉病和根结线虫病,并耐旱、涝。高产稳产,一般亩产 100 ~ 125 kg,高者可达 300 kg 以上。适于在中等以上肥水条件下种植,春、夏播均可。适应性广,在我国各绿豆产区都能种植,不仅适于麦后复播,也可与玉米、棉花、甘薯、谷子等作物间作套种。已通过国家及河南、河北、山西、山东、陕西、安徽、四川、湖南、北京、天津等省市农作物品种审定委员会审(认)定,成为我国主要的绿豆栽培品种。

三、中绿 2 号(VC2719A 系选)

中绿 2 号是中国农业科学院作物品种资源研究所从国外绿豆中系统选育而成的优良品种。该品种早熟,夏播生育期 65 d 左右。幼茎绿色,植株直立抗倒伏,株高约 50 cm。主茎分枝 2 ~3 个,单株结荚 25 个左右。结荚集中成熟一致,不炸荚,适于机械化收获。籽粒碧绿有光泽,百粒重约 6. 0 g。种子含蛋白质 24% 、淀粉 54% ,以及多种维生素和矿质元素。商品价值高,做绿豆汤好煮易烂,适口性好;发豆芽,芽粗、根短,甜脆可口。抗叶斑病和花叶病毒病。其耐旱、耐涝、耐瘠、耐阴性均优于中绿 1 号。高产稳产,亩产一般 120 ~150 kg,最高可达 270 kg。适于在中下等肥水条件下种植,春、夏播均可。适应性广,在我国各绿豆产区都能种植,不仅适于麦后复播,更适合与玉米、棉花、甘薯、谷子等作物间作套种。

四、绿引 2 号(VC2778A)

绿引 2 号是中国农业科学院作物品种资源研究所从国外引进的优良品种。该品种较早熟,夏播生育期 75 d 左右。幼茎绿色,植株直立,抗倒伏,株高 60 cm 左右。主茎分枝 2 ~5 个,单株结荚 10 ~35 个。结荚集中成熟一致,不炸荚,适于机械化收获。籽粒绿色有光泽,百粒重 7 g 左右,单株产量 10 ~30 g,籽粒碧绿有光泽,百粒重约 6. 5 g。种子含蛋白质 21% 以上、淀粉 50% ,以及多种维生素和矿质元素。商品价值高,作绿豆汤好煮易烂,口感好。较抗叶斑病、白粉病和根结线虫病。亩产一般 100 ~150 kg,高者可达 280 kg 以上。适于在高肥水条件下种植,春、夏播均可。已通过国家及湖北省农作物品种审定委员会审(认)定,并在湖北、河南、山西等省大面积推广应用。

五、苏绿 1 号(VC2768A)

苏绿 1 号是中国农业科学院作物品种资源研究所从国外引进的优良品种。该品种中早熟,夏播 75 ~80 d 成熟。幼茎绿色,植株直立,抗倒伏,株高 55 cm 左右。主茎分枝 3 ~6 个,单株结荚 12 ~35 个。结荚集中成熟一致,不炸荚,适于机械化收获。籽粒绿色有光泽,粒大色艳,百粒重 6. 5 ~7. 0 g。种子含蛋白质 20% 左右、脂肪 0. 8% 、淀粉 50. 6% 。适合做粉丝、粉皮及出口商品。亩产一般 100 ~150 kg,高者可达 200 kg 以上。耐湿、耐寒性好,抗叶斑病、耐病毒病。适于在中等肥水条件下种植,春、夏播均可。适应性广,全国各绿豆产区都能种植。已通过江苏、山西省农作物品种审定委员会审定,并在江苏、安徽、河南、山西等省大面积推广应用。

第三章　豌　豆

豌豆(*Pisum sativum*)又称为青豆、荷兰豆(*Snow pea*)、小寒豆、淮豆、麻豆、青小豆,属于豆科、蝶形花亚科、豌豆属,春播一年生或秋播越年生攀缘性草本植物,染色体 $2n=14$。原产地中海沿岸和中亚细亚,西汉时传入我国。性喜凉爽湿润的气候,耐寒,不耐高温,鲜嫩豆粒、嫩苗作蔬菜,种子可制淀粉,茎、叶可作饲料或绿肥。豌豆具有共生根瘤固氮,用地养地,粮、菜、饲兼用等特点,随着种植业结构的优化调整,食物营养结构的改善提高,畜牧养殖业的快速发展,豌豆生产前景广阔。

第一节　豌豆在我国国民经济中的作用

一、豌豆的营养丰富

干豌豆籽粒含蛋白质20% ~25%,主要成分为清蛋白和球蛋白。具有人体必需的8种氨基酸。可用作主食,豌豆粉可加工为粉丝及其他食品,"豌豆黄"就是中国用豌豆粉制成的一种糕点。软荚豌豆主要以嫩荚作蔬菜,嫩荚和青豌豆除含蛋白质外,还富含糖分及维生素 A、B_1、B_2 和 C,豆苗及嫩梢则富含蛋白质、胡萝卜素和维生素 C,均是优质蔬菜。青豌豆还可制成罐头食品。

青豌豆和食荚豌豆的嫩荚、嫩豆可以直接炒食,嫩豆又是制罐头和速冻蔬菜的主要原料;嫩梢为优质鲜菜。干豌豆可磨成粉直接与禾谷类粮食按一定比例配合做成食品;也可加工成粉丝、粉条;还可利用现代科技分别提取其中的蛋白质、淀粉、食用纤维等营养成分,分别加以利用。豌豆蛋白粉可做面包等食品和添加剂,提高面包等的蛋白质含量和生物价。豌豆淀粉除在食品工业中有广泛用途外,也用于纺织和造纸等工业。

采用特定的机械和工艺将豌豆籽粒分离成种皮、子叶和胚芽三部分,然后分别磨成细粉,得到食用纤维粉、子叶粉和胚芽粉。食用纤维粉用做面包或营养食品中纤维素添加剂,增加膨松性,促进肠胃蠕动,改善消化机能。子叶粉和胚芽粉在制作婴儿食品、保健食品和风味食品方面有广泛用途,既是常用的天然乳化剂,又是赖氨酸添加剂。

二、豌豆在农业生产中的作用

豌豆本身忌连作,在各种耕作制度中,除单作外,一些株型相对不披散、早熟、对光温不敏感的品种,还常用于轮作、间作、套种和混作;青豌豆茎叶既是优质的家畜饲料,又是优质的压青绿肥;干豌豆是一种蛋白质及能量均较高的谷物类作物,可在各种畜禽饲料中添加应用,是一种较好的蛋白及能量饲料原料。

第二节 豌豆的生产概况

(1)作为人类食品和动物饲料,豌豆现在已经是世界第四大豆类作物。2011 年全世界干豌豆种植面积 621.43 万 hm^2,总产 955.82 万 t;全世界青豌豆种植面积 224.13 万 hm^2,总产 1 697.50 万 t。同年,我国干豌豆种植面积 94.00 万 hm^2,总产 119.00 万 t;青豌豆种植面积 129.59 万 hm^2,总产 1 027.43 万 t。豌豆的主产国有加拿大、俄罗斯、中国、美国、印度、法国等。豌豆的国际贸易在近 30 多年来迅速增长,贸易价格逐年提高。从贸易结构来看,豌豆的主要出口国有加拿大、俄罗斯、美国、法国、澳大利亚等,主要进口国有印度、中国、巴基斯坦、比利时、美国等。豌豆是中国食用豆的一个主要品种,原本是中国传统的出口产品,但近年来中国已经成为世界豌豆的主要进口国。2013 年中国豌豆的进口量第一次突破 100 万 t,达到 103 万 t,约占世界豌豆进口总量的 26.8%。而中国 2013 年的豌豆出口量仅为 993 t。

(2)栽培豌豆包括 3 个变种:粮用豌豆、菜用豌豆、软荚豌豆。

菜用豌豆由粮用豌豆演化而来,以鲜豆粒供作蔬菜食用,或用于速冻和制罐头,菜用豌豆还可采收嫩梢供食用,故常称为食苗豌豆或豌豆尖、龙须菜等,其嫩梢鲜嫩、肥厚、质地柔滑、营养丰富、风味极佳。

软荚豌豆(Sugarpod garden pea)又名荷兰豆,是在菜用豌豆的基础上选育而成的。其荚软(糖型荚),成熟时不开裂;种皮皱缩,颜色较浅;幼荚鲜嫩香甜、口感清脆、营养丰富,可作鲜菜食用,也可速冻或制罐头。软荚豌豆仅有 400 多年的栽培历史,在发达国家栽培极其普遍,如美国的豌豆种植面积中 90% 是软荚豌豆。

我国的软荚豌豆和食苗豌豆主要分布在长江以南地区。近年来,华北、东北和西北地区也在发展。

我国豌豆栽培遍及全国各地。栽培最多的是四川省,其栽培面积占全国的 1/3 左右。此外,栽培较多的还有甘肃、陕西、内蒙古、新疆等地。

(3)我国豌豆产区分为秋播区和春播区,收获类型上分为干豌豆和鲜食豌豆。

秋播区:包括云南、四川、重庆、贵州、湖北、安徽、江苏、河南等省(市)。该区域主要利用玉米收获后的坡岗冬闲旱地及冬季果园种植豌豆。根据市场兼顾规模化生产需要,选择适合当地种植、试验示范表现好的优质、高产、耐瘠、耐冷、耐旱、抗病,株高适宜、对光温反应不敏感品种。

春播区:包括青海、甘肃、河北、陕西、内蒙古、辽宁、山东等省(区)。

第三节 豌豆栽培的生物学基础

一、生育进程

(一)生育期

豌豆从出苗到成熟的全过程,早熟种 65 ~ 75 d,中熟种 75 ~ 100 d,晚熟种 100 ~ 185 d。

（二）生育时期

豌豆从播种到成熟的全过程可分为出苗期、分枝期、孕蕾期、开花结荚期和灌浆成熟期等生育时期。其中孕蕾期、开花结荚期较长，孕蕾、开花、结荚同步进行。

1. 出苗期

种子胚芽突破种皮，露出土表以上 2 cm 左右称为出苗。从种子发芽到出苗一般需 7 ~ 21 d。豌豆子叶不出土。

2. 分枝期

一般在 3 ~ 5 片真叶期，分枝开始从基部节上发生，长到 2 cm 长，有 2 ~ 3 片展开叶时算作一个分枝。

3. 孕蕾期

进入孕蕾期的特征是主茎顶端已经分化出花蕾。孕蕾期是豌豆一生中生长最快，干物质形成和积累较多的时期。

4. 开花结荚期

豌豆边开花边结荚，从始花到终花是豌豆生长发育的盛期，一般持续 30 ~ 45 d。

5. 灌浆成熟期

豌豆花朵凋谢以后，幼荚伸长速度加快，花朵凋谢后约 14 d，荚果达到最大长度。在荚果伸长的同时，灌浆使得籽粒逐渐鼓起。

二、豌豆生长对环境条件的要求

（一）温度

豌豆为半耐寒性蔬菜，喜温和凉爽湿润气候，不耐炎热干燥，耐寒能力较强，圆粒品种比皱粒品种耐寒能力更强。

圆粒品种的种子在 1 ~ 2 ℃时开始发芽，皱粒品种在 3 ~ 5 ℃时开始发芽。种子发芽适温为 18 ~ 20 ℃。温度低则发芽慢，如在 4 ℃时 4 ~ 8 d 才发芽，在 18 ℃时 3 ~ 4 d 就可发芽。

幼苗能忍耐 -4 ~ -5 ℃的低温。苗期温度稍低，可提早花芽分化，温度高特别是夜温高，花芽分化节位升高。

茎叶生长适温为 15 ~ 20 ℃。气温低（10 ℃左右）时，侧蔓发生较早且多。气温较高时（15 ~ 20 ℃），侧蔓发生晚，上位分枝较多。种子低温处理后，多数品种分枝变少。

开花结荚期适温为 15 ~ 18 ℃。0 ℃时花粉就能发芽，但花粉管伸长很慢；5 ℃时发芽率高，伸长也快；20 ℃左右时伸长最快。开花期如遇短时间 0 ℃低温，开花数减少，但已开放的花基本上能结荚。0 ℃以下的低温下，花和嫩荚易受冻害。25 ℃以上的高温下，生长不良，受精率低，结荚少，夜高温影响尤甚。

荚果成熟阶段要求 18 ~ 20 ℃。采收期间温度高，成熟快，但产量和品质降低。豌豆从种子萌发到成熟需积温 1 700 ~ 2 800 ℃。有些品种幼苗时期需积温较多，有些品种则开花至成熟时期需积温较多，在栽培与引种时应注意。

（二）光照

豌豆多数品种为长日照植物，延长日照时间能提早开花，相反则延迟开花。但不同品种对日照长短的敏感程度不同。据我国初步研究结果表明，北方品种对日照长短的反应比南方品种敏感；红花品种比白花品种敏感；晚熟品种比早中熟品种敏感。

因此，从北方往南方引种时，应引早中熟品种，切不可引晚熟品种。

豌豆还有不少品种对日照长短不敏感。

（三）水分

豌豆种子发芽时需吸收种子自身重量 100% ~120% 的水分。在生长发育后期，每形成一单位干物质需水 800 倍以上。豌豆一生直接吸收利用的水分相当于 100 ~ 150 mm 的降水或灌溉量。

豌豆的根系较深，耐旱能力稍强，但不耐空气干燥。因此，豌豆的耐旱能力不如菜豆、豇豆、扁豆等豆类蔬菜。

空气干燥，开花就减少。高温干旱最不利于花朵的发育。土壤干旱加上空气干燥，花朵迅速凋萎，大量落花落蕾。因此，开花期遇干热风会发生严重落花问题，群众常称之为"风花"或"旱花"。

土壤干旱，嫩荚停止生长，空荚和瘪荚增多。豌豆的耐旱能力还与品种有关。来源于干旱地区的品种，耐旱能力较强。

豌豆不耐湿。播种后水多，容易烂种；生长期内排水不良，容易烂根，且易发生白粉病。

豌豆各生育阶段对水分要求不一。幼苗期控水蹲苗有利于发根壮苗。开花结荚期需水量较多，应保证充足的水分供应，以达高产优质的栽培目的。

（四）土壤和养分

豌豆对土壤要求不严，各种土壤均能生长，但以保水力强、排水容易、富含腐殖质的壤土、黏壤土和沙壤土较适宜。

根系和根瘤菌生长的适宜 pH 为 6.7 ~7.3；pH >8 时，影响根瘤生长；pH <6.5 时，固氮能力降低，植株矮小瘦弱、叶片小而黄并且从下往上脱落。

豌豆籽粒需要供应较多氮素，每生产 50 kg 籽粒，约需从土壤吸收氮素 1.55 kg、磷 0.33 kg、钾 1.43 kg。由于豌豆与根瘤共生，能从空气中固定氮素供给植株 2/3 的氮素需要，因此只需在生长前期追施少量氮素化肥，后期注意磷、钾、微肥供应即可满足需要。

植株对钾的需求量在开花后迅速增加，至花后 31 ~32 d 达到高峰（比磷晚），后期需钾量下降也比磷慢。试验研究表明，施钾可明显促进食荚豌豆的生长发育，增加单株分枝数和单株荚数，提高鲜荚产量，改善鲜荚品质。缺钾时，植株矮小、节间短，叶缘褪绿。

三、豌豆的生长发育

（一）根

豌豆的根为直根系。主根发达，侧根细长，分枝极多，可深入土中 1 ~1.5 m。侧根主要分布在地表 20 cm 土层中。根系保持着较强的吸收功能，对难溶性化合物的吸收能力较强。

根系生长与茎叶生长同步。幼苗期根系生长较缓慢，花芽开始分化时达到高峰期，开花前根系长势迅速减弱，豆荚发育时稍有增强，结荚期趋于停止。

豌豆根上着生大小不一的乳头状根瘤，有时多个根瘤聚集呈花瓣状。主根着生根瘤多，侧根着生根瘤少。根瘤内的共生根瘤菌有显著的固氮能力，为自身及其后作提供可利用的氮素。豌豆根瘤菌也可以与蚕豆、扁豆、苕子、山藜等植物共生形成根瘤。在适宜的栽培条件下，每公顷豌豆每年可以从大气中固定游离氮素 78.8 kg 左右，相当于 375 kg 硫酸铵或 225 kg 尿素肥料。

(二)茎

豌豆的茎为草质茎。横切面呈方形或圆形，细软中空，质脆易折，呈绿色或黄绿色，表面光滑无绒毛，多被以白色蜡粉。茎由节和节间组成，节是叶柄、花荚和分枝的着生处。节间长一般为 4 ~6.5 cm，营养节节间较短，生殖节节间较长。幼苗期和抽蔓期，茎蔓开始伸长并陆续发生侧枝。一般早熟矮秆品种节数少，晚熟高秆品种节数较多。豌豆分枝差异大，通常矮秆类型仅产生几个分枝，中间类型和高大类型则分枝较多。株高因品种不同有很大差异，高茎型株高 150 cm 以上，多为中晚熟品种；矮秆型株高 30 ~90 cm，多为早熟品种；中间型株高 90 ~150 cm。根据茎的生长习性，豌豆株型又分为直立型、半直立型、匍匐型 3 种。

(三)叶

豌豆的叶为互生偶数羽状复叶。每片复叶一般由叶柄和 1 ~3 对小叶组成（少数品种有 5 ~6 对），小叶呈卵形或椭圆形。小叶对生，复叶互生，小叶全缘或下部有锯齿状裂痕。叶柄与茎相连处有 1 对大的托叶，托叶下部边缘有锯齿。主茎基部的第一、二节不生复叶，而生三裂的小苞叶。复叶的叶面积通常自基部向上逐渐增大，至第一花节处达到最大，以后随节数的增加而逐渐减小。植株中部复叶上小叶数较多，上部和下部复叶上小叶较少。复叶顶端长有卷须，不同植株的卷须相互缠绕，可使易倒伏的豌豆直立生长，改善叶的光合效能。有的复叶无卷须，有 7 ~15 片小叶，称之为奇数羽状复叶；有的托叶变为披针形，小叶全部变为卷须，称之为“无叶豌豆”；有的托叶正常，小叶变为卷须，称之为“半叶豌豆”。

豌豆叶片表面通常附着一层蜡质，呈浅灰绿色。极少数品种蜡质层很厚，看上去呈灰色。如果是开有色花的品种，托叶基部常有紫色斑或半环状紫色斑点。

(四)花

豌豆的花是总状花序，着生于由叶腋长出的花柄上。每一花柄着生 1 ~2 朵花，少数 2 ~3 朵花。花柄长短不一，末端有短刚毛。花为蝶形花，由旗瓣、两片翼瓣、两片龙骨瓣、雄蕊、雌蕊和花萼等组成。翼瓣略短于旗瓣。一朵花中有雄蕊 10 枚，9 长 1 短，由花丝和花药组成。雌蕊 1 枚，由子房和柱头组成，位于雄蕊中间。雄蕊和雌蕊被龙骨瓣所包裹。

花的大小因品种而异。一般为 15 ~36 mm，小粒品种花较小，大粒品种花较大。花色有白色、粉红色、紫红色、紫色。花色主要取决于翼瓣，旗瓣颜色比翼瓣浅。

豌豆植株开花顺序自下而上，先主茎后分枝。单株开花总数因品种和栽培条件而异，早期开的花成荚率高，成粒率高，粒数多而饱满。后期顶端开花常成秕荚或脱落。每株花期持续 15 ~20 d，晚熟品种比早熟品种长。每天上午 9 时半开花，11 时至下午 3 时为开花盛期，下午 5 时后减少，傍晚旗瓣闭合，次日再展开，一朵花开放 2 ~3 d。豌豆为自花授粉作物，但在干燥和炎热的气候条件下，也能发生杂交。

(五)荚

豌豆的花受精后,子房迅速膨大形成荚,经过15~20 d,荚逐渐长至饱满。荚果由一个心皮发育而成的两个果瓣组成,圆筒形,稍扁。荚壳有软荚、硬荚和糖型荚,软荚豌豆因内果皮无革质层而柔软可食,成熟时不开裂。

未熟荚通常为黄色、绿色、深绿色,有些红花豌豆品种的荚上带有紫色带状花纹。成熟荚多为黄色。

荚果的大小根据荚的长度来划分,一般长2.5~12.5 cm、宽1~2.5 cm,按其长度可分为小荚(3~4.5 cm)、中荚(4.5~6 cm)、大荚(6~10 cm)、特大荚(10~15 cm)。荚内种子数一般为3~12粒,少粒3~4粒,中粒5~6粒,多粒7~12粒。种子在荚内交错排列,有的挤在一起,有的互不接触。

(六)种子

豌豆的种子由种皮、子叶和胚组成,无胚乳。形状和大小有很大差异,有椭圆形、球形、方形、亚椭圆形、皱缩等,有的光滑,有的皱缩。圆粒种含淀粉多,水分少;皱粒种含水分、蛋白质和糖分都比较多。

小粒型种子的直径3.5~5 mm,百粒重小于15 g;中粒型的直径5~7 mm,百粒重为15.1~25 g;大粒型的直径7.1~10.5 mm,百粒重大于25 g。种子颜色有白色、黄色、黄绿色、绿色、灰色、褐色、玫瑰色以及褐色带黑斑、黑色等。

种子的煮软性因种皮色泽而异。黄色种皮的种子煮软性最好,黄绿色和绿色种皮的种子煮软性适中;暗色种皮的种子煮软性较差,大理石色表面皱缩的种子煮软性最差。

四、豌豆的分类

(1)栽培豌豆包括3个变种:粮用豌豆、菜用豌豆、软荚豌豆。

(2)按植株生长习性分为:①矮生品种,一般株高15~80 cm;②半蔓生品种,株高80~160 cm;③蔓生品种,株高160~200 cm以上。

(3)按荚果组织分为:①硬荚种。荚壁内果皮有厚膜组织,成熟时此膜干燥收缩,荚果开裂,以其鲜嫩籽粒为食。②软荚种。果荚薄壁组织发达,嫩荚嫩粒均可食用。

(4)按种子外形分为圆粒和皱粒两种。皱粒种成熟时糖分和水分较多,品质好。

(5)按种皮颜色可分为绿色、黄色、白色、褐色和紫色等。

(6)按生育期可分为早熟种(65~75 d)、中熟种(75~100 d)、晚熟种(100~185 d)。

(7)按用途可分为菜用、粮用、兼用和饲用。

菜用品种依食用部位又可分食荚(嫩荚)、食苗(嫩梢)、食嫩籽粒和芽菜(嫩芽)类型。

豌豆品种以嫩荚、嫩梢、嫩籽粒、干籽粒采收合为一体最为理想,但一般难以兼顾。

目前,食荚豌豆都是专用型的,属于软荚变种。一部分粮用豌豆品种可采收嫩豆粒供菜食。食苗豌豆也有些专用品种。虽然粮用、菜用品种均可采收嫩梢,但从产量和品质方面看,仍以食苗豌豆专用品种为最好,而从降低成本看,则以粮用品种较适宜。芽用豌豆品种通常以小粒(千粒重150 g左右)光滑品种为宜。

第四节　豌豆栽培技术

豌豆的生长期较短，一年内露地和保护地可种植多次，供应期长。多数品种适合与其他蔬菜或作物进行间作套种。

一、栽培方式

(一)轮作倒茬

豌豆应轮作，忌连作。连作时病虫害加剧，产量降低，品质下降。据试验，如以第一年豌豆产量为100%，连作2年为49%，连作3~4年为12%和8%。因为豌豆根部分泌多种有机酸，增加土壤酸度，影响次年根瘤菌的发育。可能也与根系分泌一种有毒物质、幼苗易感染土壤中积累起来的果胶分解菌和线虫有关。故种过豌豆的地块要隔4~5年才能再种该作物。白花豌豆比紫花豌豆更忌连作，其轮作年限需更长。轮作制中安排一定的豌豆等豆科作物是保持和提高土壤肥力，促进农作物均衡增产的有效措施。由于根瘤菌的固氮作用，种植豌豆不必施用或仅少量施用氮肥，使农民有可能将氮肥集中施用到非豆科作物上。且豆茬的土壤肥力也比麦类、薯类茬高，因而应保持豌豆等豆类作物一定的种植面积，成为作物轮作制的中心环节。与重茬麦类相比，豆茬麦可增产10%~20%。豌豆适合与禾谷类或中耕作物轮作。豌豆和其他作物轮换种植，不仅对后作有好处，对豌豆的生长发育也有好处。

常见轮作制为：豌豆—玉米，小麦—红薯，小麦(油菜)—高粱(谷子)，三年或四年一轮。

如果在倒不开茬口的连作地上种豌豆，应特别注意增施农家肥做底肥，并增施磷肥和钾肥，以减轻重茬的危害。

(二)间作套种

间作套种是优于混作的复种轮作方式，有利于充分利用地力，调节作物对光、温、水、肥的需要，在管理、收获、脱粒等方面比混作方便，可提高单位面积产量和产值。

现正在开拓立体农业的新模式，向着“早—晚”“高—矮”“豆科—非豆科作物”综合配置巧妙种植的新间、套、轮作方式过渡；豌豆成了新模式中很有发展前途的一种作物。主要有豌豆间套玉米、豌豆间套马铃薯、小麦间套豌豆等。

(1)豌豆与蚕豆间作，每1.3 m为一带，两行蚕豆中间种一行豌豆；

(2)豌豆与油菜间作，每1.5~1.6 m为一带，两行油菜中间种一行豌豆；

(3)豌豆与大蒜、菠菜等套种，每1.3 m为一带，两行豌豆中间种(栽)两行蔬菜，蔬菜小行距为0.16~0.2 m；

(4)豌豆与小麦混种、间作。

(三)单作

一块田里只种豌豆一种作物。

二、栽培方法

(1)露地栽培。

（2）保护地栽培。

三、土壤耕作

豌豆的根比其他食用豆类作物较弱，根群较小。在土层松疏、深厚、湿润、保水保肥的土壤中，豌豆根系才能扎得深，长得好，抗逆力增强。土层过于紧实，由于土壤空气不足，根瘤菌的活性降低，根瘤发育不好，会使豌豆由固氮变为需氮。土壤耕作的主要任务是创造适于豌豆根系和根瘤菌生长、发育的土壤环境条件。

播种前需适当深耕细耙、疏松土壤，以利于根系发育，使豌豆出苗整齐、健壮。

四、施肥

豌豆施肥要将有机肥与无机肥结合使用。豌豆根瘤菌能固氮，不必多施氮肥，多施有机质肥及磷钾肥能提高产量，在土壤缺钙地区可加施钙。一般亩施有机肥 1 000 kg、过磷酸钙 25～30 kg、尿素 10 kg、氯化钾 15～20 kg。

五、品种选择

因地制宜选用优质、丰产、抗逆性强、商品性好的品种。根据豌豆的用途选种，硬荚豌豆，即粒用豌豆，一般只食用青豆粒；软荚豌豆，即荚用豌豆，果皮柔软可食。有的豌豆可食用嫩苗或嫩梢。还有的可作饲用或绿肥。主要品种有中豌 4 号、中豌 6 号、荷兰豆。

六、播种

（一）种子处理

1. 晒种、选种

播前晒种 3～5 d，有提高种子发芽势和发芽率的效果，可提早出苗。同时要精选种子，选粒大、饱满、整齐和无病虫害的种子，剔除小粒、秕粒、破碎粒，用均匀、饱满的籽粒播种，提高种子的整齐度，促使出苗整齐一致。

2. 拌种

播前每亩用根瘤菌 10～19 g，加水少许与种子拌匀后便可播种；豌豆用根瘤菌拌种，是增产的有效措施。也可采用药剂拌种防治病虫害。

（二）播种期

豌豆性喜凉爽气候，在至少有 5 个月的凉温生长季的地区才能生长好。开花结荚期间温度过低容易受冻，温度过高也不利于开花和荚果发育。调整播种时间使花荚期尽可能不遇 25 ℃以上的高温和 9 ℃以下的低温，又要避开高温多雨的天气，可使豌豆有较长的适合生长发育的凉温生长季。

豌豆不怕轻霜冻，豌豆幼苗能耐 −7～−5 ℃低温，并可适应较高温度，但开花结荚期不耐炎热，春化作用较充分，有利于花蕾的分化和孕育，花荚多，可使豌豆能在高温来临前多结荚，而且还可避开黏虫、潜叶蝇的危害，减轻豆象、蚜虫的侵害。同时还可避开或部分避开后期的高温阴雨天气，减少豆荚内种子遇连阴雨发芽，也减少后期倒伏、荚果内种子霉变的可能性。

南阳豌豆多为露地冬播，一般在10～11月播种，翌年4～5月收获。播种过早，因气温过高，造成徒长，会降低苗期的抗寒能力，容易受冻；而播种过迟，因气温低，出苗时间延长。

（三）合理密植

如果种植矮秆早熟品种，要适当加大密度。高秆晚熟和分枝多的品种宜少些。肥地宜稍稀，瘦地宜稍密。矮生早熟品种播量宜稍多，蔓生晚熟品种宜稍少；条播和撒播时播量较多，点播时播量较少。苗用品种密度可提高或采用条播。

一般种植密度40 cm×20 cm，每亩10 000穴左右。蔓生种行距为50～70 cm，直立种行距为30 cm；条播株距一般为5～8 cm，穴播的穴距一般为15～30 cm，每穴种子2～4粒，种植密度在1万～4万株/亩，播种量一般为5～15 kg/亩。菜用高秆软荚豌豆、高秆甜豌豆，行距70～80 cm，株距30 cm，行距较宽，便于管理采摘。中豌4号、6号等早熟、矮秆豌豆，在10月中下旬播种，亩用种量10 kg，行株距(30～35)cm×(10～15)cm，每穴2～3粒，也可条播。

（四）播种

1. 播种深度

豌豆播种深度要依据土壤质地、土壤湿度和降水量确定。沙性土壤应适当种深些，黏重土壤要种浅些；土壤湿度大可种浅些，土壤湿度小的应种深些。一般情况下以4～7 cm的播深较合适。过深根瘤生长不好，且种子出土消耗养分多，易产生弱苗。在干旱、半干旱、播种季节气候干旱情况下，种子覆土深度是十分重要的，关键要保证豌豆苗全、苗壮。

2. 播种方法

有条播、穴播等。机械条播种子覆土深度一致，行距均匀，是最好的播种方法。条播行距一般为25～40 cm，穴播的穴距一般为15～30 cm。单作、间作一般采用机械播种。

七、田间管理

（一）中耕除草

由于苗期生长缓慢，易发生草荒，应早锄地、松土保墒，以提高地温、促进生长。矮生、半矮生品种，由于植株矮小易发生草荒而严重减产。豌豆从出苗后到植株封垄前，应及时中耕松土2～3次，中耕深度应掌握先浅后深的原则。一般在苗高5～7 cm时进行第一次中耕，株高15～20 cm时进行第二次中耕，第三次可根据生长情况，灵活掌握。中耕除草作业应在豌豆植株叶片卷须缠绕前完成。生长后期已经封行，如果杂草多应拔出，以免杂草丛生，植株受荫蔽，影响产量而且会延迟成熟。

（二）摘心搭架

蔓生豌豆在株高25～30 cm时必须搭架，用竹竿搭架，可搭人字架，每2行为1架，及时引蔓，架高在100～180 cm(根据品种而定)。同时可在春节前后采摘部分茎梢或摘心作蔬菜上市，可每隔 7 ~ 10 d 采摘一次。

（三）灌溉

生育期内空气湿度 75% 左右，土壤相对含水量在 70% 左右，植株生长茁壮良好，豌豆不耐雨涝。生育期内阴雨绵延，易发多种病害。豌豆幼苗可耐一定的干旱。开花结荚期需水较多，空气相对湿度以 60% ~ 80% 为宜，过高或过低都会严重影响开花结荚。

豌豆苗期如降水较多，底墒足，幼苗生长正常，开花前要适当蹲苗，不旱不浇水，干旱时可结合追施尿素浇水。孕蕾至开花阶段，植株生长迅速，叶面积迅速扩大，蒸腾量增大，是需水的临界期，必须浇好蕾花水。也应保证鼓荚灌浆期对水分的要求，一般在开花结荚期应浇水 2 ~ 3 次，每次水量不应过大。生育期内雨水过多应及时排除。

（四）追肥

如果施入农家肥、磷肥和少量氮肥作底肥，底肥足苗色正常，可不再追肥。但在幼苗期如果地瘦苗黄，应施速效氮肥作追肥，每亩施尿素 5 ~ 8 kg，施后立即浇水，然后松土保墒。在苗期或花期追施磷、钾肥，用量每亩为 10 ~ 15 kg 过磷酸钙和 10 ~ 15 kg 氯化钾，钾肥也可用草木灰代替。开花结荚期也可喷施磷、钾肥，特别是喷施硼、锰、钼等微量元素肥料，增产效果显著。食粒青豌豆到籽粒充实时采收，比食荚青豌豆所需养分多。因此，开花结荚期应比食荚青豌豆多追施 1 ~ 2 次肥，并要施用复合肥，氮、磷、钾三元素并重，适当增施微量元素钼肥，更能增产。

八、收获

（一）干豌豆的收获

豌豆荚从下而上逐渐成熟，持续时间多达 50 d。往往中下部荚果已经成熟，而上部荚仍然青绿，如待全部荚果成熟，下部的荚果会炸荚落粒，或遇雨倒伏后荚内豆粒发芽、发霉，损失较大。因此，当植株茎叶和荚果 70% ~ 80% 枯黄时收获。宜在早晨露水未干时组织收运，防止炸荚落粒。人工收获时，将植株连根拔起或从基部割下，收获植株最好阴干，以免日晒、雨淋而使籽粒褪色。晒干后的种子含水量应在 13% 以下，有利于安全贮藏。

（二）青豌豆荚的采收

硬荚豌豆作蔬菜，主要是以青豌豆荚的形式供应市场，食用荚果内的青豌豆粒。在开花后 18 ~ 20 d，当荚果充分膨大而豆粒尚嫩时采收为宜。过早收，品质欠佳，产量低；过迟收，产量虽高，但豆粒中糖分减少，淀粉和蛋白质增多，风味和品质欠佳。应兼顾产量和品质，适时收获。可用机械一次收获或手摘分次收获。

（三）软荚（食荚）豌豆嫩荚的采收

菜用豌豆收获视烹调要求而定，一般应在豆荚已充分长大、豆粒及纤维均为发达时采收，分期分批采摘嫩豆荚可保证市售豆荚的质量。软荚豌豆品种一般在开花后 10 ~ 15 d 即可开始采收，普遍用手工采摘，春播一般采收 2 ~ 3 次。

（四）其他

食苗豌豆的嫩梢一般在播种后 30 d 左右，苗高 16 ~ 18 cm，有 8 ~ 10 片叶时收割，以后每隔 10 ~ 20 d 收割 1 次，可收 4 ~ 8 次。作饲料的在盛花期收获。作绿肥的在收荚果后及时翻压。

第五节　豌豆种植技术大全

一、豌豆芽室内一播三收技术

豌豆芽室内生产一般采用一次播种一次收获。芽苗产量低，成本高。豌豆芽一次播种多次采收的新技术，在适当的栽培条件下，豌豆芽一次播种可连续收获 3 次，种子干重与芽苗产量之比可达到 1∶30。效益增加。

（一）种子处理

用于室内芽苗生产的豌豆品种以分枝性较强的青豌豆为好，所用种子要求发芽率高，成熟度一致，无畸形和霉烂。先将种子在 55 ℃温水中浸 15 min，放到冷水中冷却后浸种 24 h，然后用清水洗净种子，用多层干净的湿纱布包裹，置于 25 ℃催芽箱中催芽，经 1 ~ 2 d，待 90% 以上种子萌芽，芽长达 5 ~ 10 mm 时即可播种。

芽苗生产容器，以塑料育苗盘为好，便于操作。栽培基质选用粗质沙。播种前，先将粗沙在阳光下摊薄暴晒 2 ~ 3 d，将育苗盘用高温消毒后备用。

（二）播种

播种时，先用皱纹纸或粗麻布垫在育苗盘底面，然后将已发芽的种子均匀地撒在上面，密度视种子大小而定，一般每盘播种 200 ~ 250 粒，播后将干湿适中的粗沙覆盖在种子上，沙层厚度 1.0 cm 左右，厚薄要均匀。最后用清水以小雾点将沙层浇透。

（三）生产管理

（1）豌豆芽在黑暗条件下也能生产，但光照过弱易引起下胚轴伸长、细弱，不利于基部腋芽的发育和第 2 茬生产，通常在豌豆芽顶出沙层长至 1 cm 高时，立即移至光照条件下栽培，光强控制在 2 000 ~ 3 000 lx，这样芽苗粗壮，第 1 节位低。在第 1 茬或第 2 茬剪割时，须留下 1 片真叶或 1 个分枝。剪割后须立即移至 5 000 ~ 7 000 lx 光照下栽培，以促进第 1 腋芽或分枝的生长，两天后腋芽或小分枝明显伸长时，再移至 2 000 ~ 3 000 lx 光照下栽培。光照强度过低，则腋芽或小分枝生长缓慢瘦弱，光照过强或强光下生长时间过长，则豌豆芽纤维含量提高，品质下降。

（2）温度也是影响豌豆芽产量和品质的重要因素之一，较适宜的温度为 18 ~ 23 ℃，保持 2 ~ 3 ℃的昼夜温差有利于芽苗的生长。由于芽苗在室内高密度栽培，容易造成某些有害气体积累，所以须定时进行通风换气。夏天一般以傍晚或早晨通风为好，冬季则在中午进行通风。芽苗生长适宜的湿度一般为 80% 左右，湿度过高易发生病害，过低则影响品质和产量。空气湿度较低时，可在地面铺上经过消毒的旧麻袋，其上洒清水即可提高空气湿度。利用粗沙作为豌豆芽生长的基质，不必频繁浇水，一般小雾滴每天喷 1 次或隔一天 1 次即可。

（3）豌豆芽一播三收的显著特点在于必须补充外源养分。应在第一茬剪割前 2 ~ 3 d 开始，每天结合喷水，每盘豆苗加施三元复合肥 0.5 ~ 1.0 g。此外，要注意控制好光照、温度和湿度。

（四）采收及贮存

豌豆芽第一茬或第二茬剪割时，必须在基部留 1 个腋芽或分枝。一般第一茬的产量占总产量的 40% ~50%，第二茬与第三茬两者产量接近。

豌豆芽苗茎叶柔嫩，水分含量高，采收后须即行出售或装在保鲜袋中封口后出售。产品过多时，可将袋装的有机豌豆芽苗置于室温 0 ~2 ℃冷库中保鲜贮存，一般可鲜贮 20 ~25 d，在 5 ℃下也可鲜贮 10 ~15 d。

二、豌豆四季高产栽培技术

豌豆是人们所喜食的蔬菜，不仅营养丰富，而且其嫩梢、嫩荚、籽粒均可食用。通过多年的一系列的品种筛选、反季节栽培、设施栽培的研究，做到了春、夏、秋、冬四季都有青豌豆荚上市，满足了人们对蔬菜食品多样化、时新化、高档化的要求。广大菜农也获得了可观的经济效益。

（一）选用优良品种

豌豆是喜凉冷的长日照作物，要想四季种植，就必须筛选出对光照反应迟钝，耐寒、耐热、早熟、抗逆性强的品种。经多年试验，筛选出中豌 4 号和中豌 6 号，这 2 个品种表现出对光照不敏感、生育期短、播种期弹性大、产量高、品质好等优点。辅以塑料薄膜温室大棚和遮阳网棚等栽培设施的应用，从而为成功实现豌豆四季栽培提供了理想的品种。

（二）种子处理

播种前先行浸种，水量为种子量的 1 倍，浸 2 h 后上下翻动 1 次，使种子充分湿润至种皮发胀后取出。每隔 2 h 用井水浇 1 次，约经 20 h 种子开始萌动，胚芽露出，然后放在 0 ~5 ℃低温条件下处理 5 ~10 d，待芽长 0.5 cm 时即可播种。种子经低温处理后，可促进花芽分化，降低第 1 花着生节位，提早开花，增加产量。如有条件，种子接种根瘤菌，更有利于增产。

（三）择期适时播种

由于豌豆可以四季种植，菜农可根据茬口、季节、劳力灵活掌握播期，也可根据豆荚上市的时间需求推算确定适宜的播种日期。根据试验示范和生产实践，在南阳市，播种期与收获时间以及产量的关系为：秋季利用遮阳网棚栽培的播种期在 8 月上旬到 8 月底，青豆荚在国庆节前上市，亩产量 500 kg 左右；秋季露地栽培的播种期为 8 月下旬到 9 月中旬，10 月中旬青豆荚陆续上市，亩产量 500 ~600 kg。冬季薄膜温室大棚栽培的播种期为 10 月至翌年 2 月，元旦青豆荚开始上市，亩产量 800 kg 左右；冬季露地栽培的播种期为 11 月至翌年 1 月，青豆荚在 5 月 1 日前后上市，亩产量 800 ~1 000 kg，高产田块可达 1 200 kg 以上。春季露地栽培的播种期为 2 ~4 月，青豆荚在 5 月中旬开始采摘，亩产量 400 ~800 kg。夏季露地栽培的播种期为 5 月上旬至 5 月底，青豆荚 6 月下旬开始采收，亩产量 400 kg 左右；夏季遮阳网棚栽培的播种期在 5 月中旬至 6 月中旬，青豆荚 7 月上旬开始上市，亩产量 400 kg 左右。

（四）合理密植

中豌 4 号、6 号属于矮生性品种，株高 40 ~50 cm，适宜密植，秋、春、夏播行距 35 cm，穴距 10 cm，每穴 3 粒，亩用种量 10 kg 左右。冬播行距 40 cm，穴距 15 cm，每穴 3 粒，亩用种量 7 kg 左右。

(五)科学肥水管理

选择土壤肥力较好、排灌便利、光照充足的田块种植。基肥亩施氮、磷、钾三元素复合肥 30 ~ 40 kg，并施一定数量的有机肥。花荚期施尿素 10 kg 或人畜肥 1 000 kg，以促进结荚鼓粒。生长后期，根据长势可采用 1% 的尿素液和 0.2% 的磷酸二氢钾的混合液进行根外施肥。干旱时要及时浇水抗旱，尤其是在开花结荚期对水分特别敏感，夏季栽培的豌豆更要注意水分的及时供给，既满足生长发育的需求，同时也能有效地降低地表温度，促进其正常生长。

(六)及时应用保护设施

1. 防冻措施

中豌 4 号、6 号在苗期抗冻能力较强，但开花后抗冻能力急剧下降，并且豆荚在灌浆充实阶段需要有一定的温度。因此，冬季大棚栽培豌豆要及时扣盖好塑料薄膜，做好防寒保温工作，在短期强寒流来临之前，应临时突击性加盖防寒材料，使已开花灌浆的青豆荚免遭冻害。

2. 遮阳降温措施

夏季栽培由于气温高、生长快、生育期短，豆荚小而少，因此适时加盖遮阳网，能有效地减少太阳光的照射，降低气温和地温，增加土壤湿度，促进植株个体的生长，增加产量。

(七)看苗巧用化控技术

豌豆出苗后长到 7 ~ 8 叶就开花，进入营养生长和生殖生长并进的阶段，温室大棚栽培豌豆要适当控制肥水、降低棚温，以利于生理转化，保证光合产物在营养生长和生殖生长之间的合理分配，促进开花结荚。有旺长趋势的豌豆，用 15% 的多效唑 1:1 000 倍液及时喷雾控制。

(八)适时采收

因生长季节及栽培方式的不同，开花后到青豆荚采摘的天数差距很大。夏季栽培由于气温高，灌浆速度快，开花至采收只有 20 d，而在冬季栽培中，开花至采收要 30 多天。因此，要根据豆荚的用途、豆荚灌浆的饱满程度灵活掌握采收日期。以食青豆粒为主的，在豆荚已充分鼓起，豆粒灌浆已 70%，籽粒饱满，豆荚刚要开始转色时采收。

三、豌豆死苗的原因及防治方法

(一)菜豌豆死苗的主要原因

(1)菜豌豆种子市场多、乱、杂，很多易感病的品种没有经过试验流入市场。

(2)周年均种有菜豌豆，无法打断病虫害的侵染循环。

(3)菜豌豆秸秆乱堆乱放，不及时处理。轮作年限短，土壤带菌。

(4)地下水位高，排灌不便。播种过浅或浇水、施肥把土壤冲走，不及时盖土，造成种子外露，出苗后晒死。

(5)搭架上线人为松动根系以及搭架上线后植株生长到一定高度被风吹动，根系断裂死亡。

（二）预防菜豌豆死苗

1. 田块选择

选择3～4年没有种植过菜豌豆，地下水位低，排灌方便，有机质含量高的微酸性或中性土壤，为菜豌豆生长发育创造良好的环境。

2. 选用良种

选择优质抗病的品种是菜豌豆高产栽培的关键。如奇珍76、绿珠甜豌豆。

3. 种子处理

播种前晒种2～3 d，可提高发芽率和发芽势。此外，剔除病粒、破碎粒、秕粒和混杂粒，减少病虫侵染的可能性，提高种子的整齐度和种子纯度。

四、豌豆缺素症的防治

（一）豌豆缺铁

豌豆缺铁表现为幼叶叶脉间褪绿，呈黄绿色至黄色。

防治方法：尽量少用碱性肥料，防止土壤呈碱性，土壤pH应为6～6.5。注意土壤水分管理，防止土壤过干、过湿。可用0.1%～0.5%硫酸亚铁溶液或100 mg/kg柠檬酸铁溶液喷洒叶面。

（二）豌豆缺钙

豌豆缺钙表现为植株矮小，未老先衰，茎端营养生长缓慢；侧根尖部死亡，呈瘤状突起；顶叶的叶脉间淡绿或黄色，幼叶卷曲，叶缘变黄失绿后从叶尖和叶缘向内死亡；植株顶芽坏死，但老叶仍绿。

防治方法：土壤中钙不足可增施含钙肥料。避免一次施用大量钾肥和氮肥。要适时浇水，保证水分充足。可每亩冲施硝酸钙20 kg或用0.3%氯化钙溶液喷洒叶面，每隔7 d左右喷1次，共喷2～3次。

（三）豌豆缺氮

植株由淡绿变黄绿色，生长不良，主要由于土壤本身含氮少或施了未腐熟的作物秸秆或有机肥。

防治方法：施用新鲜的有机物（作物秸秆或有机肥）做基肥时，要增施氮肥或施用完全腐熟的堆肥，每亩可施尿素5～7.5 kg，或用1%尿素溶液喷洒叶面，每隔7 d左右喷1次，连喷2～3次。

（四）豌豆缺钾

植株全株叶片初期表现为叶边缘褪绿并逐渐向内扩展，严重时，叶片边缘组织发生焦枯坏死。可在土壤中施用氯化钾或硫酸钾防治。

（五）豌豆缺锌

植株老叶片上出现黄褐色斑驳块，叶片边缘或顶端组织坏死。

防治方法：不要过量施用磷肥。缺锌时，每亩施用硫酸锌1～1.5 kg。可用0.12%～0.2%硫酸锌溶液喷洒叶面。

（六）豌豆缺锰

幼嫩叶片的脉间轻度黄化，稍老的叶片表现为斑驳；幼嫩叶片出现浅褐色斑点或发生叶尖坏死；籽粒中部凹陷并变褐色。可叶面喷施0.5%硫酸锰进行防治。

(七)豌豆缺钼

表现为植株生长势差，幼叶褪绿，叶缘和叶脉间的叶肉呈黄色斑状；叶缘向内部卷曲，叶尖萎缩，常造成植株开花不结荚。

防治方法：改良土壤，防止土壤酸化，可叶面喷洒钼肥。

(八)豌豆缺硼

表现为生长发育受阻，叶黄，茎叶僵硬易折。

防治方法：土壤缺硼，应预先施用硼肥，每亩基施200～300 g。要适时浇水，防止土壤干燥。多施用腐熟的有机肥以提高土壤肥力。可叶面喷施硼肥。

第六节 豌豆主要病虫害防治

一、豌豆病害防治

(一)豌豆茎腐病

1. 症状

危害豌豆茎基部及茎蔓。被害茎部初现椭圆形褐色病斑，绕茎扩展，终致茎段坏死，呈灰褐色至灰白色枯死，其上部托叶及小叶亦渐枯萎。后期枯死茎段表面散生小黑粒病菌(见图3-1)。

2. 防治方法

(1)本病可结合防治豌豆炭疽病一道进行，一般无需单独防治。

(2)在以本病为主的田块，还可喷施70%代森锰锌800倍液2～3次或更多，隔10～15 d喷施1次，前密后疏，交替喷施。着重喷好茎基部。

(二)豌豆花叶病

1. 症状

全株发病。病株矮缩，叶片变小，皱缩，叶色浓淡不均，呈镶嵌斑驳花叶状，结荚少或不结荚(见图3-2)。

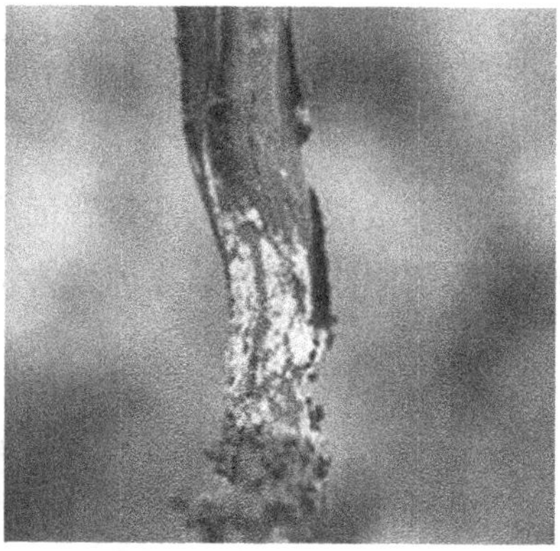

图3-1 豌豆茎腐病症状

图3-2 豌豆花叶病叶片症状

2. 防治方法

(1)早期发现及时拔除病株。

(2)药剂防治:用50%抗蚜威乳油2 000倍液或10%吡虫灵可湿性粉剂1 500倍液喷雾,轮用或混用,8~10 d喷1次,连喷2~3次。尽可能大面积联防,效果明显。

(三)豌豆白粉病

1. 症状

该病主要危害叶片、茎蔓和种荚。叶片受害,初期在叶面上产生白粉状淡黄色小斑,后扩大为不规则形的粒斑,并相互连合成片,病部表面被白粉覆盖,叶背则呈褐色或紫色斑块。叶片严重发病后,迅速枯黄。茎蔓和种荚受害,也产生粉斑,严重时布满茎荚,致使枯黄坏死(见图3-3)。

图3-3　豌豆白粉病叶片症状

2. 防治方法

(1)农业防治。因地制宜选用抗病品种,实行轮作,抓好以加强肥水管理为中心的栽培防病措施,合理密植,清沟排渍,增施磷、钾肥,不偏施氮肥。

(2)药剂防治。在发病初期或豌豆第一次开花时,可选用下列药剂:①15%三唑酮可湿性粉剂1 500~2 000倍液;②50%混杀硫悬浮剂500倍液;③50%苯菌灵1 500倍液;④50%多菌灵可湿性粉剂600倍液。喷雾防治,每隔10~15 d喷1次,连续喷3~4次。

(四)豌豆立枯病

1. 症状

豌豆立枯病,主要侵害幼苗或成株期叶片,花期前后雨多或湿度大时,病斑背面生有灰色霉层,病叶转黄变褐而干枯。叶片被再次侵染的,出现褪绿小斑点,后逐渐变为褐色斑点,背面也生有霉层。

2. 防治方法

(1)农业措施。选用抗病力强的品种。实行轮作,因该病的卵孢子遗留于土壤中的病残体上越冬,提倡轮作,以减少初侵染来源。加强田间管理,及时铲除系统侵染的病苗,减少田间再侵染源。

(2)种子处理。选用无病的种子,在无法确定种子是否带菌的情况下,应在播种前进行种子消毒,可用种子重量0.3%的25%甲霜灵可湿性粉剂等杀菌剂拌种。

(3)药剂防治。在发病初期可选用下列药剂:①58%甲霜灵·锰锌可湿性粉剂600倍液;②64%杀毒矾可湿性粉剂600倍液;③72%杜邦克露可湿性粉剂800倍液;④72.2%普立克水剂1 200倍液;⑤60%灭克锰锌可湿性粉剂1 000倍液;⑥47%加瑞农可湿性粉剂800倍液;⑦60%疫霜·锰锌可湿性粉剂500倍液;⑧72%克抗灵可湿性粉剂600倍液。喷雾防治。注意交替使用,以减缓病菌抗药性的产生。每7 d喷雾1次,连续防治2~3次。

(五)豌豆炭疽病

1. 症状

主要危害茎、叶和荚,茎染病病斑近梭形或椭圆形,中央浅褐色,边缘暗褐色略凹陷;叶片染病病斑圆形或椭圆形,直径2~4 mm,边缘深褐色,中间暗绿色或浅褐色,其上密生小黑点,即病原菌分生孢子盘,病情严重的病斑融合致叶片枯死(见图3-4)。

图3-4 豌豆炭疽病叶片症状

2. 防治方法

(1)重病地与非豆科作物轮作。

(2)选用抗病品种,如食荚大豌豆等。

(3)收获后及时清除病残体,及时深翻减少菌源;合理施肥,特别是钾肥;雨季注意排水降低田间湿度。

(4)药剂防治。发病初期可选用下列药剂:①50%苯菌灵可湿性粉剂1 000倍液;②50%多菌灵可湿性粉剂500~600倍液;③70%代森锰锌可湿性粉剂400~500倍液;④80%炭疽福美可湿性粉剂800倍液。喷雾防治。隔7~10 d喷1次,连续防治2~3次。采收前7 d停止用药。

(六)豌豆叶斑病

1. 症状

危害茎荚和叶片。苗期染病种子带菌的幼苗即染病;较老植株叶片染病病部水渍状,圆形至多角形紫色斑、半透明,湿度大时,叶背现白至奶油色菌脓,干燥条件下产生发亮薄膜,叶斑干枯,变成纸质状;茎部染病初生褐色条斑;花梗染病可从花梗蔓延到花器上,致花萎蔫、幼荚干缩腐败(见图 3-5)。

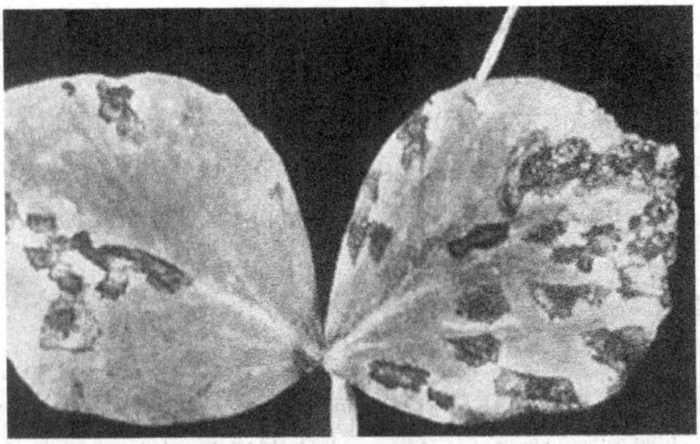

图 3-5　豌豆叶斑病叶片症状

2. 防治方法

(1)建立无病留种田,从无病株上采种。

(2)种子消毒。用种子重量 0.3% 的 50% 甲基硫菌灵可湿性粉剂拌种。也可进行温汤浸种,先把种子放入冷水中预浸 4 ~ 5 h,移入 50 ℃温水中浸 5 min,后移入凉水中冷却,晾干后播种。

(3)避免在低湿地种植豌豆,采用高畦或起垄栽培,注意通风透光,雨后及时排水。

(4)药剂防治。发病初期可选用下列药剂:①72% 农用硫酸链霉素 4 000 倍液;②27% 铜高尚悬浮剂 600 倍液;③30% 碱式硫酸铜悬浮剂 400 ~ 500 倍液;④47% 加瑞农可湿性粉剂 800 倍液。喷雾防治。

(七)豌豆灰霉病

1. 症状

露地种植的荷兰豆苗或棚室或反季节栽培的荷兰豆易发病,主要危害叶片、茎、荚。叶片染病始于叶端或叶面,初呈水渍状,后在病部长出灰色霉层,即病原菌的分生孢子梗和分生孢子(见图 3-6)。

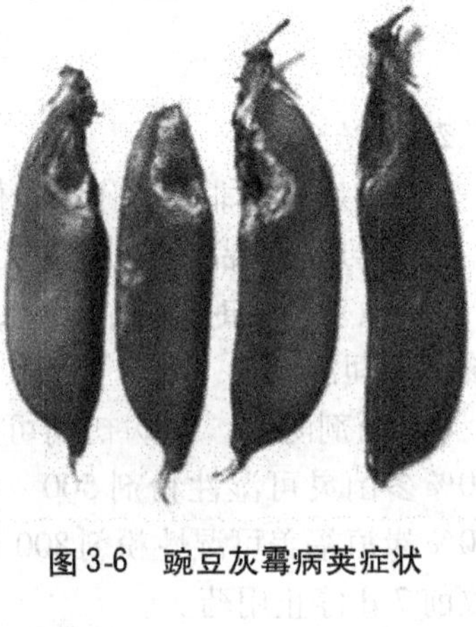

图 3-6　豌豆灰霉病荚症状

2. 防治方法

(1)生态防治。棚室围绕降低湿度,采取提高棚室夜间温度,增加白天通风时间,从而降低棚内湿度和结露持续时间,达到控病的目的。

(2)及时拔除病株,集中深埋或烧毁。

(3)药剂防治。发现病株可选用下列药剂:①50% 速克灵可湿性粉剂 1 500 倍液;②50% 农利灵可湿性粉剂 1 000 倍液;③50% 扑海因可湿性粉剂 1 000 倍液;④45% 特克多悬浮剂 4 000 倍液;⑤50% 混杀硫悬浮剂 600 倍液;⑥65% 甲霉灵可湿性粉剂 1 500 倍液;⑦50% 多霉灵(多菌灵加万霉灵)可湿性粉剂 1 000倍液。喷雾防治。

豌豆灰霉病主要危害果实,必须提前预防灰霉病,才能防止豌豆的减产减量,让豌豆更好地生长。

(八)豌豆病毒病

1. 症状

主要表现为黄脉和黄色花叶。

2. 防治方法

(1)农业措施。选用无病种子,从无病地上留种,或从无病株上采种。施足基肥,增施磷、钾肥。适时灌水,调节田间小气候,增加湿度。为了避免农事操作接触传播,最好两人一组,一人专管病株,一人专管健株,干完活后用浓肥皂水洗手。

(2)防治蚜虫。可采用地面覆盖银灰色反光膜,或田间挂银灰色反光膜条,可起到避蚜作用,也可用化学或生物、农业方法防治蚜虫。

(3)种子消毒。一般种子,可用10%磷酸三钠浸种20 min后捞出种子,用清水冲洗干净晾干后播种。

(4)药剂防治。发病初期,可选用下列药剂:①高锰酸钾1 000倍液;②NS-83增抗剂100倍液;③20%病毒宁500倍液;④抗病毒可湿性粉剂400~600倍液;⑤1.5%的植病灵乳剂1 000倍液等。喷雾防治。每隔5~7 d喷1次,连续防治2~3次。

(九)豌豆褐斑病

1. 症状

褐斑病是豌豆主要病害之一,既危害叶片,又危害茎和荚。叶片被害,病斑呈圆形,浅褐色至黑褐色,边缘明显。茎被害,病斑呈椭圆形或纺锤形,稍凹陷,颜色为淡褐色至黑褐色。荚被害,病斑呈圆形,淡褐色至黑褐色,稍下陷,并穿过荚皮向内扩展到种子上,但种子上的病斑难识别,在潮湿时,病斑呈污黄色、灰褐色至黑褐色(见图3-7)。

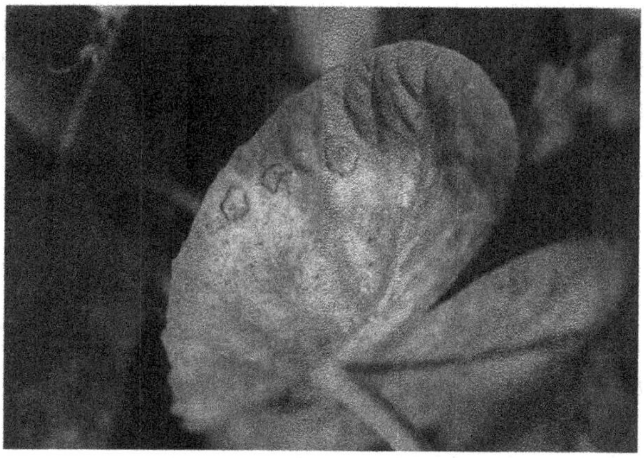

图3-7　豌豆褐斑病叶片症状

2. 防治方法

(1)种子消毒。选用无病种子,从无病田上留种,或从无病株上采收种子,外来的种子则要在播前进行消毒,采用温汤浸种法,先把种子浸入冷水中5 h后,再用50 ℃温水浸种5 min,然后捞出种子播种。

(2)农业措施。病田与非豆科蔬菜轮作2年以上。采用高垄或半高垄栽培,并覆盖地膜。发病初期,及时摘除病叶或拔除病株。收获后彻底清除田间病残体,带出田外深埋或烧毁,减少菌源。与此同时,深翻土壤,也可消灭部分越冬菌源。避免在低洼地、排水不良地种植。种植密度不宜过大,保证田间通风透光良好。施足经过充分腐熟的粪肥,并增施磷、钾肥,提高植株抗病能力。科学浇水,防止大水漫灌,雨后及时排水,做到田间不积水。保护地种植的豌豆,应注意通风,降低湿度,创造一个不适宜病害发生发展的环境条件。

(3)药剂防治。发病初期,可选用下列药剂:①50%多菌灵可湿性粉剂500倍液;②75%百菌清可湿性粉剂600倍液;③70%代森锰锌可湿性粉剂400倍液;④50%甲基托布津可湿性粉剂500倍液;⑤40%多·硫胶悬剂600倍液;⑥50%苯菌灵可湿性粉剂800倍液;⑦1:1:240的波尔多液。喷雾防治,每7~10 d喷1次,连喷2~3次。

保护地种植的豌豆,发病初期,可选用下列药剂:①5%百菌清粉尘剂;②6.5%甲霉灵粉尘剂;③5%利得粉尘剂。喷雾防治,每亩每次喷1 kg。早上或傍晚喷,喷前先关闭棚、室,用喷粉器喷,喷粉尘剂不加水,喷头向上,喷在作物上面空间(不能直接对准豌豆喷),让粉尘自然飘落在豌豆植株上,每7 d喷1次,连喷2~3次。

(十)细菌性疫病

1. 症状

细菌性疫病是豌豆上发生较普遍的一种病害,主要危害叶片,叶片染病,从叶尖或叶缘开始,先为暗绿色油渍状小斑点,后扩展成不规则的褐斑,病部变薄近透明,呈膜状,周围有黄色晕圈,发病重的病斑连成一块,整个叶片变黑枯或扭曲变形;茎蔓染病,出现红褐色溃疡状条斑,稍凹陷,绕茎一周后,上部茎叶凋萎;豆荚染病,先有暗绿色油渍状小斑,后扩大为稍凹陷的圆形或不规则形褐斑,严重时豆荚皱缩。

豌豆细菌性疫病与真菌性疫病经常混淆,以致延误了治疗时机,造成较大的损失。两者之间最主要的区别是真菌性疫病在湿度大时生白毛,而细菌性疫病在湿度大时不生白毛。

2. 防治办法

首先摘除病叶及病蔓,可用链霉素或600~800倍可杀得或真细菌快克喷雾防治。

(十一)豌豆霜霉病

1. 症状

主要危害叶片,发病初期,叶面出现褐色病斑,霉丛孢子层生于叶背或叶面,白色至淡紫色。叶背面孢子层相对较多。嫩梢受害较多。叶片背面的淡紫色霉层可布满整个叶片,直至叶片枯死(见图3-8)。

2. 防治方法

(1)农业措施。从无病地留种,实行2年以上的轮作。清洁田园,将病残体收集后集中烧毁,深耕土地,进行配方施肥,合理密植。

(2)药剂防治。用35%甲霜灵拌种剂按种子重量的0.3%拌种。

发病初期可选用下列药剂:①1:1:200倍式波尔多液;②72.2%霜霉威水剂600倍液;③78%科博可湿性粉剂500倍液;④56%霜霉清可湿性粉剂700倍液;⑤69%安克锰锌可湿性粉剂600倍液;⑥70%乙锰可湿性粉剂400倍液;⑦72%克霉星可湿性粉剂500

图 3-8　豌豆霜霉病叶片症状

倍液；⑧72%克露可湿性粉剂 600～800 倍液。喷雾防治，每 10 d 左右 1 次，防治 1～2 次。

二、主要虫害防治

（一）豌豆象

豌豆象（*Bruchus pisorum*（Linnaeus））属鞘翅目，豆象科，别名豆牛、豌豆虫。

1. 形态特征

成虫（见图 3-9）：长椭圆形，黑色，体长 4～5 mm，宽 2.6～2.8 mm；触角基部 4 节，前、中足胫节、跗节为褐色或浅褐色；头具刻点，被淡褐色毛；前胸背板较宽，刻点密，被有黑色与灰白色毛，后缘中叶有三角形毛斑，前端窄，两侧中间前方各有 1 个向后指的尖齿；小盾片近方形，后缘凹，被白色毛；鞘翅具 10 条纵纹，覆褐色毛，后缘两侧与端部中间两侧有 4 个黑斑，后缘斑常被鞘翅所覆盖；后足腿节近端处外缘有 1 个明显的长尖齿。雄虫中足胫节末端有 1 根尖刺，雌虫则无。

图 3-9　豌豆象成虫

卵：橘红色，较细的一端具 2 根长约 0.5 mm 的丝状物。

幼虫：复变态，共 4 龄。体乳白色，头黑色，胸足退化成小突起，无行动能力，胸部气门圆形，位于中胸前缘。1 龄幼虫略呈衣鱼型，胸足 3 对，短小无爪，前胸背板具刺；老熟幼虫体长 5～6 mm，短而肥胖多皱褶，略弯成 C 形。

蛹：长约5.5 mm，初为乳白色，后头部、中胸、后胸中央部分、胸足和翅转为淡褐色，腹部近末端略呈黄褐色；前胸背板侧缘中央略前方各具1个向后伸的齿状突起；鞘翅具5个暗褐色斑。

2. 发生特点

豌豆象在我国各地年发生1代，以成虫在贮藏室缝隙、田间遗株、豆粒内、树皮裂缝、松土内及包装物等处越冬。翌春，在豌豆开花期越冬成虫飞至春豌豆地活动，各地迁入时间以当地豌豆开花结果期早迟而异，南方早，北方较迟。

成虫具日出性，以晴天下午活动最盛，飞翔力强，可飞越3～7 km到达豌豆田。

3. 防治方法

（1）药剂防治。掌握在成虫产卵盛期（常与豌豆结荚盛期相吻合）及幼虫孵化盛期喷药防治产卵的成虫和初孵幼虫，可选用下列药剂：①4.5%高效氯氰菊酯乳油1 000～1 500倍液；②0.6%灭虫灵1 000～1 500倍液；③90%敌百虫晶体1 000倍液；④90%万灵可湿性粉剂3 000倍液。喷雾防治，并尽量使每个豆荚均匀着药，以提高防治效果。

（2）豌豆脱粒后，立即暴晒5～6 d，可杀死豆粒内幼虫90%以上。

（3）当豌豆量不太大时，可将其暴晒后立即收到塑料袋中并扎紧，或埋进干净麦糠堆里，密闭贮藏半个月至一个月，可杀死所有成虫、幼虫。

（二）豌豆潜叶蝇

豌豆潜叶蝇（*Phytomyza horticola Gourean*）属双翅目，潜叶蝇科，又称油菜潜叶蝇，俗称拱叶虫、夹叶虫、叶蛆等（见图3-10）。

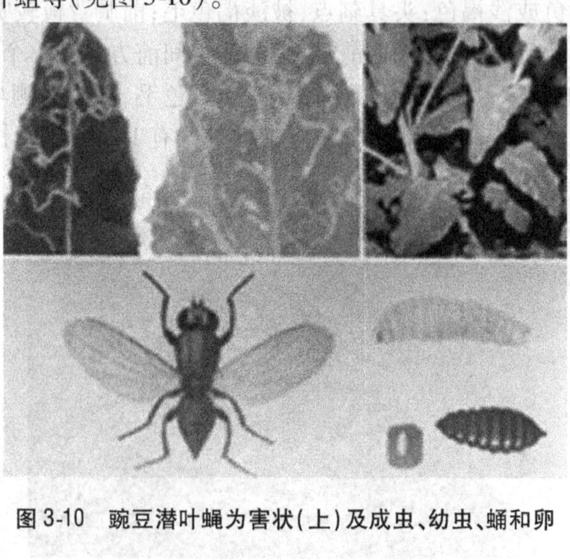

图3-10　豌豆潜叶蝇为害状（上）及成虫、幼虫、蛹和卵

1. 发生特点

为害豌豆、蚕豆、莴苣、番茄、土豆，以及十字花科蔬菜如白菜、萝卜、油菜等，在我国各地均有发生。幼虫潜食叶内，造成叶片枯萎、死亡，影响作物的光合作用，进而影响产量。该虫在南阳市一年至少发生5代，以蛹在为害田中越冬，来年4月发生越冬代成虫。4月下旬出现一代幼虫，该代为害越冬豌豆及春播菜苗等。二代幼虫于5月发生，为害豌豆、油菜、甘兰、莴苣等。

2. 防治方法

(1)农业措施。重点防治时期为4~5月,及时清除植株残体,减少虫源数量。

(2)药剂防治。当田间初见幼虫时喷药,可选用下列药剂:①0.9%阿维菌素乳油3 000倍液;②20%脲悬浮剂8 000倍液;③50%辛硫磷乳油1 500倍液;④50%杀螟硫磷乳油800倍液;⑤50%丙溴磷乳油1 000倍液;⑥25%亚胺硫磷乳油800倍液;⑦25%灭幼脲3号悬浮剂1 500倍液。喷雾防治,每隔7~10 d喷药防治1次。也可使用菊酯类农药进行防治。

(三)豌豆修尾蚜

豌豆修尾蚜(*Megoura japonica Matsumura*)属同翅目,蚜科,别名蚕豆修尾蚜,为害豌豆、蚕豆、大豆等豆科植物(见图3-11)。

1. 形态特征

图3-11　豌豆修尾蚜成虫

无翅孤雌蚜:体长3.7~4 mm,宽1.6~1.7 mm,活体草绿色,体表具网纹和曲横纹,头黑色,有毛14根,中额平,额瘤隆起外倾,额沟梯形,触角总长4.2 mm,第3节1.1 mm,有毛25~26根和次生感觉圈11~51个,前胸黑色,中胸背具不规则横带,各胸节具大缘斑,后胸有断续中侧小斑,第1~6腹节各具2对中毛、2对侧毛、2~3对缘毛,第1节缘毛1对,第7~8腹节各具横带,腹管长筒状,具2个前大后小的方形斑块,约与尾片等长,尾片黑色,长锥形,有长曲毛11~16根。

有翅孤雌蚜:头、胸均为黑色,腹色浅,第1~6腹节有缘斑,腹管前后斑融合后围绕整个腹管,第7~8腹节呈横带,触角第3节有次生感觉圈46~87个,第4节有9~34个。

2. 发生特点

豌豆修尾蚜为害蚕豆、豌豆的盛期在4~6月,主要在嫩枝和叶背上为害,造成茎叶卷缩,节间缩短,抑制生长,影响产量。

3. 防治方法

(1)农业防治。收获后及时清理田间残株败叶,铲除杂草,豌豆地周围种植玉米屏障,可阻止蚜虫迁入。

(2)物理防治。利用蚜虫对黄色有较强趋性的原理,在田间设置黄板,上涂机油或其他黏性剂诱杀蚜虫。还可利用蚜虫对银灰色有负趋性的原理,在田间悬挂或覆盖银灰膜,每亩用膜5 kg,在大棚周围挂银灰色薄膜条(10~15 cm宽),每亩用膜1.5 kg,可驱避蚜虫,也可用银灰色遮阳网、防虫网覆盖栽培。

(3)药剂防治。防治蚜虫宜尽早用药,将其控制在点片发生阶段。可选用下列药剂:①70%艾美乐水分散粒剂3 000~4 000倍液;②20%苦参碱可湿性粉剂2 000倍液;③10%蚜虱净可湿性粉剂2 500倍液;④10%千红可湿性粉剂2 500倍液;⑤10%大功臣可湿性粉剂2 500倍液;⑥50%抗蚜威可湿性粉剂2 000~3 000倍液;⑦3.5%锐丹乳油

800～1 000 倍液；⑧5% 阿达克可湿性粉剂 1 500～2 000 倍液；⑨1% 杀虫素乳油 1 500～2 000倍液；⑩0.6% 灭虫灵乳油 1 250～1 500 倍液等。喷雾防治，喷雾时喷头应向上，重点喷施叶片反面。保护地也可选用杀蚜烟剂，在棚室内分散放 4～5 堆，暗火点燃，密闭 3 h 左右即可。

(四)豌豆钻心虫

豌豆钻心虫(*Chilo supperssalis*)属鳞翅目，螟蛾科，别名菜螟、剜心虫、萝卜螟等(见图 3-12)。

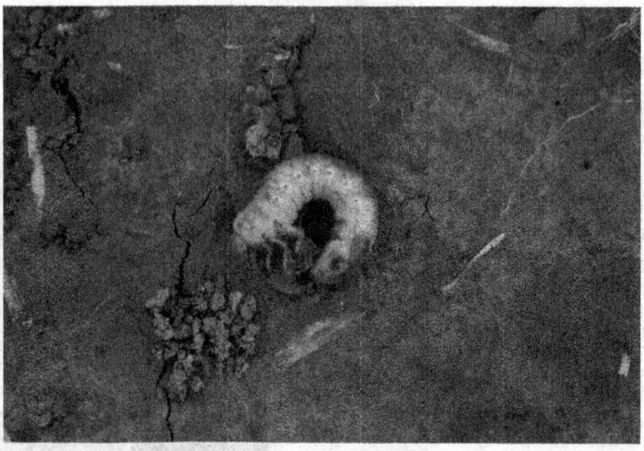

图 3-12　豌豆钻心虫幼虫

1. 为害特点

主要为害萝卜、大白菜、花椰菜等，其中以秋播萝卜受害最重。幼虫为钻蛀性害虫，主要为害幼苗的心叶和生长点。植株生长点被害后停止生长，造成缺苗断垄。大白菜、萝卜蔬菜作物以 3～4 片真叶期受害最重。

2. 发病规律

钻心虫每年发生 3～4 代，老熟的幼虫吐丝缀合泥土、枯叶等结丝囊在其中越冬，翌年春暖后在 6～10 cm 深的土中结茧化蛹，在越冬场所残株败叶间化蛹。成虫昼伏夜出，白天在叶背面，夜间活动，多将卵产在幼苗的心叶上。初孵幼虫蛀食叶肉，3 龄后便开始钻入菜心叶中为害，并向心叶基部、茎和根部蛀食。一头幼虫一生可危害 4～5 棵菜苗。老熟后在心叶或菜根附近的土壤、土缝中吐丝结茧化蛹。高温低湿有利于钻心虫的发生。菜苗 2～4 叶期与幼虫发生期相遇则受害严重。

3. 防治方法

(1)农业防治。根据幼虫发生期，适当调整播种期，使幼苗 2～4 叶期与钻心虫幼虫发生盛期错开；结合间苗、定苗等农事活动，拔除虫苗、杀死害虫；在干旱年份，早晚勤灌水，增加田间湿度，改变适宜钻心虫发生的田间小气候。

(2)药剂防治。从幼苗拉十字期开始喷药，可选用下列药剂：①10% 除尽悬浮剂 1 500～2 000 倍液；②50% 辛硫磷乳油 1 000 倍液；③80% 敌敌畏乳油 1 000 倍液；④50% 二嗪农乳油 1 000 倍液；⑤20% 杀灭菊酯乳油 3 000 倍液；⑥20% 灭扫利乳油 2 000 倍液；⑦2.5% 溴氰菊酯乳油 3 000 倍液。喷雾防治，每隔 5～7 d 喷 1 次，连续喷 2～3 次，药液重点喷到心叶内。

(五)豌豆荚螟

豌豆荚螟(*Etiella zinckenella*)属鳞翅目,螟蛾科(见图3-13)。

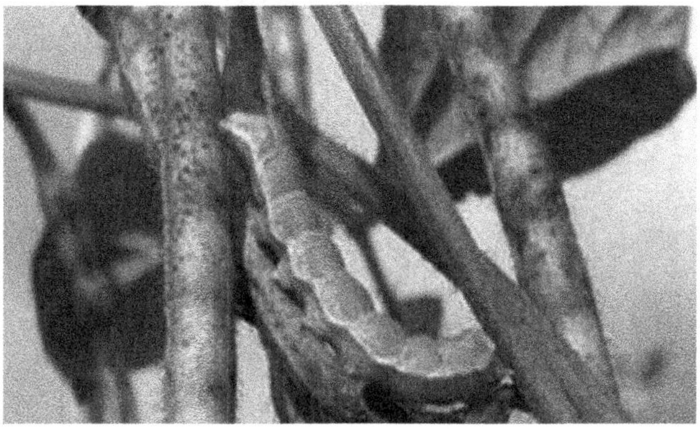

图3-13 豌豆荚螟幼虫

1. 为害特点

以幼虫在豆荚内蛀食豆粒,被害籽粒重则蛀空,仅剩种子柄;轻则蛀成缺刻,几乎都不能作种子;被害籽粒还充满虫粪,变褐以致霉烂。一般豆荚螟从荚中部蛀入。

2. 生活习性

成虫昼伏夜出,白天多躲在豆株叶背、茎上或杂草上,傍晚开始活动,趋光性不强。成虫羽化后当日即能交尾,隔天就可产卵。每荚一般只产1粒卵,少数2粒以上。其产卵部位大多在荚上的细毛间和萼片下面,少数可产在叶柄等处。在大豆上尤其喜产在有毛的豆荚上;在绿肥和豌豆上产卵时多产在花苞和残留的雄蕊内部而不产在荚面。

3. 防治方法

(1)农业防治。合理轮作,避免豆科植物连作;灌溉灭虫,在水源方便的地区,可在秋、冬灌水数次,提高越冬幼虫的死亡率,在夏豆开花结荚期,灌水1~2次,可增加入土幼虫的死亡率。

(2)选用抗虫品种。选早熟丰产、结荚期短、豆荚毛少或无毛品种种植,可减少豌豆荚螟的产卵。

(3)药剂防治。地面施药:老熟幼虫脱荚期,毒杀入土幼虫,以粉剂为佳,主要有:2%杀螟松粉剂、2%倍硫磷粉等每亩1.5~2 kg。此外,90%晶体敌百虫700~1 000倍液,或50%杀螟松乳油1 000倍液,或2.5%溴氰菊酯4 000倍液,喷洒地面也有较佳效果。

从豆角始花盛期开始,在幼虫卷叶前即采用“治花不治荚”的施药原则,选用特效药农地乐或锐劲特800倍液,于早上8时以前,太阳未出之时,集中喷在蕾、花、嫩芽和落地花上,每7~10 d防治1次,连续2~3次,效果较好。

(六)豌豆卷叶螟

豌豆卷叶螟(*Maruca testulalis Geyer*)属鳞翅目,螟蛾科(见图3-14)。

1. 形态特征

成虫:体长10 mm,翅展18~21 mm,体色黄褐,胸部两侧附有黑纹,前翅黄褐色,外缘

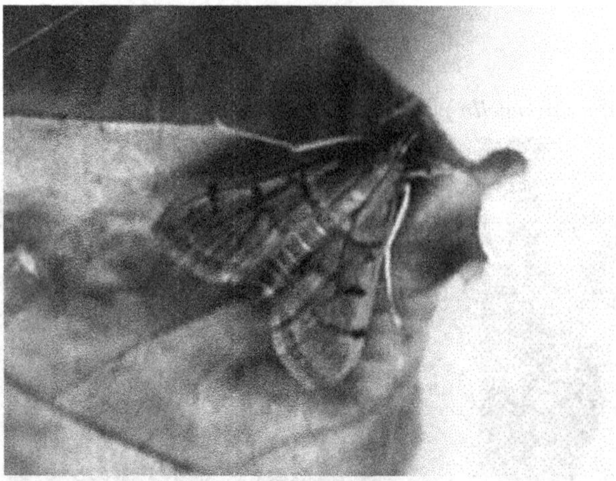

图 3-14 豌豆卷叶螟成虫

黑色，翅面生有黑色鳞片，翅中有3条黑色波状横纹，内横线外侧有黑点，后翅外缘黑色，有2条黑色横波状横纹。

卵：椭圆形，淡绿色。

幼虫：共5龄，老熟幼虫体长15～17 mm，头部及前胸背板淡黄色，口器褐色，胸部淡绿色，气门环黄色，亚背线、气门上下线及基线有小黑纹，体表被生细毛。

蛹：长约12 mm，褐色。

2. 发生特点

以为害大豆为主，年发生4～5代，以蛹在残株落叶内越冬。南阳常年约在5月中旬羽化，8～10月为发生盛期，11月前后以老熟幼虫在残株落叶内化蛹越冬。成虫夜出活动，具趋光性，雌蛾喜在生长茂密的豆田产卵，散产于叶背，每雌产卵平均在40～70粒，幼虫孵化后即吐丝卷叶或缀叶潜伏在卷叶内取食，老熟后可在其中化蛹，亦可在落叶中化蛹。该虫适宜生长发育温度范围在18～37 ℃，最适环境条件为气温22～34 ℃，相对湿度75%～90%。卵期4～7 d，幼虫期8～15 d，蛹期5～9 d，成虫寿命7～15 d。

3. 防治方法

(1)农业防治。作物采收后及时清除田间的枯枝落叶，在幼虫发生期结合农事操作，人工摘除卷叶。

(2)药剂防治。在各代发生期，查见有1%～2%的植株有卷叶为害时开始防治，隔7～10 d防治1次，药剂可选用1%阿维菌素乳油1 000倍液，或2.5%敌杀死乳油3 000倍液等。也可在防治豆荚螟时兼治。

(七)豌豆红蜘蛛

豌豆红蜘蛛(*Tetranychus cinnbarinus*)属蜱螨目，叶螨科。

1. 形态特征

红蜘蛛为细小而形似蜘蛛的红色虫子。

2. 为害特点

成虫和若虫群集叶背面，刺吸植株汁液。被害处出现灰白色小点，严重时整个叶片呈灰白色，最终枯死。

3. 防治方法

用40%的乐果乳剂1 500～2 000倍液喷雾防治。

第七节　豌豆品种介绍

一、中豌4号

株高55 cm左右，茎叶浅绿色，花冠白色，单株结荚数6～8个，冬季单株结荚数达10～20个。嫩豆粒浅绿色，干籽粒黄白色，圆形，光滑，属中粒种。种皮较薄，品质中上等。早熟，适应性强，耐寒、较抗旱，后期较抗白粉病。稳产性能好，在中等肥力的土壤上亩产青荚600～800 kg，干籽粒150～200 kg。

10～11月上旬播种为宜，每亩用种量8～10 kg，以每亩40 000～45 000株苗为好。

适宜于北京、河北、河南、山西等地种植。

二、中豌6号

株高40～50 cm，茎叶深绿色，白花，硬荚。北京春播分枝少，一般单株荚果5～8个。干豌豆为浅绿色，百粒重25 g左右。鲜青豆百粒重52 g左右，青豆出仁率47.8%。从出苗至成熟66 d左右。较本地豌豆早熟7～20 d。生长势强，抗寒、耐旱(苗期对水分需要较少，现蕾开花到结荚鼓粒期需水较多)。

南阳市10月至11月上旬播种为宜，每亩播种量15 kg，以55 000～60 000株苗为宜。条播行距30 cm，覆土厚3 cm。应施足基肥，注意增施磷、钾肥。苗期要勤中耕，视苗情追肥，亩施尿素5～7.5 kg，开花结荚期应适时浇水2～3次。4月上中旬开始注意防治潜叶蝇，喷40%乐果乳剂，稀释1 600倍，每隔1周喷1次，视虫情喷2～3次。茎叶和荚果转黄后应立即收获，宜在早晨露水未干时收获，否则易炸落粒，在场院应及时晾晒脱粒。本品种为早熟矮生型，适合与其他作物间作套种。

适宜在北京地区及华北、华中、东北、西北、西南地区种植。

三、绿珠甜豌豆

该品种属早熟品种，结荚节位低，生长强健，抗病性强，鲜荚产量高，从播种到初收鲜荚需55～60 d，株高200 cm左右，分枝较多，白花，鲜荚嫩绿色，肉厚多汁。

在南阳市秋播春收，亩播种6～8 kg，一般亩产鲜荚1 200～1 600 kg。

适宜在贵州、湖北、广东、河南、安徽、甘肃、黑龙江等全国大部分地区种植，适应性强。

四、奇珍76

该甜豌豆品种引自美国，蔓生，株高160～220 cm，茎粗，叶厚而深绿。花白色、双生。荚剑形、色绿、肥大而脆嫩。适宜速冻出口。

适宜推广地区同绿珠甜豌豆。

五、中豌 5 号

株高 40 ~ 50 cm，茎叶深绿色，白花，硬荚。北京春播分枝少，一般单株荚果 5 ~ 8 个。干豌豆为深绿色。出苗至成熟 66 d 左右，较本地豌豆早熟 7 ~ 20 d。对温度适应范围广，喜冷凉湿润气候，幼苗较耐寒，但花及幼荚易受冻害。生长期适温 15 ~ 18 ℃，结荚期需 20 ℃，若遇高温会加速种子成熟，降低产品产量和品质。

亩播量 15 kg。以 55 000 ~ 60 000 株苗为宜，条播行距 30 cm 左右，覆土厚 3 cm。应施足基肥，增施磷、钾肥。苗期要勤中耕，生长期间可视苗情追肥，亩施尿素 5 ~ 7.5 kg，开花结荚期要浇 2 ~ 3 水。4 月上中旬开始注意防治潜叶蝇，喷 40% 乐果乳剂，稀释 1 600 倍，每隔 1 周喷 1 次，视虫情喷 2 ~ 3 次。茎叶和荚果转黄后要立即收获，宜在早晨露水未干时收运，否则易炸荚落粒。上场后应及时晾晒脱粒。本品种属矮生型，早熟，适宜与其他作物间作套种。

适宜在北京地区及华北、华中、东北、西北、西南地区种植。

六、秦选一号

由河北省秦皇岛市农业技术推广站与有关单位合作从国外引进的豌豆品种中选育而来。该品种既高产又抗倒伏，粮、菜、饲兼用，结荚集中，熟期一致，适宜机械化作业。秦选一号豌豆虽为硬荚豌豆，但由于其籽粒中含糖量较高，尤其适于剥青粒青食。生育期 90 ~ 100 d，株高 70 cm 左右，开白花，籽粒黄白色，光滑圆粒型，单株 1 ~ 2 个，单株结荚 10 个左右，多者可达 20 个，单荚粒数 4 ~ 10 粒，千粒重 200 g 以上，亩产干籽粒 250 ~ 400 kg，若菜用，亩收青豆荚 900 ~ 1 200 kg。在北方，秦选一号豌豆可与多种作物实行间作套种；在南方，可秋冬种植。以菜用为主时，可采豌豆苗，摘青荚，掐豌豆尖和卷须，还可生产芽菜，其效益十分可观。在我国老少边穷地区和远离城镇的地方可以收干籽粒为主。

第四章　高　梁

高粱(*Sorghum bicolor*(L.)Moench)又称蜀黍,属于禾本科、高粱族、高粱属一年生草本植物。高粱是全球重要的旱粮作物之一,是中国最早栽培的禾谷类作物之一,主要分布在东北、华北、西北和黄淮流域的温带地区。高粱是 C4 作物,光合效率高,可以获得较高的生物学产量和经济产量。高粱有独特的抗逆性和适应性,具有抗旱、抗涝、耐盐碱、耐瘠薄、耐高温、耐冷凉等多重抗性。

第一节　高粱在我国国民经济中的作用

一、高粱在农业生产中的作用

高粱的生物学产量和经济产量均较高,具有较强的抗旱、耐涝、耐盐碱特性和适应性,在平原、山丘、涝洼、盐碱地均可种植,属于高产、稳产的作物。特别是与棉花和小麦轮种时,高粱具有突出的优势,它具有高产潜力。高粱是最耐旱的在种的禾谷类作物之一,是很好的补种作物和救荒作物。

二、高粱籽粒自古就是人类的口粮

在我国北方某些地区,现在仍以高粱米或高粱面为主食,中国传统高粱食品的种类不下几十种。此外,还可以以高粱为原料生产面包、甜点、早餐食品及膨化食品。

三、高粱作为酿酒原料

高粱是生产白酒的主要原料。在我国,以高粱为原料蒸馏白酒已有 700 多年的历史。高粱籽粒中除含有酿酒所需的大量淀粉、适量蛋白质及矿物质外,更主要的是高粱籽粒中含有一定量的单宁。适量的单宁对发酵过程中的有害微生物有一定抑制作用,能提高出酒率。

四、高粱作为优质饲料

高粱籽粒淀粉含量为 75% 左右,蛋白质为 9% 左右,粗脂肪为 3% 左右。高粱籽粒中含有少量的单宁,影响了品质;籽粒中含有较多难消化的醇溶蛋白质,且赖氨酸的含量较低,使其食用和饲用价值低于玉米、小麦和水稻等。高粱的茎秆和叶片是良好的粗饲料,既可作干草又可作青贮和青饲。特别是甜高粱作青贮喂养奶牛,可明显提高产奶量。

高粱籽粒作为饲料历史悠久,在美国,所有高粱籽粒均用作饲料;在法国,工业发酵饲料消耗了 70% 的高粱。高粱籽粒饲用价值与玉米相近。而且,由于高粱籽粒中含有单宁,在配方饲料中加入 10% 左右的高粱籽粒,可有效防止幼禽、幼畜的白痢病。在我国配方饲料中高粱的比例极小。随着人们认识的提高和高粱品质的改善,高粱在我国饲料行业必将起到重要的作用,很大一部分高粱将应用于配方饲料。

近几年,由于畜牧业的迅速发展,有限的草场资源已不能满足人们的需要。饲草高粱是由高粱与苏丹草等杂交而成的一种草型高粱,显示了巨大的发展潜力,茎叶连同籽粒可作青饲和青贮饲料;此外,饲草高粱的应用,可有效地保护有限的草场资源,具有极佳的环境效益。

五、高粱生产酒精

甜高粱茎秆中含有的大量糖分,可用于发酵生产成酒精,这是一种取之不尽的生物能源库。目前,世界范围的能源紧张状况,使得甜高粱生产酒精的发展前景看好。

现阶段我国推广的高粱杂交种淀粉含量一般均高于70%,其籽粒也是良好的酒精原料。

六、高粱壳生产色素

随着人民生活水平的不断改善,天然色素备受欢迎。不同品种高粱壳颜色各异,由浅到深,色素含量十分悬殊,但以紫黑色为佳。以高粱壳为原料提取色素,供应丰富、色泽自然、安全可靠。经过多年研究,从高粱壳中提取色素技术已经应用于大规模生产,研制出多种色素产品,并应用于许多行业中。

七、其他应用

高粱的茎秆表皮硬,机械性强,是农村传统的建筑材料和蔬菜架材。高粱茎秆的外皮可用于编织。花序可制扫帚、炊帚及工艺品等。还有如制糖、制醋、制板材、造纸、加工成麦芽制品、制作日用品、制作编织品、制饴糖、做架材、做蜡粉等。

第二节 高粱的生产概况与区划

一、高粱生产概况

我国高粱生产以粒用为主,兼作饲用、糖用和工艺用,我国也是世界上主要高粱生产国之一,种植地区很广。南起海南省,北至黑龙江省的抚远;东自台湾省,西到新疆的喀什。从寒温带到热带,从年降水量只有22.7 mm的新疆吐鲁番盆地,直至年降水量达1 700~2 700 mm的福建省,无论平原壤土、丘陵旱地,还是盐碱低洼地区,都有高粱栽培。但高粱主要产区集中在东北、内蒙古东部地区和淮河、海河及黄河中下游地区,其他地方多是少量零星种植,是我国北方农村的主要粮食作物之一。我国高粱种植面积最多时达1.4亿多亩,总产量100多亿kg。近年来播种面积大致在5 000万亩,占全国粮食种植面积的4%,产量占全国粮食总产量的5%以上。

我国高粱的品种丰富,产品种类繁多,适应性好,抗逆性强。但是,由于我国高粱生产规模化和机械化程度低,生产成本高,因此在国际市场产品价格竞争中处于不利地位。从

2013 年开始，在玉米进口限制配额、饲料业和酿酒业（四川）原料不足等多种因素影响下，我国高粱进口贸易突然活跃，进口数量呈现井喷式增加，2013 年从美国和澳大利亚进口高粱 107.8 万 t；2014 年酿酒业原料需求减少，但在国内玉米生产形势、玉米进口配额和转基因玉米限制及价格等诸多因素刺激下，高粱进口数量达到 574.78 万 t，大部分进入饲料业。

2015 年国内高粱生产供应量 280 万 t 左右，主要用于酿酒、酿醋等酿造业，食用、饲用和帚用等占比较小，小部分销往台湾省和东南亚国家。中国高粱进口数量持续增加，继 2014 年后再次成为全球第一大高粱进口国，进口量为 1 070 万 t，绝大部分用于配方饲料生产。

高粱是南阳市重要的旱地粮食作物之一，主要分布在卧龙区的安皋乡、谢庄乡，镇平县的安子营乡、石佛寺镇、玉都办事处，社旗县的城郊乡、郝寨乡、陌陂乡等，常年种植面积达万亩以上。高粱栽培历史悠久，用途十分广泛，既是人们的粮食，又是牲畜的好饲料和酿酒的主要原料。近年来随着种植业结构的调整及酿造业原料的需求，高粱种植面积有所回升，但仍供不应求，经济效益较好，农民种高粱的积极性越来越高。

二、高粱生产区划

高粱在中国的分布很广，几乎全国各地均有种植，但主产区却很集中。秦岭、黄河以北，特别是长城以北是中国高粱的主产区。由于高粱栽培区的气候、土壤、栽培制度的不同，栽培品种的多样性特点也不一样，故高粱的分布与生产带有明显的区域性，全国分为 4 个栽培区：春播早熟区，春播晚熟区，春、夏兼播区和南方区。

（一）春播早熟区

本区包括黑龙江、吉林、内蒙古等省（区）全部，河北省承德地区，张家口坝下地区，山西、陕西省北部，宁夏干旱区，甘肃省中部与河西地区，新疆北部平原和盆地等。本区处于北纬 34°30′～48°50′，海拔 300～1 000 m，年平均气温 2.5～7.0 ℃，有效积温（≥10 ℃的积温量）2 000～3 000 ℃，无霜期 120～150 d，年降水量 100～700 mm。生产品种以早熟和中早熟种为主，由于积温较低，高粱生产易受低温冷害的影响，应采取防低温、促早熟的技术措施。本区为一年一熟制，通常 5 月上中旬播种，9 月收获。

（二）春播晚熟区

本区包括辽宁、河北、山西、陕西等省的大部分地区，北京、天津市，宁夏的黄灌区，甘肃省东部和南部，南疆和东疆盆地等，是春播晚熟高粱主产区，单产水平较高。本区位于北纬 32°～41°47′，海拔 3～2 000 m，年平均气温 8～14.2 ℃，有效积温 3 000～4 000 ℃，无霜期 150～250 d，年降水量 16.2～900 mm。本区基本上为一年一熟制，由于热量条件较好，栽培品种多采用晚熟种。近年来，由于耕作制度改革，麦收后种植夏播高粱，变一年一熟为二年三熟或一年二熟。

（三）春、夏兼播区

本区包括山东、江苏、河南、安徽、湖北、河北等省的部分地区。本区位于北纬 24°15′～38°15′，海拔 24～3 000 m，年平均气温 14～17 ℃，有效积温 4 000～5 000 ℃，无霜期 200～280 d，年降水量 600～1 300 mm。春播高粱与夏播高粱各占一半左右，春播高梁多分布在土质较为瘠薄的低洼、盐碱地上，常采用中晚熟种；夏播高粱主要分布在平原地上，作为夏收作物的后茬，多采用生育期不超过 100 d 的早熟种。栽培制度以一年二熟或二年三熟为主。

（四）南方区

南方区包括华中地区南部，华南、西南地区全部。本区位于北纬 18°10′～30°10′，海拔 400～1 500 m，年平均气温 16～22 ℃，有效积温 5 000～6 000 ℃，无霜期 240～365 d，年降水量 1 000～2 000 mm。南方高粱区分布地域广阔，多为零星种植，种植相对较多的省份有四川、贵州、湖南等省。本区采用的品种是短日性很强，糯性品种较多，大部分具有分蘖性。栽培制度为一年三熟，近年来再生高粱有一定发展。

第三节　高粱栽培的生物学基础

一、高粱的生育进程

（一）生育期

高粱从出苗到成熟所经历的时间叫生育期。从播种到新种子成熟为高粱的一生。高粱栽培品种的生育期一般在 100～150 d。

（二）生育时期

在高粱的整个生育期间，根据植株外部形态和内部器官发育的状况，可分为苗期、拔节期、挑旗期（孕穗期）、抽穗开花期、灌浆成熟期等几个主要生育时期。

1. 苗期

高粱从种子萌发到拔节前为苗期。通过休眠的种子，在适宜的温度、湿度条件下出苗。这一时期需要 25～30 d，要长出 8～12 片叶，是高粱纯营养生长期。

2. 拔节期

这一时期，穗分化开始，植株由纯营养生长转入营养生长与生殖生长并进时期。从拔节至旗叶展开之前，需 30～40 d。

3. 抽穗开花期

旗叶展开（挑旗）后，穗从旗叶鞘抽出，称抽穗。花序自上而下陆续开花。从抽穗到开花结束需 10～15 d，此时，全株的营养生长基本结束，生殖生长仍旺盛进行。

4. 灌浆成熟期

开花授粉后 2～3 d 籽粒即膨大，进入灌浆期，需经历 30～40 d。当种脐出现黑层、干物质积累终止时，即达到生理成熟。

（三）高粱的整个生长发育过程

根据高粱生育特点，也可划分为三个生长阶段：营养生长阶段、营养生长与生殖生长并进阶段、生殖生长阶段。

1. 营养生长阶段

高粱自种子发芽，生根出叶到幼穗分化以前。该阶段形成了高粱的基本群体，是决定每公顷穗数的时期，同时也为穗大粒多创造物质基础。

2. 营养生长与生殖生长并进阶段

从幼穗分化，到抽穗开花。它是决定每穗粒数的关键时期，并为争取粒重奠定基础。

3. 生殖生长阶段

抽穗开花到成熟。该阶段是决定粒重的关键时期。

二、高粱的生长发育

（一）根

高粱根为须根系。由初生根、次生根和支持根所组成。

1. 初生根

种子发芽时，首先长出的一条根。

2. 次生根

幼苗长出 3 ~ 4 片叶时，由地下茎节长出第一层次生根，以后由下而上陆续环生 6 ~ 8 层，总根量达到 50 ~ 80 条。抽穗时根系纵向伸长至 1.5 ~ 2 m，横向扩展达 0.6 ~ 1.2 m。

3. 支持根（气生根）

抽穗前后至开花灌浆期，在靠近地面的地上 1 ~ 3 个茎节上长出几层根。可吸收养分和水分，并有支持植株抗倒伏的作用。

由于高粱根系发达，入土深广，其根细胞渗透压高（为 1.2 ~ 1.5 MPa），吸水吸肥力强。

高粱根的内皮层中有硅质沉淀物，使根非常坚韧，能承受土壤缺水收缩产生的压力。因此，高粱有较强的抗旱能力。

在孕穗阶段，根皮层薄壁细胞破坏死亡，形成通气的空腔，与叶鞘中类似组织相连通，起到通气的作用，这是高粱耐涝的原因之一。

（二）茎

高粱茎节间的多少和株高因品种和栽培条件而异（见表 4-1、表 4-2）。

表 4-1 生育期和茎节数

类型	节数
早熟种	10 ~ 15
中熟种	16 ~ 20
晚熟种	≥20

表 4-2 株高和品种

类型	株高（m）
矮秆型	1 ~ 1.5
中秆型	1.5 ~ 2
高秆型	≥2

中国高粱品种资源中，株高变化范围 63 ~ 450 cm。目前我国栽培的粒用高粱杂交种，株高多为 2 m 左右的中高秆类型；饲用甜高粱杂交种多为 3 m 以上的高秆类型。

茎的地上部有伸长节间 10 ~ 18 个，地下尚有 5 ~ 8 个不伸长的节间。

高粱茎秆生长最快的时期是挑旗至抽穗期，每昼夜可生长 6 ~ 15 cm，开花期茎秆达最大高度。一般茎秆粗壮，且基部和穗下节间较短，上下粗细均匀，是一个丰产长相，其抗倒伏能力较强，穗大而重。

高粱生育的中、后期，在茎秆表面上形成白色蜡粉，能防止水分蒸腾，增强抗旱能力；在淹水时又能减轻水分渗入茎内，提高抗涝能力。另外，茎的表皮由排列整齐的厚壁细胞组成，其外部硅质化，致密、坚硬，不透水，也增强了茎秆的机械强度和抗旱、涝能力。

（三）叶

叶互生，由叶片、叶鞘和叶舌三部分组成。叶片一般呈披针形，中央有一较大的主脉，颜色有白、黄、暗绿三种。

抽穗开花期是高粱叶面积最大的时期，高产高粱群体最大叶面积指数为4～5。

形成高粱籽粒产量的光合产物主要来源于植株上部的6个叶片。高粱叶片的上下表皮组织紧密，分布的气孔体积较小，能有效地减少水分的蒸腾；进入拔节期以后，叶面生有一层白色蜡粉，具有减少水分蒸腾的作用；叶上有多排运动细胞，在叶片失水较多时，使叶片向内卷曲以减少水分的进一步散失。这些是高粱抗旱的主要原因。高粱叶鞘中的薄壁细胞，在孕穗前后破坏死亡，形成通气的空腔，与根系的空腔相连通，有利于气体交换，增强耐涝性。

（四）穗

圆锥花序。中间为穗轴，在穗轴上生4～10个节，每节轮生5～10个枝，称为第一级枝梗。第一级枝梗上长出第二、第三级枝梗。

第一级枝梗长度及其在穗轴上着生的部位不同，形成了形状各异的穗形，如纺锤形、牛心形、筒形（棒形）、伞形、帚形等。

根据各级枝梗的长短、软硬以及小穗着生疏密程度不同，还可将穗子划分为紧穗、中紧穗、中散穗和散穗四种穗型。

小穗通常成对着生于圆锥花序的第二级或第三级枝梗上。成对小穗中，较大的是无柄小穗，较小的是有柄小穗，位于无柄小穗一侧。

在第三级枝梗的顶端，一般并生三个小穗，中间小穗无柄，两侧有柄。无柄小穗外有二枚颖片，将发育成壳。无柄小穗内有两朵小花，上方的为可育花，下方的为退化花。有柄小穗比较狭长，成熟时或宿存或脱落。有柄小穗亦含两朵小花，一朵完全退化，另一朵只有雄蕊正常发育，为单性雄花，开花较与之相邻的无柄小穗小花晚2～4 d。

穗分化过程分为六个时期（见图4-1）。

（五）籽粒形成与成熟

高粱抽穗后，2～4 d开始开花。开花的顺序由穗顶部开始向下进行，呈离顶式。开花受精后18 d，籽粒已基本形成，随着养分不断充实，最后形成成熟的籽粒。

其成熟过程可分为乳熟期、蜡熟期和完熟期三个阶段。乳熟期植株制造的光合产物迅速向籽粒运输，籽粒内含物由白色稀乳状慢慢变为稠乳状。蜡熟期籽粒含水量显著降低，干物质积累速度转慢，干重达到最大值，胚乳由软变硬，呈蜡质状。

三、干物质积累分配与产量形成

（一）干物质积累与分配

高粱全株干物质积累呈S形曲线。研究表明，茎秆干重与籽粒产量成显著正相关。受精后，籽粒体积和鲜重增长较快，但干重增长缓慢。籽粒干重在开花后15～35 d增长迅速，以后增长速度下降。器官的发育依叶、鞘、茎、粒的先后秩序进行而又有不同程度的相互重叠，形成各时期的生长中心，干物质分配中心也随生长中心更替而不断转移。

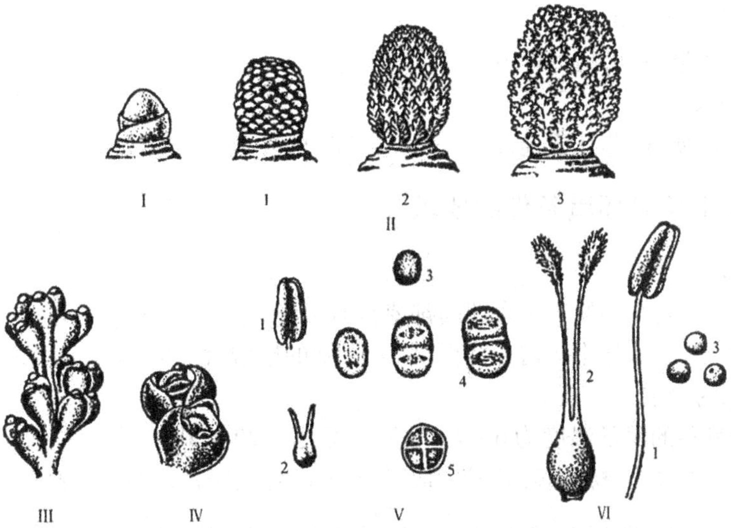

Ⅰ. 生长锥伸长期；Ⅱ. 枝梗分化期：1. 一级枝梗分化；2. 二级枝梗分化；3. 三级枝梗分化；Ⅲ. 小穗小花分化期；Ⅳ. 雌雄蕊分化期；Ⅴ. 减数分裂期：1. 雄蕊；2. 雌蕊；3. 花粉母细胞；4. 二分体；5. 四分体；Ⅵ. 花粉粒充实完成期：1. 雄蕊；2. 雌蕊；3. 花粉粒

图 4-1 高粱幼穗分化过程

（二）产量形成

籽粒产量来源于两个部分，一部分是开花后生产的光合产物，占 80%；抽穗前营养器官贮积物质的转移占 20%。前期培育壮秆，贮积更多的干物质，后期加强田间管理，提高叶片光合能力，是实现高产的重要途径。

高粱经济系数一般为 0.35～0.45。高秆品种经济系数低，矮秆品种经济系数高。但不同株高的高粱茎、叶、鞘干重在蜡熟期后又有不同程度的回升，尤以茎秆干重回升较多，限制了经济系数的提高。如果通过育种或栽培手段，使生育后期重新积累到茎、叶、鞘中的干物质转移到籽粒中去，即可提高经济系数和籽粒产量。

（三）品质

1. 食用高粱

要求籽粒有较高的营养价值和良好的适口性。要求单宁含量在 0.2% 以下，出米率在 80% 以上，蛋白质含量在 10% 以上，赖氨酸含量占蛋白质的 2.5% 以上，角质率适中，不着壳。

2. 酿造用高粱

要求籽粒淀粉含量不低于 70%，其中支链淀粉比例占 90% 以上，籽粒红色。

3. 籽粒饲用高粱

最主要的品质性状是蛋白质含量和氨基酸平衡，如饲喂猪、鸡等单胃畜禽，还要求籽粒中单宁含量 0.2% 以下。

4. 茎叶饲用高粱

要求绿色体产量高，茎秆含有一定的糖度，不含或微含氢氨酸。

5. 糖用高粱

要求茎秆含糖量高,易榨糖或发酵生产酒精。

6. 兼用高粱

要求籽粒品质好,茎秆质地优良,适于做建筑材料、架材、造纸制板等。

四、高粱生长对环境条件的要求

(一)温度

高粱是喜温作物,在整个生育期间都要求较高的温度。一定的高温可以提早幼穗分化,低温则可延迟幼穗分化。这种特性,称为高粱的感温性。高粱在不同的生育时期内,对温度有不同的要求。

(1)种子发芽的最低温度为6~7 ℃,最适温度为20~30 ℃,最高温度为44~50 ℃。低温下播种,发芽缓慢,易受病菌侵染,造成粉种和霉烂,降低出苗率。高粱幼苗不耐低温和霜冻。

(2)出苗至拔节期的适宜温度为20~25 ℃。

(3)拔节至抽穗期为高粱生育的旺盛时期,适宜温度为25~30 ℃。温度过高会使植株发育加快,茎秆细弱,提早抽穗,穗小码稀。

(4)开花至成熟期对温度要求比较严格,最适宜温度为26~30 ℃,低温会使花期推迟,开花过程延长,影响授粉;如遇高温和伏旱,会使结实率降低。灌浆阶段较大的温差有利于干物质的积累和籽粒灌浆成熟。

(二)水分

高粱具有较强的抗旱能力,不仅能抗土壤干旱,也能耐大气干燥。同时高粱又具有耐涝性,其耐涝性在孕穗期以后尤为明显。在抽穗后如遇连续降雨,在短期内淹水不没顶,仍能获得一定的产量。全生育期降雨400~500 mm分布均匀即可满足其生长需要。

(1)苗期,约占全生育期总需水量的10%。

(2)拔节至孕穗期,约占全生育期总需水量的50%,这期间如水分不足,会影响植株生长和幼穗分化。

(3)孕穗至开花期,约占全生育期总需水量的15%,水分不足会造成"卡脖旱",是高粱需水临界期。

(4)灌浆期,约占全生育期总需水量的20%。

(5)成熟期,约占全生育期总需水量的5%。

(三)光照

高粱是喜光作物,在生长发育过程中,要求有充足的光照条件。光照不足会延迟生育,产量降低,特别是后期光照不足,直接影响籽粒的干物质积累。

高粱属短日照作物,缩短光照时数可提早抽穗和成熟,延长光照则成熟延迟。南方品种引到北方种植,由于温度降低,光照时数延长,会导致高粱抽穗延迟,成熟期推后,甚至不能成熟;北方品种引到南方种植,会发生相反的变化。

(四)土壤与养分

高粱具有一定的耐盐碱能力。对土壤pH适应范围为5.5~8.5,最适pH为6.2~

8.0。高粱的抗盐碱能力低于糜子、向日葵和甜菜，但强于玉米、小麦、谷子和大豆等作物。

要使高粱生育良好，达到高产、稳产，必须为之创造土层深厚、土质肥沃、有机质丰富、结构良好的土壤条件。高粱对土壤的适应性和耐瘠性与其具有较庞大的根系和较强的吸收能力有关。

每生产 100 kg 籽粒，约需吸收 N 2.61 kg，P_2O_5 1.36 kg，K_2O 3.06 kg。增施有机肥或无机肥料对促进植株生长发育和提高产量都有良好作用。高粱整个生育期对养分的需求可分 3 个阶段。从出苗到拔节期吸收氮量占高粱一生吸收氮量的 13.7%、五氧化二磷 12.0%、氧化钾 20.0%。虽然吸收量较少，但对养分却很敏感，特别是氮、磷充足，有利于根系生长，使根量增加，增强了抗旱性。从拔节期到开花期是生育最旺盛期，此时植株生长迅速、茎叶繁茂，对养分需要量急剧增加，养分的分配中心由茎叶转为幼穗。这一时期吸收的氮，占高粱一生当中吸收氮总量的 63.5%、五氧化二磷 86.5%、氧化钾 73.9%，是前一阶段吸收量的 3 倍以上。所以，这一阶段能否满足高粱对养分的需要，是决定产量的关键时期。开花期至灌浆期阶段吸收养分数量逐渐减少，氮、磷、钾的吸收量分别为高粱一生吸收总量的 22.5%、1.5% 和 6.1%。过量施用氮肥，易引起高粱贪青晚熟。

五、高粱的分类

（一）按用途分类

（1）粒用高粱。以籽粒为主。分蘖弱，穗密而短；茎髓含水较少；籽粒品质较佳，成熟时常因籽粒外露，较易落粒。按籽粒淀粉的性质不同，可分为粳型与糯型。

（2）糖用高粱。茎高，分聚力强。茎内富含汁液，随着籽粒成熟，含糖量一般可达 8%～19%；茎秆节间长，叶脉蜡质，籽粒小，品质欠佳；茎秆可做甜秆吃、制糖或制酒精等。

（3）帚用高粱。穗大而散，通常无穗轴或有极短的穗轴，侧枝发达而长，穗下垂；籽粒小并由护颖包被，不易脱落。

（4）饲用高粱。茎秆细，分蘖力和再生力强，生长势旺盛；穗小，籽粒有稃，品质差；茎内多汁，含糖较高。

（二）按籽粒颜色和品质分类

依籽粒颜色大体可分为红粒、黄粒、白粒三种。

（1）红粒，指红色籽粒的高粱，其籽粒中单宁含量较多，食用品质较差，但单宁有防腐能力，耐贮藏、耐盐碱，因此多在旱坡地和盐碱地上种植。

（2）黄粒，指黄色籽粒的高粱，其籽粒中单宁含量较低，适应性好且含有较多的胡萝卜素，营养价值良好。中国高粱品种黄色籽粒较多。

（3）白粒，指白色籽粒的高粱，其籽粒中单宁含量较低，食用品质好。

（三）按原产地和生态型分类

依据原产地和生态型，粒用高粱可分为以下八个类型：

（1）中国高粱。原产中国，籽粒食用。其特点是：产量较高，品质较好，抗逆性能强，茎内髓部较干燥，大部分品种的茎叶成熟时枯死，有早衰现象。品种资源极为丰富，有恢复品种、有保持品种。如三尺三、盘陀早、矬 1 号 B 等。

(2)印度高粱。印度地区称高粱为沙鲁,原产非洲和印度,茎秆水分少,珍珠白色的种子,品质好,表现恢复的较多。

(3)南非高粱。非洲南部称高粱为卡沸尔,一年生,原产非洲南部,品种资源丰富,抗黑穗病,籽粒食用,大部分品种籽粒为白色,成熟时茎叶鲜绿,茎秆充满汁液,是优良的青饲料,与3197A杂交一代一般表现为不育类型的较多。如永41、永36。

(4)北非高粱。非洲北部称高粱为都拉,一年生,原产非洲北部埃及尼罗河流域一带,籽粒食用,品质好,抗黑穗病,成熟时茎秆较鲜绿。如角质都拉、马拉斯都拉。一般表现恢复的较多。

(5)西非高粱。非洲西部称高粱为迈罗,一年生,原产非洲西部,籽粒食用,大部分籽粒为黄红色,穗大而紧,成熟时茎秆鲜绿,植株较矮,抗黑穗病,比南非高粱早熟,抗旱,有表现为恢复的,如黄迈罗,也有表现为不育的,如马丁迈罗、西地迈罗等。

(6)中非高粱。非洲中部称高粱为菲特瑞塔,一年生。原产非洲中部,籽粒食用。目前常见者籽粒大而松疏,在低温条件下易粉种。单秆品种植株高大,茎秆髓部干燥。分蘖品种多为矮秆,髓汁多,较抗黑穗病,恢复类型品种较多。如永22、白色菲特瑞塔、红色菲特瑞塔等。

(7)亨加利高粱。一年生,多为非洲各品种人工杂交后代,籽粒白色,供食用,穗多为纺锤形,分蘖性强,苗期匍匐生长、细弱,成熟时茎叶鲜绿,茎内充满汁液,抗黑穗病,杂交一代表现恢复类型的较多,如早熟亨加利、矮生亨加利等。

(8)达索高粱。一年生,籽粒食用,成熟时茎叶鲜绿,抗黑穗病,杂种一代表现不育类型的多,如黄达索、白达索。

(四)按生育期长短分类

(1)极早熟品种。生育期≤100 d;

(2)早熟品种。生育期在100~115 d;

(3)中熟品种。生育期在116~130 d;

(4)晚熟品种。生育期在131~145 d;

(5)极晚熟品种。生育期≥146 d。

第四节　高粱栽培技术

一、轮作倒茬

高粱忌重茬和迎茬。因为病虫害严重,特别是几种黑穗病发生较多;这些黑穗病病原孢子遗留在土壤中,容易侵染种子而使高粱发病;高粱炭疽病等叶部病害也易由残株病叶传染。另外,重茬还不利于合理利用土壤养分,使高粱茬养分不均衡。

实行合理轮作可消除这些不利因素的影响。由于高粱的广泛适应性,其对前茬的要求不严格。良好前茬有大豆、棉花、玉米、小麦等。

一般轮作方式为:玉米—油菜—高粱,小麦—高粱—棉花或大麦—高粱—小辣椒等。

二、播种准备

（一）精细整地

秋季耕翻，耕深20～25 cm，均匀一致，不漏耕、重耕。耕后要连续进行耙地、镇压整地作业。

（二）种子准备

1. 选用良种

根据用途选用抗病、适应当地自然和生产条件的高产品种，并要求种子纯度高，籽粒饱满，生命力强，发芽率高。

2. 种子处理

种子处理包括选种、晒种、浸种催芽和药剂拌种等。

（1）选种、晒种：播前应将种子进行风选或筛选，选出粒大饱满的种子做种，并进行晒种，晒后发芽快、出苗率高、出苗整齐，幼苗生长健壮。

（2）浸种催芽：用55～57 ℃温水浸种3～5 min，晾干后播种，起到提高出苗率与防治病害的作用。

（3）药剂拌种：为了防止高粱黑穗病，可用拌种双拌种，每千克种子用5 g拌种双。

三、合理密植

（一）品种和密度

一般株型紧凑、叶较窄短、抗倒伏、中矮秆的早熟品种，比较适宜密植；而叶片宽、着生角度大、不抗倒、秆高晚熟的品种，应该稀植。

（二）土壤肥力与密度

在土壤肥沃，水肥充足，能够满足单位面积上较多植株生长发育需要的情况下，种植密度大些，有利于提高产量；然而由于高粱在高肥水条件下易于繁茂，密度也不宜太大。而土壤瘠薄，施肥水平低，种植密度应小些。

（三）种植方式与密度

种植方式可以改变田间配置形式而改善光、温、气、水等生态条件，协调个体与群体生长。

高粱的种植方式主要有等行距、宽窄行条播，穴种及间种等。

宽窄行机械条播是最主要的种植方式，宽行距一般为60～70 cm、窄行距30～40 cm。种植密度较小时，采用小行距种植，有利于植株对土壤养分、水分和光能的充分利用；种植密度较大时，应增大行距，以利于后期田间的通风透光。

一般常规品种为4 500～6 000株/亩；高秆甜高粱、帚用高粱为4 000～5 000株/亩。

四、施肥

（一）基肥

广辟肥源，增施基肥，培肥地力。基肥施用量应根据品种、土壤类型来确定。喜肥、生育期长的品种，施肥量应较耐瘠、生育期短的品种多。在肥力低、沙性强的土壤上，应多施有机肥。基肥的施用量，一般每亩施 1 000 ~ 1 500 kg 有机肥、亩施 35% 玉米专用复混肥 25 ~ 30 kg、过磷酸钙 30 ~ 35 kg；或尿素 30 ~ 40 kg、钙镁磷肥 20 ~ 30 kg、氯化钾 20 ~ 30 kg。

（二）追肥

高粱追肥主要有拔节肥和挑旗肥。

拔节初期或稍提前几天追肥，可满足枝梗与小穗小花分化对养分的需要，显著增加枝梗与小穗小花数，从而增加每穗粒数。拔节肥还能增进茎叶分生组织细胞分裂，使茎秆增粗，中、上部叶片增大，并能在一定程度上减少小穗小花退化。

拔节肥促进叶面积增长最大的是当时可见叶以上的 3 ~ 4 个叶片，同时使茎基部的几个节间粗壮，增强植株抗倒伏能力。挑旗肥因在减数分裂前施用，有减少小穗小花退化，增加结实粒数与粒重的作用，并能延长叶片寿命，增强光合能力，防止植株早衰。一般只进行一次追肥，根据高粱生长发育规律，以拔节期追肥效果更好。一般追肥量为每亩 10 ~ 20 kg 尿素。

对生育期长的品种，或后期易脱肥的地块，可分两次追肥。两次追肥应掌握"前重后轻"的原则。一般在拔节初期，8 ~ 9 片叶时进行，有利于秆壮、促进枝梗和小穗的分化，每亩追施 15 kg 硝酸铵或 15 kg 尿素；第 2 次追肥在孕穗期，此时追肥可减少枝梗和小穗的退化，每亩追施硝酸铵 5 ~ 10 kg，或尿素每亩 5 kg。追肥时开沟深施或结合中耕进行。

追肥时期与数量还应看天、看地、看苗而定。基肥少，种肥不足，叶色黄绿，幼苗弱时，应早追多追；土壤肥沃，基肥量大，叶色深绿，个体生长健壮，应适当后延并酌情少施；沙土保肥力差，后期容易脱肥漏水，应适当晚施或分二次追施；气候干旱，土壤缺水，肥效不易发挥，应提早施；雨多地湿可适当推迟追施；雨前施或施后灌水，肥水相融，能显著提高肥料利用率。

（三）生物菌肥

生物菌肥不仅含有大量固氮、解磷、解钾活性菌，还含有有机质、腐殖酸和微量元素等，在高粱的任何需肥期均可与其他肥料配合施用。高质量的菌肥，如金宝贝菌肥，不但可以节约肥料使用量，而且可以解决土壤板结、增加土壤微生物含量等问题。

五、适时播种

（一）播种期的确定

高粱的播种期主要受温度和水分影响，南阳市主要种植方式是夏播，夏高粱要抢时早播。

1. 温度

高粱发芽的最低温度为 7 ~ 8 ℃，春高粱一般以土壤 5 cm 处地温稳定在 10 ~ 12 ℃以上时播种较适宜。

2. 水分

适宜高粱种子发芽的土壤含水量因土壤而不同。壤土为 15% ~ 17%，黏土为 19% ~ 20%。发芽要求的最低含水量，壤土为 12% ~ 13%，黏土为 4% ~ 15%，沙土为 7% ~ 8%。根据温、湿条件确定高粱播种时期，群众的经验是"低温多湿看温度，干旱无雨抢墒情"。

3. 播种方法

夏高粱播种越早越好,针对当地不同情况,选用以下方法。

(1)整地直播。前茬作物收获后,迅速灭茬、施肥、整地、播种,最迟 6 月 15 日前播完。

(2)麦垄套种。小麦亩产 300 kg 以上的麦田,麦收前 5 ~7 d 套种;小麦亩产 200 ~250 kg 的麦田,麦收前 8 ~10 d 套种;机割麦田小麦收获前 2 ~3 d 套种。按设计密度每穴点籽 2 ~3 粒,底墒不足时播后浇麦黄水。

(3)铁茬抢种。前茬作物收后底墒充足可不灭茬,按预定行株距开沟、施肥、播种。

(二)提高播种质量

1. 播种质量

要求播量适宜,下种均匀,播行齐直,播深合适。其中播种深浅影响最明显。播种太深,根茎伸长消耗种子中的大量营养,幼苗细弱,生长迟缓。播种过浅,容易使种子落干,出苗不齐不全。

2. 播种深度

一般以 3 ~5 cm 为宜。播后土壤暄松,易透风跑墒,应适时进行镇压保墒,压碎土块,减少大孔隙,增加毛管孔隙,使种子与土壤密接,促进毛管水上升至播种层,供种子吸收发芽。

(三)播种量

高粱播种量应根据种子发芽率、种粒大小、整地质量、土壤墒情等条件来确定。一般发芽率在 95% 以上的种子,每亩播种量为 1 ~1. 5 kg。对于不间苗的地块,可实行精量播种。采用精量播种机播种时,要认真做好种子处理,每亩播种量为 0. 75 ~1 kg。

精量播种是简化栽培措施的一项重要技术环节。可根据土壤墒情、地力、土质等条件,选择粒大、饱满、芽势好的种子,采取单粒、一粒二粒或二粒三粒交替点播方式,基本上可以实现不间苗或少间苗的精量、半精量播种。

六、田间管理

高粱的田间管理主要包括间苗、中耕、除草、追肥、灌溉、防病、治虫,以及防御旱、涝、低温、霜冻等自然灾害,以保证高粱的正常生长发育。不同生育阶段有不同的管理内容。

(一)苗期管理

主要目的是促进根系发育,适当控制地上部的生长,达到苗全、苗齐、苗壮,为后期的生长发育打基础。

主要内容包括破除土表板结、查苗补苗、间苗与定苗、中耕除草、除去分蘖等。

1. 查苗补苗

高粱出苗后,要及时查苗补苗。补苗的方法一是补种,二是移栽。若缺苗较多,要补种;若缺苗少,可移栽补苗。补种和移栽一定要抓早抓紧,并补施催苗肥。播种时,地头栽一些备用苗,供补种用。

2. 间苗与定苗

3 ~4 片叶时进行间苗,5 ~6 片叶时定苗,这样可以减少水分、养分消耗。

3. 中耕除草

苗期中耕2次。第1次结合定苗进行,10～15 d后进行第2次。中耕可保墒提温,发根壮苗,又可消除杂草,减轻杂草危害,拔节后中耕培土促根早生快发,增强防风抗倒伏、抗旱保墒能力。

(二)中期管理

拔节至抽穗期田间管理主要作用是协调好营养生长与生殖生长的关系,在促进茎、叶生长的同时,充分保证穗分化的正常进行,为实现穗大、粒多打下基础。这一时期的田间管理包括追肥、灌水、中耕、除草、防治病虫害等。追肥是最主要的田间管理措施,在运用原则上,要掌握高肥地块需、促、控兼备,肥力差的地块应一促到底。

1. 灌拔节水

高粱总的需水趋势是"两头少,中间多"。在拔节期至抽穗期间,对水分要求迫切,日耗水量最大,此时干旱会造成营养器官生长不良,而且严重影响结实器官的分化形成,造成穗小,粒少。拔节水应少灌、轻灌,如土壤水分在田间持水量的75%以上时,可以不灌。

2. 中耕

拔节期至抽穗期气温升高,土壤板结,失水严重,应该中耕松土,保蓄水分,消灭杂草,为根系生长创造条件。对徒长的高粱,拔节后应通过深中耕切断其部分根系,抑制地上部分的生长,促进新根发生,扩大对水分的吸收面,使之秆壮并形成大穗,提高经济产量。拔节后结合中耕开沟培土,促进节根生长,增强防风抗倒伏和抗旱保墒能力。

3. 喷施矮壮素

在高粱拔节期用400 ml/L的矮壮素药液进行叶面喷施,每亩喷50 kg。也可在高粱挑旗时,向心叶喷洒1 600 ml/L的矮壮素溶液,可使高粱植株健壮,有效防止倒伏。

(三)后期管理

抽穗至成熟期以形成高粱籽粒产量为生育的中心,田间管理的主要任务是保根养叶、防止早衰、促进早熟、增加粒重。

田间管理主要包括合理灌溉、施攻粒肥、喷洒促熟植物激素或生长调节剂等。对高粱起促熟增产作用的植物激素主要有乙烯利、石油助长剂、三十烷醇等。

1. 灌攻穗水

这一时期需水量占全生育期的35%。高粱在开花结束后籽粒灌浆期干旱会造成"卡脖旱",会影响光合作用和干物质向籽粒运输,严重影响幼穗发育,引起小穗小花退化,降低结实率而严重减产。这个时期的土壤湿度不能低于70%,否则应及时灌水。

2. 喷乙烯利

用250 ml/L(40%的乙烯利兑水1 600倍)的乙烯利药液进行叶面喷洒,每亩用溶液20 kg,可使节间缩短,茎的韧性提高,抗倒伏能力增强,一级枝梗缩短,小穗数、穗粒数和千粒重增加,增产在13%以上。喷洒时要严格掌握浓度,应随兑随喷,不能与碱性农药混合。

(四)防涝

高粱耐涝性虽强,生育期内若长期淹水或田间积水,仍不利根系生长,应注意及时排除。

七、收获期

高粱适宜收获期为蜡熟末期，此时穗基部籽粒顶浆，下半部籽粒变成浅红色，淀粉含量高。食用型高粱在霜前割倒晾晒，要防霜冻影响适口性；酿造型品种可适当晚收，籽粒干后收割脱粒。

第五节　特种高粱栽培技术

一、再生高粱高产栽培技术要点

再生高粱是在头季成熟收获后，利用高粱茎节上休眠芽萌发力强的特点，通过一系列的栽培管理措施，使茎节基部发苗、抽穗扬花、灌浆成熟收获。再生高粱可节省种子、劳力和肥料，同时生育期短，成熟早，有利于冬种，高粱再生栽培技术是依靠科技促进晚秋作物结构调整的新亮点。在栽培上应抓好以下关键技术。

（一）合理布局

再生高粱宜选择在海拔600 m以下地区，其最适宜区域在海拔400 m以下、光热资源十分丰富的高粱生产区。

（二）品种选择

选择综合农艺性状好、品质优、产量高、再生力强的再生高粱新品种，如泸杂4号、两糯一号等。

（三）田间管理

1. 抗旱保芽，施好保芽肥

头季高粱收前5～7 d灌水一次。收前7～10 d每亩施50% BB肥10 kg加人畜粪1 000 kg保芽。

2. 适时收割头季，合理留茬，秸秆覆盖

当头季高粱籽粒80%成熟，穗子上中部籽粒变红时及时采收。留茬高度不宜过高或过低，一般以近地面留1～2个节为好。收获时要抢晴砍秆，因雨天砍秆茬头灌水，老根容易腐烂，再生率仅有70%～80%，而晴天地面无积水，再生率可达90%～95%。头季收割时镰刀要锋利，砍秆速度要快，“一刀清”，尽量减少茎秆的破碎程度，以免茎秆破碎后引起腐烂，影响再生。砍秆后及时浇水防旱，并将前季高粱秸秆加稻草覆盖在行间保湿抗旱，减轻水分蒸发。

3. 及时中耕除草、定苗

头季收割后3～5 d，揭去覆盖物，进行第一次中耕除草，并匀苗，每株留再生苗1～2株；匀苗、定苗时要除上留下、除弱留壮、除挤留匀。4～5叶时初步定苗，亩留苗8 000株左右。第二次中耕除草在拔节初期进行，并定苗，基本保持头季株数。

4. 平衡施肥

再生高粱施肥原则应把握四关：促芽肥、发苗肥、拔节孕穗肥、穗粒肥。

结合第一次中耕除草（头季收割后3～5 d），亩施35%复混肥30 kg或BB肥20 kg，兑粪水 30 担淋窝作发苗肥。结合第二次中耕(在拔节期),亩施 35% 复混肥 20 kg 或 50% BB 肥 15 kg,兑粪水 30 担作拔节孕穗肥。抽穗前 1 周左右,亩施碳铵 10 kg(或尿素 5 kg)加氯化钾 10 kg 兑水施穗粒肥。

5. 病虫防治

再生高粱要注意防治螟虫、蚜虫等危害。螟虫用 20% 甲氰菊酯 2 000 倍液喷雾;蚜虫亩用 10% 吡虫灵可湿性粉剂 10 ~ 15 g 兑水 40 kg 喷雾。

(四)适时收获

当穗子上中部籽粒变红时及时采收。

二、草高粱栽培技术

(一)特征特性

草高粱,一年生禾本科牧草,一年可刈割 4 次,刈割后植株再生力强,生长速度快。生育期 130 d,株高 280 cm 左右,幼苗叶片紫色,叶鞘浅紫色,叶片 17 ~ 19 片,根系发达,分蘖性好,抗紫斑病,抗倒伏。茎秆含糖量高达 200(BX),茎叶鲜嫩,植株含粗蛋白 15. 29%,鲜草含粗蛋白 3%,营养价值高。

草高粱是禾本科高粱属一年生高大草本植物。须根发达,入土深 50 ~ 100 cm;茎秆高大粗状,大高粱高 2 ~ 3 m,小高粱高 1. 5 ~ 2 m,基茎直径 1. 5 ~ 2 cm;叶片长披针形,互生、平展、宽而长,长 40 ~ 60 cm,宽 4 ~ 6 cm。

顶生圆锥花序,由多数含 1 ~ 5 节分枝总状花序构成,分弯穗、散穗、直穗三种,大小长短因品种而异,穗长多在 20 ~ 30 cm,中间粗大的穗轴分出许多分枝,其上着生小穗,小穗孪生成对,背腹压扁,其中一无柄小穗两性,能孕,一有柄小穗无雌蕊,不孕;能孕无柄小穗长 5 ~ 6 cm,含花 2 枚,第一花退化,结实花第一颖成熟时下部硬革质有光泽,边缘内卷,第二颖舟形,具脊;第一外稃透明膜质,第二外稃先端二裂,芒自裂齿间伸出,内稃甚小。种子圆形或倒卵形,有白、黄、赤或暗红色,千粒重 20 ~ 30 g。

(二)草高粱栽培技术要点

1. 栽培季节

高粱的生育期因品种而异,草高粱一般于 4 月下旬至 5 月初播种,7 月上中旬达孕穗至抽穗,可开始刈割青饲利用。

2. 土壤耕作与施肥

高粱对土壤无选择,但若要高产,以疏松、排水良好的壤土或沙壤土最好。播种高粱的土地,要在上年前作收获后进行夏耕或秋耕深翻 1 ~ 2 次,灭除田间杂草,反复耙耱,粉碎土块,整平地面。水浇地入冬时,灌足冬水,冬春季耙耱镇压,蓄水保墒,播种前浅耕,耙耱整地。旱作区秋季耙耱,精细整地,冬春季镇压蓄水保墒待播。高粱需肥量较多,以氮、磷需要量较多。结合深翻,每亩施腐熟厩肥 1 000 ~ 2 000 kg,播种时施种肥每亩硝酸铵 8 ~ 10 kg,或每亩磷酸二铵 5 ~ 8 kg。

3. 播种

(1)选种。选用成熟好、粒大、饱满,上年收获的纯净新鲜种子。种子田要播种国家或省级种子质量标准规定的Ⅰ级种子,草高粱播种Ⅰ ~ Ⅲ级种子均可。种子在经过严格的清选和品质检验后，晒种 1 ~ 2 d 再播种。

(2)播种期。高粱是喜温作物，若地温低，湿度大，种子在土壤内存留时间过长不发芽时易引起霉变。种子田以土壤温度达到 10 ~ 12 ℃时播种为宜。南阳地区于 4 月 20 日至 5 月初播种。草高粱在春季至夏季之间都能播种，具体时间视需要而定。

(3)播种量以利用目的、品种和播种方法而异。种子田条播每亩大高粱及多穗高粱 1.0 ~ 1.5 kg，行距 40 ~ 50 cm，保苗 4 000 ~ 5 000 株，小高粱及甜高粱 1.5 ~ 2.0 kg，行距 30 ~ 40 cm，保苗 5 000 ~ 6 000 株。草高粱单播每亩 3.0 ~ 4.0 kg，保苗 15 000 ~ 20 000 株；与草谷子、草玉米、箭舌豌豆、毛苕子等混播时，草高粱占单播量的 20% ~ 60%，具体比例以参与混播草种多少而定。

(4)播种方法有条播、撒播和穴播。种子田宜条播或穴播；草高粱可条播或撒播，条播行距 15 ~ 20 cm。混播时可条播撒播混合采用，可条播高粱或玉米，撒播谷子或其他作物。播种深度一般 3 ~ 5 cm，土干宜深，土湿宜浅，播后耱地镇压，土壤墒情较差时，要用镇压器镇压，使土壤与种子紧密接触，以利出苗。

4. 田间管理

高粱幼苗顶土能力差，出苗前如遇水土壤板结，要及时耙耱或镇压，破除板结层。种子田苗期生长缓慢，易被杂草危害，要及时中耕除草。在苗高 10 cm 左右或 3 ~ 4 片真叶时，进行第一、二次中耕和间苗，苗高 20 ~ 30 cm 时，进行第三次中耕除草和定苗培土，定苗株距 20 cm 左右。定苗培土后的种子田要随时摘除分蘖，以提高种子产量。高粱耐旱性强，苗期在土壤不十分干燥时，不需灌水，以便蹲苗。水浇地在定苗后结合追肥灌水一次，可促进生长；拔节至抽穗开花阶段生长加快，需水量增加，可根据降雨情况灌水 1 ~ 3 次，使土壤含水量保持在 60% ~ 70% 即可。长期淹水或田间积水时，应注意及时排除。为保高产，生长期内需进行追肥，每亩施硝酸铵等氮肥 8 ~ 10 kg，磷二铵等复合肥 5 ~ 8 kg。种子田可在拔节和孕穗期分两次追施，草高粱在拔节期一次追施。

5. 收获利用

(1)草高粱种子田及籽实用高粱要在完全成熟期收获，能得到最高产量和高质量种子。但成熟后要及时收获，久留不刈会引起大量落粒损失。脱粒后的籽粒要充分晒干入库。用于种子的高粱要在田间选株单收、单运、单打、单贮，防止混杂，降低品质。用于精饲料的籽实要粉碎成粒状或粉状饲喂。籽实也可整粒饲喂马、骡、驴，或粉碎调拌铡碎的小麦等秸秆饲喂牛、羊，也是配制配合饲料、浓缩饲料和混合饲料的原料。高粱种子皮层内含有少量单宁，新鲜籽粒含单宁较多，种皮颜色愈深含量愈多，且具涩味，妨碍消化，适口性较差，若存放月余，会使单宁减少，适口性提高。

(2)用作青饲的草高粱适宜刈割期为孕穗后期至初花期，用于晒制青干草在抽穗期刈割，作青贮料时，在盛花期刈割。高粱在成熟前的籽粒及茎叶内均含有高粱配糖体(Glukosid)及其结合的氢氰酸，越幼嫩含量越多，上部叶比下部叶含量多，分蘖株比主茎含量多，受旱或霜冻后含量增加。过于幼嫩的茎叶不能单独多量饲喂，采食过多会引起中毒，若在抽穗前青饲，须与其他青饲料混喂。晒制青干草，氢氰酸多数消失，制作青贮料，氢氰酸基本消失。早刈高粱，留茬 5 cm，再生草还可供青刈或放牧利用，但须注意氢氰酸中毒，放牧畜在放牧前要先在其他草地放牧，后在高粱草地适度放牧。

种子田在生长后期,可将下部叶片逐渐摘下喂畜利用,摘叶适时适量,利于通风透光,对种子产量并无影响。一般做法是在蜡熟期从茎秆下部向上部,按日需要量逐渐摘取,以上部存留 6 片叶为度。

(3)糖用高粱在乳熟期摘穗,可提高茎秆含糖量。为避免氢氰酸中毒和提高适口性,常与草谷子、草玉米混播,混播比例,高粱 + 玉米以各半为宜。近年又增加了箭舌豌豆、毛苕子等豆科青饲作物,效果更好。草田轮作中,草高粱常与浅耕作物和豆类作物轮作。

用饲用高粱或高丹草青饲时需特别注意氢氰酸中毒的问题。苏丹草氢氰酸含量较低,但也需注意。首次给家畜饲喂高粱青草时,一定不能让饥饿的家畜直接采食,要先让家畜采食其他饲草半饱后再采食高粱青草,经过 3 ~4 d 锻炼后家畜对氢氰酸的耐受性会明显提高,可直接饲喂。一旦发生氢氰酸中毒,可马上用硫黄解毒。夏季特别注意不能用堆放时间很长的高粱青草饲喂家畜,以免硝酸盐中毒。幼嫩植株氢氰酸含量高,最好在株高 70 cm 以上开始刈割。

第六节　高粱主要病虫草害防治

一、高粱病害防治

(一)高粱豹纹病

1. 症状

高粱豹纹病主要为害叶片和叶鞘。初生紫红色近圆形或椭圆形病斑,大小不定,有明显的轮纹。通常易在叶缘发生,病斑成半椭圆形,天气潮湿时,病斑背面生纤细的橙红色黏质物,即病菌的分生孢子梗和分生孢子。严重时病斑汇合,很像"豹纹"引起叶片枯死(见图 4-2)。

图 4-2　高粱豹纹病叶片症状

2. 防治方法

(1)农业措施。实行大面积轮作,施足充分腐熟的有机肥,适当追肥,做到后期不脱肥,增强植株抗病力。收获后及时处理病残体,进行深翻,把病残体翻入土壤深层。

(2)药剂防治。用种子重量 0.5% 的 50% 福美双可湿性粉剂拌种加 0.5% 的 50% 多菌灵可湿性粉剂拌种。

发病初期，可选用下列药剂：①50% 多菌灵可湿性粉剂 800 倍液；②70% 甲基硫菌灵可湿性粉剂 1 000 倍液；③50% 苯菌灵可湿性粉剂 1 500 倍液；④25% 溴菌腈可湿性粉剂 500 倍液。喷雾防治。

（二）高粱长黑穗病

1. 症状

通常仅为害穗的部分子粒或个别小穗。病粒子房被破坏，形成一长形囊状物，两端稍尖，常弯曲，突出护颖之外，长度可达 2 ~ 3 cm，外包有一层浅黄色薄膜，后薄膜从顶皮破裂，散出黑粉，黑粉散落后，囊内无中柱，仅剩数根黑色丝状物（寄主维管束残余组织）（见图 4-3）。

图 4-3 高粱长黑穗病穗部症状

2. 防治方法

（1）农业措施。因地制宜选用抗病良种。重病田进行轮作倒茬。适期播种，争取早出苗，一次全苗。

（2）药剂防治。一是用 50% 禾穗胺，按种子重量的 0.5% 拌种；二是用 20% 粉锈宁乳油 100 ml，加少量水，拌种 100 kg；三是用 20% 萎锈灵乳油 0.5 kg，加水 3 kg，拌种 40 kg。要求混拌均匀，摊开晾干后播种。

（三）高粱黑穗病

高粱黑穗病包括丝黑穗病、散黑穗病、坚黑穗病。

1. 高粱黑穗病症状

1）丝黑穗病

发病初期病穗穗苞很紧，下部膨大，旗叶直挺，剥开可见内生白色棒状物，即乌米。苞叶里的乌米初期小，指状，逐渐长大，后中部膨大为圆柱状，较坚硬乌米在发育进程中，内部组织由白变黑，后开裂，乌米从苞叶内外伸，表面被覆的白膜也破裂开来，露出黑色丝状物及黑粉。

2）散黑穗病

主要为害穗部。病株稍有矮化，茎较细，叶片略窄，分蘖稍增加，抽穗较健穗略早。病株花器多被破坏，子房内充满黑粉。病粒破裂以前有一层白色至灰白色薄膜包裹着，孢子成熟以后膜破裂，黑粉散出，黑色的中柱露出来。病穗多数全部发病，偶有个别小穗能正常结实。

3）坚黑穗病

主要为害穗部，穗期显症，病株不矮化，为害穗部，只侵染子房，形成一个坚实的冬孢子堆。一般全穗的籽粒都变成卵形的灰包，外膜较坚硬，不破裂或仅顶端稍裂开，内部充满黑粉。病粒受压后散出黑色粉状物，中间留有一短且直的中轴。

2. 防治方法

（1）选用抗病品种，与其他作物实行 3 年以上轮作，秋季深翻灭菌，适时播种，播种不宜过深,覆土不宜过厚,提高播种质量,使幼苗尽快出土,拔除病穗,集中深埋或烧毁。

(2)温水浸种。用45～55 ℃温水浸种5 min后接着闷种,待种子萌发后播种,既可保苗又可降低发病率。

(3)种子处理,可选用下列药剂:①50%多菌灵可湿性粉剂按种子重量的0.3%～0.5%;②40%拌种双可湿性粉剂按种子重量的0.2%～0.5%;③40%拌种灵·福美双可湿性粉剂120～200 g拌100 kg种子;④60%戊唑醇悬浮种衣剂100～150 g拌100 kg种子;⑤12.5%烯唑醇粉剂300～400 g拌100 kg种子。

(四)高粱锈病

1. 症状

主要为害叶片,初期在叶上出现红色或紫色小斑点,后斑点逐渐扩大且在叶片表面形成椭圆形隆起,即夏孢子堆。夏孢子堆破裂后散出锈褐色粉末,即夏孢子。发病后期,在夏孢子堆上形成长圆形黑色的突起,即冬孢子堆,其外形较夏孢子堆大(见图4-4)。

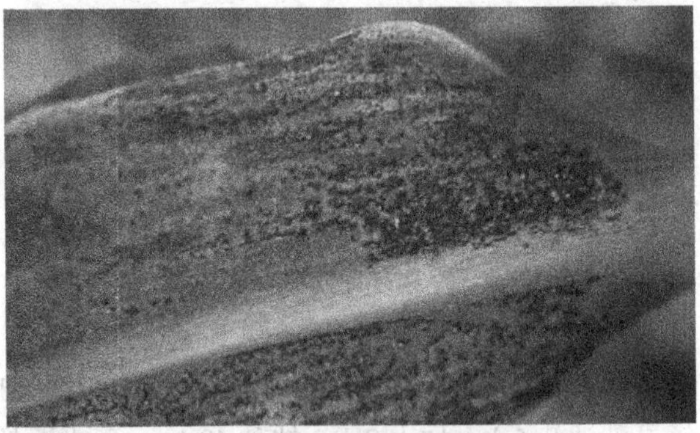

图4-4　高粱锈病叶片症状

2. 防治方法

(1)种植抗病品种,适当早播,合理密植,中耕松土,浇适量水,创造有利于作物生长发育的环境,提高植株的抗病能力,减少病害的发生。增施磷、钾肥,避免偏施、过施氮肥,提高植株抗病力。

(2)在发病初期可选用下列药剂:①25%粉锈宁(三唑酮)可湿性粉剂1 500～2 000倍液;②40%多菌灵悬浮剂600倍液;③80%施普乐(代森锌)可湿性粉剂600～800倍液;④25%苯环唑乳油3 000倍液,隔10 d左右喷1次,连续防治2～3次。

(五)高粱大斑病

1. 症状

主要为害叶片。叶片上病斑长梭形,中央浅褐色至褐色,边缘紫红色,早期可见不规则的轮纹,大小(20～60)mm×(4～10)mm,后期或雨季叶两面生黑色霉层,即病原菌子实体。一般从植株下部叶片逐渐向上扩展,雨季湿度大扩展迅速,常融合成大斑致叶片干枯(见图4-5)。

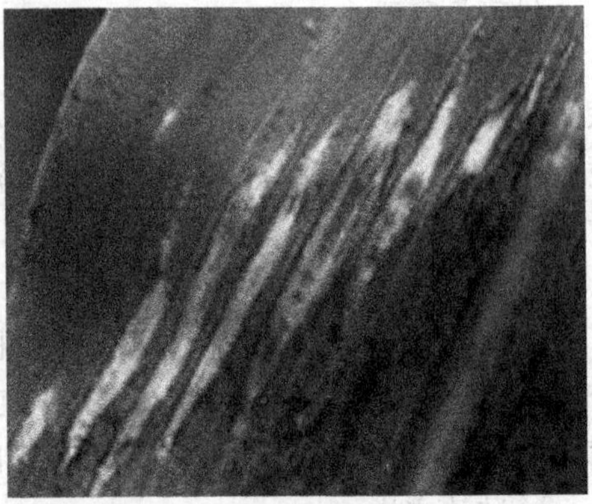

图4-5　高粱大斑病叶片症状

2. 防治方法

(1)选用抗大斑病的品种。

(2)加强高粱田管理。适时秋翻,把病残

株沤肥或烧毁,减少菌源。

(3)增施有机肥或酵素菌沤制的堆肥,提倡沟施农用活性有机(粪)肥,每亩施用2 500kg,沟施后盖土。也可用奥普尔有机活性液肥800倍液或“垦易”微生物有机肥500倍液喷雾防治。

(六)高粱纹枯病

1. 症状

杂交高粱较严重。主要为害叶鞘,也可为害叶片。发病后在近地面的茎秆上先产生水浸状病变,后叶鞘上产生紫红色与灰白色相间的病斑。在生育后期或天气多雨潮湿条件下,病部生出褐色菌核。该病也可蔓延至植株顶部,对叶片造成为害。发病重的植株提早枯死。茎基部叶鞘染病初生白绿色水浸状小病斑,后扩大成椭圆形、四周褐色、中间较浅的病斑。叶片染病呈灰绿色至灰白色云状斑,多数病斑融合成虎斑状,致全叶枯死。湿度大时叶鞘内外长出白色菌丝,有的产生黑褐色小菌核。

2. 防治方法

(1)清除病原,及时深翻消除病残体及菌核。发病初期摘除病叶,并用药剂涂抹叶鞘等发病部位。

(2)选用抗(耐)病的品种或杂交种。实行轮作,合理密植,注意开沟排水,降低田间湿度,结合中耕消灭田间杂草。

(3)药剂防治。用浸种灵按种子重量0.02%拌种后堆闷24~48 h。发病初期可选用下列药剂:①1%井冈霉素0.5 kg兑水200 kg;②50%甲基硫菌灵可湿性粉剂500倍液;③50%多菌灵可湿性粉剂600倍液;④50%苯菌灵可湿性粉剂1 500倍液;⑤50%退菌特可湿性粉剂800~1 000倍液;⑥40%菌核净可湿性粉剂1 000倍液;⑦50%农利灵或50%速克灵可湿性粉剂1 000~2 000倍液。喷雾防治。喷药重点为高粱基部,保护叶鞘。

(七)高粱花叶病

1. 症状

在叶片上出现不规则卵圆形至长圆形斑,浅绿色,与中脉平行,但不受叶脉限制。新展开幼叶症状明显。有些品种产生坏死斑,韧皮部坏死,叶片扭曲,有的矮化。

2. 传播途径和发病条件

传毒介体主要是蚜虫,汁液也能传染。生产上越冬毒源和早春传毒蚜虫数量影响春播高粱发病。品种间抗病性差异明显。

3. 防治方法

参见高粱矮花叶病。

(八)高粱矮花叶病

1. 症状

高粱矮花叶病即高粱红条病,整个生育期均可发生,后期发生较重。田间症状分花叶型、坏死型和混合型3种。花叶型受害叶呈条状褪色,与正常组织黄绿分明,沿侧脉向上扩展,出现褪绿的小条点,后发展成条斑或成断续的虚线条状。后随病斑扩展,病叶呈淡绿色,夹杂有深绿色的条点或斑块,一般不变红,形成斑驳花叶。坏死型上述条纹变红即成为红条,褪绿斑变红或红条融合即出现红叶。红条部分最后失水坏死。有些品种心叶变黄，后变成紫红色或红色卷曲。有的品种心叶未见显症，仅下部叶片先变紫色或部分失绿，部分沿脉出现平行的紫红色条纹，呈红条状。混合型心叶出现红色枯死条斑或扩展成枯死条斑。最后病株矮化或枯死（图 4-6）。

图 4-6　高粱花叶病叶片症状

2. 传播途径和发病条件

高粱品种种子可带毒，但传毒率仅 0.03%。在田间病毒主要靠麦二叉蚜、禾谷缢管蚜、桃蚜、玉米蚜等传播。春播高粱苗期主要传毒介体是麦二叉蚜，其次是桃蚜；夏播高粱苗期主要由禾谷缢管蚜和玉米蚜传播。因此，田间传毒蚜虫发生量是影响该病发生和流行程度的重要因素之一。

3. 防治方法

（1）选用抗病品种，如黏高粱表现抗病；农家品种和杂交高粱也较抗病；扫帚高粱高度抗病。

（2）建立无病留种田，防止种子带毒。间苗、定苗时发现病株及时拔除，减少菌源，可收到事半功倍之效果。

（3）在保证高粱成熟条件下，适当晚播。

（4）及时防治高粱田蚜虫，发现蚜虫迁入高粱田时及时喷洒 50% 抗蚜威超微可湿性粉剂 3 000 倍液或 10% 吡虫啉（一遍净）可湿性粉剂 3 000～3 500 倍液。

（5）发病初期喷 0.5% 菇类蛋白多糖水剂（原称抗毒剂 1 号）300 倍液或 20% 病毒 A 可湿性粉剂 500 倍液、15% 病毒必克可湿性粉剂 500～700 倍液。

（九）高粱炭疽病

1. 症状

该病是高粱重要病害，高粱各产区都有发生。从苗期到成株期均可染病。苗期染病为害叶片，导致叶枯，造成高粱死苗。叶片染病病斑梭形，中间红褐色，边缘紫红色，病斑上现密集小黑点，即病原菌分生孢子盘。炭疽病多从叶片顶端开始发生，大小（2～4）mm×（1～2）mm，严重的造成叶片局部或大部枯死。叶鞘染病病斑较大，椭圆形，后期也密生小黑点。高粱抽穗后，病菌还可侵染幼嫩的穗颈，受害处形成较大的病斑，其上也生小黑点，易造成病穗倒折。此外，还可为害穗轴和枝梗或茎秆，造成腐烂（见图 4-7）。

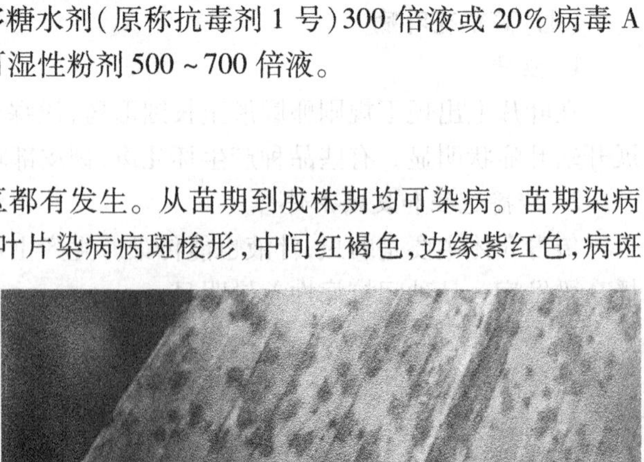

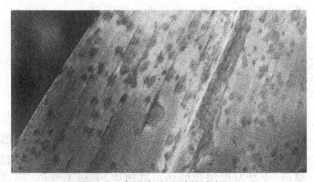

图 4-7　高粱炭疽病叶片症状

2. 传播途径和发病条件

病菌随种子或病残体越冬。翌年田间发病后,苗期发病可造成死苗。成株期发病病斑上产生大量分生孢子,借气流传播,进行多次再侵染,不断蔓延扩展或引起流行。高粱品种间发病差异明显。多雨的年份或低洼高湿田块普遍发生,致叶片提早干枯死亡。北方高粱产区炭疽病发生早的,7～8 月气温偏低、雨量偏多可流行为害,导致大片高粱早期枯死。

3. 防治方法

(1)收获后及时处理病残体,进行深翻,把病残体翻入土壤深层,以减少初侵染源。

(2)实行大面积轮作,施足充分腐熟的有机肥,采用高粱配方施肥技术,在第三次中耕除草时追施硝酸铵等,做到后期不脱肥,增强抗病力。

(3)选用和推广适合当地的抗病品种,淘汰感病品种。

(4)药剂处理种子。用种子重量 0.5% 的 50% 福美双粉剂或 50% 拌种双粉剂或 50% 多菌灵可湿性粉剂拌种,可防治苗期种子传染的炭疽病及北方炭疽病。

(5)该病流行年份或个别感病田,从孕穗期开始可选用下列药剂:①36% 甲基硫菌灵悬浮剂 600 倍液;②50% 多菌灵可湿性粉剂 800 倍液;③50% 苯菌灵可湿性粉剂 1 500 倍液;④25% 炭特灵可湿性粉剂 500 倍液。喷雾防治。

(十)高粱根腐病

1. 症状

主要为害幼苗。多发生在 2～3 叶期,病苗根部红褐色,生长缓慢。病情严重时,幼苗枯萎死亡,引致缺苗。7～8 月生育中后期个别地块也有发生,为害根部,引致高粱烂根。

2. 传播途径和发病条件

病菌在土壤中存活,以菌丝体或苗核在土壤中越冬,是土壤传播病害。除为害高粱外,还可为害玉米、大豆、甜菜、陆稻等多种作物的幼苗或成株,引致立枯病或根腐病。5、6 月多雨的地区或年份易发病,低洼排水不良的田块发病重。

3. 农业防治

有机肥要充分腐熟后才能施用。提倡采用高垄或高畦栽培,严禁大水漫灌,雨后要及时排水。

二、高粱虫害防治

(一)高粱蚜

高粱蚜(*Melanaphis sacchari*(Zehntner,1897)),为同翅目蚜科色管蚜属的一种昆虫。

1. 为害特点

高粱蚜寄生在寄主作物叶背吸食营养,初期多在下部叶片为害,逐渐向植株上部叶片扩散,并分泌大量蜜露,滴落在下部叶面和茎上,油光发亮,影响植株光合作用及正常生长,造成叶色变红、“秃脖”、“瞎尖”、穗小粒少,影响高粱的产量和品质。

2. 发生特点

高粱蚜发生世代短、繁殖快。以卵在荻草上越冬,当 6 月高粱出苗后,迁入高粱田繁殖为害,苗期呈点片发生。在此期间若持续两旬平均气温在 22 ℃以上,降雨均在 25 mm

以下(高温多湿),高粱蚜即可能大发生;反之,若在此期间降雨量较多,气温偏低,就不利于蚜虫发生。

3. 防治方法

(1)早期消灭中心蚜株(窝子蜜),方法可轻剪有蚜底叶,带出田外销毁。点片施药用40%乐果乳油1 500倍液喷雾。

(2)每亩用40%乐果乳油50 g,兑等量水均匀拌入10~13 kg细沙土内,配制成乐果毒土,在抽穗前扬撒在高粱株上。

(二)高粱条螟

高粱条螟(*Chilosaccharíphagus Bojer*),属鳞翅目,螟蛾科(见图4-8)。

图4-8　高粱条螟幼虫

1. 形态特征

成虫雄蛾浅灰黄色;头、胸背面浅黄色,下唇须向前方突出;复眼暗黑色;前翅灰黄色,中央具1小黑点;后翅色浅。雌蛾近白色;腹部和足均为黄白色。卵扁平椭圆形,表面具龟甲状纹,常排列成"人"字形双行重叠状卵块,初乳白色,后变深黄色:冬型末龄幼虫体初乳白色,上生淡红褐色斑连成条纹,后变为淡黄色。蛹红褐至黑褐色:腹部末端有突起2个,每个突起上有刺2个。

2. 发生规律

河南一年发生2代,以末龄幼虫在高粱、玉米或甘蔗秸秆中越冬。北方于5月中下旬开始化蛹,5月下旬至6月上旬羽化。第1代幼虫于6月中下旬出现并为害心叶,第1代成虫7月下旬至8月上旬盛发,8月中旬进入第2代卵盛期,第2代幼虫于8月中下旬为害夏玉米和夏高粱的穗部,有的留在茎秆内越冬。成虫喜在夜间活动,白天多栖居在寄主植物近地面部分的叶下,初孵幼虫灵敏活泼,爬行迅速。

3. 防治方法

(1)及时处理秸秆,以减少虫源。注意及时铲除地边杂草,定苗前捕杀幼虫。

(2)提倡喷洒苏云金杆菌(Bt)乳剂或青虫菌液或苏云菌·核型多角体病毒喷雾防治(生物防治)。

(3)成虫产卵盛期,可选用下列药剂防治:50%辛硫磷乳油50 ml加入20~50 kg水,每株10 ml灌心;50%杀螟硫磷乳油1 000倍液,叶面喷雾;40%乐果乳油2 000倍液喷施于穗部,亩喷 50 ~ 70 L。2.5% 溴氰菊酯乳油 10 ~ 20 ml/亩,撒施拌匀的毒土或毒砂 20 ~ 25 kg/亩,顺垄低撒在幼苗根际处,使其形成 6 cm 宽的药带,杀虫效果好。

(三)高粱大青叶蝉

高粱大青叶蝉(*Tettigella viridis*(Linnaeus)),同翅目,叶蝉科。别名青叶跳蝉、青叶蝉、大绿浮尘子等(见图 4-9)。

1. 寄主

粟(谷子)、玉米、水稻、大豆、马铃薯、蔬菜、果树等 160 种植物。

图 4-9 高粱大青叶蝉若虫

2. 为害特点

成虫和若虫为害叶片,刺吸汁液,造成褪色、畸形、卷缩,甚至全叶枯死。此外,还可传播病毒病。

3. 形态特征

成虫体长 7 ~ 10 mm,雄成虫较雌成虫略小,青绿色。头橙黄色,左右各具 1 小黑斑,单眼 2 个红色,单眼间有 2 个多角形黑斑。前翅革质,绿色微带青蓝,端部色淡近半透明;前翅反面、后翅和腹背均黑色,腹部两侧和腹面橙黄色。足黄白至橙黄色,胫节 3 节。卵长卵圆形,微弯曲,一端较尖,长约 1.6 mm,乳白至黄白色。若虫与成虫相似,共 5 龄,初龄灰白色;2 龄淡灰微带黄绿色;3 龄灰黄绿色,胸腹背面有 4 条褐色纵纹,出现翅芽;4、5 龄同 3 龄,老熟时体长 6 ~ 8 mm。

4. 生活习性

一年生 3 代,以卵于树木枝条表皮下越冬。4 月孵化,于杂草、农作物及蔬菜上为害,若虫期 30 ~ 50 d,第 1 代成虫发生期为 5 月下旬至 7 月上旬。各代发生期大体为:第 1 代 4 月上旬至 7 月上旬,成虫 5 月下旬开始出现;第 2 代 6 月上旬至 8 月中旬,成虫 7 月开始出现;第 3 代 7 月中旬至 11 月中旬,成虫 9 月开始出现。发生不整齐,世代重叠。成虫有趋光性,夏季较强,晚秋不明显,可能是低温所致。成、若虫日夜均可活动取食,产卵于寄主植物茎秆、叶柄、主脉、枝条等组织内,以产卵器刺破表皮成月牙形伤口,产卵 6 ~ 12 粒于其中,排列整齐,产卵处的植物表皮成肾形凸起。每雌可产卵 30 ~ 70 粒,非越冬卵期 9 ~ 15 d,越冬卵期达 5 个月以上。前期主要为害农作物、蔬菜及杂草等植物,至 9、10 月农作物陆续收割、杂草枯萎,则集中于秋菜、冬麦等绿色植物上为害,10 月中旬第 3 代成虫陆续转移到果树、林木上为害并产卵于枝条内,10 月下旬为产卵盛期,直至秋后。以卵越冬。

5. 防治方法

(1)夏季灯火诱杀第 2 代成虫,减少第 3 代的发生。

(2)成、若虫集中在谷子等禾本科植物上时,及时喷撒 2.5% 敌百虫粉或 1.5% 1605 粉剂或 2% 叶蝉散(异丙威)粉剂,每亩 2 kg。

(3)必要时,可喷洒 2.5% 保得乳油 2 000 ~ 3 000 倍液、10% 大功臣可湿性粉剂 3 000 ~4 000 倍液。

三、高粱田杂草防除

高粱生产期间主要杂草有播娘蒿、藜、蓼、芥、牛繁缕、繁缕、野苋、牵牛花、苦荬菜、刺儿菜、苍耳、田旋花、马齿苋、稗草、马唐、牛筋草、龙葵等。

(一)播后苗前土壤处理

1. 40% 莠去津悬浮剂

土壤有机质在 2% 以下的田块,每亩用 40% 莠去津悬浮剂 150 ~200 ml,兑水 30 ~50 kg 配成药液,用喷雾器均匀喷洒地面处理土表层,可防除一年生双子叶杂草和部分单子叶杂草,对多年生杂草有一定的抑制作用。使用该除草剂时,沙质土用下限量,壤土和黏质土用上限量。由于残留时间长,对后茬作物小麦、大豆、亚麻及十字花科蔬菜有药害。

2. 莠去津 +2,4 - D 丁酯

40% 莠去津悬浮剂 +72%2,4 - D 丁酯乳油每亩用量为 150 ml +50 ml,兑水 30 ~50 kg 配成药液,均匀喷洒于土表层,可有效防除单子叶杂草和双子叶杂草。也可用 40% 莠去津悬浮剂 +56%2 甲 4 氯钠盐,每亩用量为 40 ml +73 ml,对双子叶杂草发生严重的地块除草效果理想。

3. 40% 西玛津悬浮剂

每亩用 40% 西玛津悬浮剂 300 ~400 ml,兑水 30 ~50 kg 配成药液,均匀喷洒处理土表层。其杀草谱和注意事项同莠去津。

4. 25% 绿麦隆可湿性粉剂

每亩用 25% 绿麦隆可湿性粉剂 200 g,兑水 30 ~50 kg 配成药液,于播种后出苗前均匀喷洒于土表层,可防除看麦娘、早熟禾、野燕麦、马唐、狗尾草、繁缕、猪殃殃、藜、蓼、婆婆纳等多种杂草。

5. 20% 敌草隆可湿性粉剂

每亩用 20% 敌草隆可湿性粉剂 200 g,兑水 30 ~50 kg 配成药液,在播种后出苗前均匀喷洒在土表层,可防除稗草、马唐、狗尾草、千金子、牛筋草、看麦娘、早熟禾、繁缕、牛繁缕、龙葵、苍耳、小旋花、马齿苋、野苋、藜、碎米荠等杂草。对多年生单子叶杂草及深根性杂草无效。

6. 80% 去草净可湿性粉剂和 80% 扑灭津可湿性粉剂

在高粱播种后出苗前,每亩用 80% 去草净可湿性粉剂 75 ~150 g、80% 扑灭津可湿性粉剂 50 ~100 g,兑水 30 ~50 kg 配成药液,均匀喷洒于土表层,然后浅混土,可防除高粱田多种单子叶杂草和双子叶杂草。但沙质土壤不宜施用。

(二)茎叶处理

高粱田防除杂草茎叶处理,施药时期是高粱 4 ~6 片叶、杂草 2 ~4 叶期。常用药剂为莠去津、2 甲 4 氯、2,4 - D 丁酯、伴地农、百草敌等除草剂品种。具体用法如下。

1. 40% 莠去津悬浮剂

每亩用 40% 莠去津悬浮剂 150 ml,兑水 30 ~50 kg,配成适量药液,于茎叶处喷雾,可防除高粱田的单子叶和双子叶杂草。对高粱在拔节前有时表现抑制生长现象,拔节后生长正常。有些高粱品种表现敏感,必须慎重应用。

2. 22.5% 伴地农乳油

每亩用22.5%伴地农乳油80~130 ml,兑水30~50 kg,配成药液,于茎叶处喷雾,可防除藜、蓼、野苋、麦瓶草、龙葵、苍耳、猪毛菜、麦家公、田旋花等双子叶杂草。

3. 48% 百草敌水剂

每亩用48%百草敌水剂25~40 ml,兑水30~50 kg,配成适量药液,于茎叶处喷雾,可防除猪殃殃、荞麦蔓、藜、蓼、繁缕、牛繁缕、大巢菜、播娘蒿、苍耳、薄蒴草、田旋花,刺儿菜、问荆等杂草。

4. 2 甲 4 氯

每亩用20%2甲4氯水剂250 ml,兑水30~50 kg配成适量药液,于茎叶处喷雾,可防除多种双子叶杂草及莎草。

5. 72%2,4-D 丁酯乳油

每亩用72%2,4-D丁酯乳油30~50 ml,兑水30~50 kg,配成适量药液喷雾茎叶,可防除播娘蒿、藜、蓼、芥、离子草、牛繁缕、繁缕、野苋、萹蓄、牵牛花、葎草、问荆、苦荬菜、刺儿菜、苍耳、田旋花、马齿苋等双子叶杂草。

茎叶处理使用2甲4氯、2,4-D丁酯类除草剂,时间不可过早或过晚,用量不可过大,并防止药液飘移至邻近的双子叶作物而产生药害。某些高粱品种对莠去津有药害,应先进行试验方可使用。

第七节 高粱品种介绍

一、豫粱7号

豫粱7号是一个高产、中秆、早熟、夏播杂交种。单株穗重108 g,千粒重30 g以上;叶片浓绿、半披,中散穗穗长35~43 cm,二、三级分枝多,株高180~200 cm,生育期90~95 d,红壳红粒,角质率70%,出米率82.5%。该杂交种生长健壮,丰产潜力大,抗病、抗倒、易脱粒、耐旱、耐涝。子粒灌浆速度快,活秆成熟,不早衰。对丝黑穗病表现免疫。

适播期在河南直播为6月上旬,最迟不宜超过6月15日,麦垄套种为5月20日左右。播量1~1.5 kg/亩。种植方式可以等行距种植,以宽窄行为好,宽行行距70~100 cm,窄行行距30~50 cm,株距20~27 cm,每亩留苗6 000~8 000株,如能与低秆作物间作,其经济效果会更为显著。追肥的关键时期是拔节期,可结合施肥浇水,生长期间注意防治虫害。开花前以防治钻心虫和蚜虫为主,开花后以防治穗螟为主,可用呋喃丹撒心叶防治钻心虫,用乐果1 000~2 000倍液喷雾或拌毒土撒施防治蚜虫,用“1605”乳剂、敌杀死1 000倍液在开花末期和灌浆初期喷穗部防治穗螟,并及时收获。

本品种适应性强,对土壤要求不严格,一般河南各地均可种植,中上等肥力的地块更能发挥其增产优势。夏播种植,可以直播,也可以麦垄套种。

二、晋草3号

晋草3号是优质饲草高粱新品种,适应范围广。

生育期122 d,株高232.8 cm,幼苗为绿色,叶鞘为绿色,叶片20片,茎秆含16.6度(BX),抗紫斑病、抗旱,刈割后植株再生力强,生长速度快,茎叶鲜嫩适口性好,是饲养牛、羊等的优质饲草。茎叶含粗蛋白13.22%、粗脂肪1.02%、无氮浸出物44.28%、粗灰分6.24%、可溶性总糖6.98%,叶片氢氰酸含量71.10 mg/kg,茎秆氢氰酸含量10.37 mg/kg。

适时早播,合理密植;化学除草,分段施肥;适期刈割,高产高效。

在全国活动积温达到2 300 ℃以上的区域均可种植,对土壤要求不严,盐碱下湿、干旱地均可种植,无霜期短的地区可春播,无霜期长的地区春播种植可通过多次刈割增加产量,也可夏播,以充分利用气候资源。

三、晋草2号

生育期122 d,株高247.0 cm,幼苗为绿色,叶鞘为绿色,叶片19~20片,根系发达,茎秆粗壮,蜡质叶脉,分蘖数1.60个,茎粗1.08 cm,茎秆多汁,茎秆含糖浓度16.8%;抗紫斑病、抗旱,倒折率为41.35%。刈割后植株再生力强,生长速度快,茎叶鲜嫩,适口性好。可刈割3次。该品种茎叶含粗蛋白9.50%、粗纤维32.76%、粗脂肪1.47%、粗灰分7.18%、可溶性总糖6.66%、无氮浸出物44.99%、水分4.10%。该品种丝黑穗病自然发病率为0,用丝黑穗病3号生理小种进行接种鉴定,发病率为9.55%。

对环境条件的要求与粒用高粱有不少共同点,因而在栽培技术上有许多相似的地方,但由于栽培的目的不同,因此在栽培技术上也有许多独特之处,主要栽培技术有三个方面:适时早播,合理密植;化学除草,分段施肥;适期刈割,高产高效。

在全国活动积温达到2 300 ℃以上的区域均可种植,对土壤要求不严,盐碱下湿、干旱地均可种植,无霜期短的地区可春播,无霜期长的地区春播种植可通过多次刈割增加产量,也可夏播,以充分利用气候资源。

四、豫梁8号

属中早熟品种,生育期91 d。平均株高240 cm、穗长35.67 cm,中散穗,纺锤形。黄红壳,黄红粒,半角质,易脱粒,千粒重27.7 g,产量在660 kg/亩以上。抗逆性强,无病害,抗鸟食,抗旱性强,叶面蜡质厚,较抗倒伏,丰产性好。最适于麦茬育苗移栽,肥土地种植。籽粒含淀粉72.16%、蛋白质9.88%、赖氨酸0.22%。

第五章　谷　子

谷子(学名:Setaria italica),禾本科、狗尾草属一年生草本植物。古称稷、粟,亦称粱,粟的稃壳有白、红、黄、黑、橙、紫各种颜色,俗称“粟有五彩”,去皮后俗称小米。是起源于我国的传统特色作物,河北武安磁山出土文物考证谷子距今已有8 700多年的栽培历史。谷子具有抗旱耐瘠、水分利用效率高、生长期较短、适应性广、营养丰富、各种成分平衡、饲草蛋白含量高、耐贮藏等突出特点,被认为是应对未来水资源短缺和战略储备的粮食作物,建设可持续农业的生态作物以及人们膳食结构调整、平衡营养的特色作物。

第一节　谷子在我国国民经济中的意义

(1)谷子在我国农业生产史上曾发挥过举足轻重的作用,数千年来一直作为主栽作物培育了我国北方文明,被誉为中华民族的哺育作物,是我国主要栽培作物之一。

(2)谷子耐旱、耐瘠薄,抗逆性强,适应性广,是很好的抗旱作物;籽粒外壳坚实,能防湿、防热、防虫,不易霉变,可长期保存。

(3)谷子去壳后称小米,含蛋白质11.7%、脂肪4.5%、碳水化合物72.8%,还含有人体所必需的氨基酸和钙、磷、铁及维生素A、B_1、胡萝卜素等,小米还可以酿酒、制糖,具有较高的食用价值。①小米因富含维生素B_1、B_{12}等,具有防止消化不良及抗神经炎和预防脚气病的功效;②小米具有防止反胃、呕吐的功效;③小米具有滋阴养血的功能,可以使产妇虚寒的体质得到调养,帮助她们恢复体力;④小米具有减轻皱纹、色斑、色素沉着的功效。

(4)谷子是粮草兼用作物,粮、草比为1:(1~3)。据中国农业科学院畜牧研究所分析,谷草含粗蛋白质3.16%、粗脂肪1.35%、钙0.32%、磷0.14%,其饲料价值接近豆科牧草。谷糠是畜禽的精饲料。

第二节　谷子生产概况及区划

一、谷子生产概况

谷子在我国分布极其广泛,几乎全国都有种植,但主要产区分布在北纬30°~48°、东经108°~130°地区。从淮河以北到黑龙江的广大地区种植面积最大。西部的甘肃、新疆包括西藏的部分地区阳光充足、积温高、昼夜温差较大,特别适合“金谷子”开发种植。长城以南的大部分地区一般在夏麦收后播种,由于产量不高,种植面积不断减小。近年来,随着旱情的发展、“富贵病”人群的增加以及谷子产业的发展,谷子的抗旱节水特性、营养保健价值、产业开发价值被人们重新认知,加之市场拉动、轻简化生产技术的推广,部分地区谷子面积有所回升。

据 1996 ~ 2000 年中国农业统计资料统计，全国谷子种植面积 125 万 ~ 152 万 hm^2，占全国粮食作物种植面积的 1.2% ~ 1.4%；总产量 213 万 ~ 357 万 t，占全国粮食总产量的 0.5% ~ 0.7%；平均单产 1 604 ~ 2 359 kg/hm^2。谷子主要分布在北方各省，种植面积较大的地区依次是河北、山西、内蒙古、陕西、辽宁、河南、山东、黑龙江、甘肃和吉林，上述 10 个省（区）谷子种植面积占全国谷子种植总面积的 97%，其中 60% 分布在华北干旱最严重的河北、山西、内蒙古。近年来，随着人们对谷子再认识的逐步提高，我国谷子发展势头良好，谷子生产面积有所回升，价格持续上涨，科研单位推出的创新性成果支撑产业发展的能力不断增强。2014 年我国谷子行业消费量约 175.08 万 t，行业销售市场规模约 155.82 亿元。

1991 ~ 2014 年我国谷子种植面积见表 5-1。

表 5-1　1991 ~ 2014 年我国谷子种植面积

年份	面积（万 hm^2）	单产（t/hm^2）
1991	208.13	1.65
1992	186.77	1.78
1993	183.24	2.18
1994	167.19	2.21
1995	152.22	1.98
1996	151.44	2.36
1997	144.22	1.60
1998	141.14	2.21
1999	132.93	1.74
2000	125.03	1.70
2001	114.86	1.71
2002	114.01	1.91
2003	102.44	1.90
2004	91.61	1.98
2005	84.97	2.10
2006	85.84	2.12
2007	83.94	1.80
2008	81.52	1.58
2009	78.82	1.55
2010	80.90	1.95
2011	74.57	2.10
2012	73.63	2.44
2013	71.60	2.44
2014	72.02	2.44

二、谷子种植区划

根据各地自然条件、耕作制度、种植方式，全国谷子产区划分为四个栽培区。

（一）东北春谷区

包括黑龙江、吉林、辽宁、内蒙古东部。地处北纬40°～48°，海拔20～400 m。无霜期120～170 d，年平均气温12～16 ℃，年降水量400～700 mm。

（二）华北平原夏谷区

包括河南、河北、山东等省。地处北纬33°～39°的平原地区，海拔在50 m以下，无霜期150～250 d。年平均气温12～16 ℃，年平均降水量400～900 mm。

（三）内蒙古高原春谷区

包括内蒙古、河北省的张家口地区、山西省的雁北地区。地处北纬40°～48°，海拔150 m以上。无霜期125～140 d，日照时数14 h以上。年平均2.5～7 ℃，年降水量250 mm。

（四）黄河中上游黄土高原春、夏谷区

包括山西、陕西、宁夏、甘肃等省（区）。地处北纬30°～40°，海拔600～1 000 m，无霜期150～200 d，日照时数14 h左右，年平均气温7～15 ℃，年降水量350～600 mm。

第三节　谷子栽培的生物学基础

一、形态特征

谷子为单子叶植物，株高60～120 cm；须根系；茎细直，茎秆常见的有白色和红色，中空有节；叶狭披针形，平行脉；花穗顶生，总状花序，下垂性，基部多少有间断，长10～40 cm，宽1～5 cm，常因品种的不同而多变异，主轴密生柔毛，每穗结实数百至上千粒，籽实极小，茎约0.1 cm，谷穗一般成熟后金黄色，去皮后俗称小米。千粒重2～4 g，染色体$2n=18$。谷子从来不在白天开花，它开花的时间是在后半夜，准确地说就是在凌晨2时到4时之间。天将黎明时，谷花就开败了。

二、谷子的生育进程

（一）生长阶段

谷子的生长阶段可分为营养生长阶段、营养生长与生殖生长并进阶段和生殖生长阶段。营养生长阶段指从种子萌发开始到拔节期为止，春谷为45～55 d，夏谷为22～30 d；营养生长与生殖生长并进阶段指从拔节到抽穗期为止，春谷为25～28 d，夏谷为18～20 d；生殖生长阶段指抽穗期到籽粒成熟期，春谷为50～60 d，夏谷为42～50 d。

（二）生育期

谷子从出苗到成熟所经历的时间叫生育期。谷子生育期长短，因品种、播期、栽培地区不同而不同。在春播条件下，生育期少于110 d为早熟品种，111～125 d为中熟品种，大于125 d为晚熟品种；夏播条件下，70～80 d为早熟品种，80～90 d为中熟品种，大于90 d为晚熟品种。

（三）生育时期

从播种到成熟，根据谷子植株外部形态特征和内部等方面发生的阶段性变化，分为出苗期、拔节期、抽穗期、开花期及成熟期等5个生育时期。

1. 种子萌发与出苗

谷子发芽的适宜温度15～25 ℃、最低温度6 ℃、最高温度30 ℃。谷子种子发芽需水较少,吸水约占种子重量的25%。适宜的发芽含水量为30%～35%,种子发芽最适宜的土壤田间持水量为50%左右。

2. 根的生长

谷子为须根系,由初生根与次生根组成。种子萌发时,首先长出一条种子根(胚根)即初生根,初生根再生侧根。初生根入土较浅,一般为20～30 cm,深的可达40 cm以上,向四周扩展,吸收水分和养分供给幼苗生长。幼苗4叶时,主茎地下6～7节处发生次生根,入土深度可达100 cm以上,水平分布达40～50 cm,主要分布在30 cm耕层内。

3. 分蘖

幼苗4～5叶时,地下2～4个茎节上开始发生分蘖。分蘖多少与品种和栽培条件有关。分蘖性强的品种分蘖可达10个以上。

4. 叶的生长

谷子叶为长披针形。叶由叶片、叶舌、叶枕及叶鞘组成,无叶耳。一般主茎叶为15～25片,个别早熟品种只有10片。基部叶片较小,中部叶片较长,长20～60 cm,宽2～4 cm,上部叶片逐步变小。不同品种和不同栽培条件下,单叶数目及叶面积亦有变化。

5. 茎的生长

谷子茎直立,圆柱形。茎高60～150 cm,茎节数15～25节,少数早熟品种有10节。基部4～8节密集,组成分蘖节。地上6～17节节间较长。节间伸长顺序由下而上逐个进行。下部节间开始伸长称拔节。初期茎秆生长较慢,随着生育进程生长加快,孕穗期生长最快,1 d可达5～7 cm。

6. 幼穗分化形成

1)穗的结构

穗为顶生穗状圆锥花序,由穗轴、分枝、小穗、小花和刚毛组成。主轴粗壮,主轴上着生1～3级分枝。小穗着生在第3级分枝上,小穗基部有刚毛3～5根。每个小穗内有2个颖片,内有两朵小花,上位花为完全花,下位花退化。

由于穗轴一级分枝长短不同,以及穗轴顶端分叉的有无,构成了不同穗型。常见的穗型有纺锤形、圆筒形、棍棒形、鞭形、鸭嘴形和龙爪形等。

2)幼穗分化过程(见图5-1)

(1)生长锥未伸长期。生长锥未伸长,仍保持营养生长时期的特点。基部是最初的叶原基,顶部为光滑无色的半球形突起,长宽比1:1。

(2)生长锥伸长期。当谷苗长出12～13个叶片时(春谷,中晚熟品种),茎顶端生长点开始伸长,长度大于原来半球形突起时的宽度。生长锥伸长时间约12 d。

(3)枝梗分化期。植株长出15～16片叶时,在伸长的生长锥上出现6排乳头状的突起,而后逐渐发育成为1级分枝。1级分枝原始体膨大呈三角形的扁平圆锥体,在扁平圆锥体上出现互生两行排列的2级分枝原始体突起。在2级分枝原始体上,以垂直方向分化出第3级分枝原始突起。枝梗分化约需13 d,枝梗分化期是决定谷子穗码大小、小穗与小花多少的关键时期。

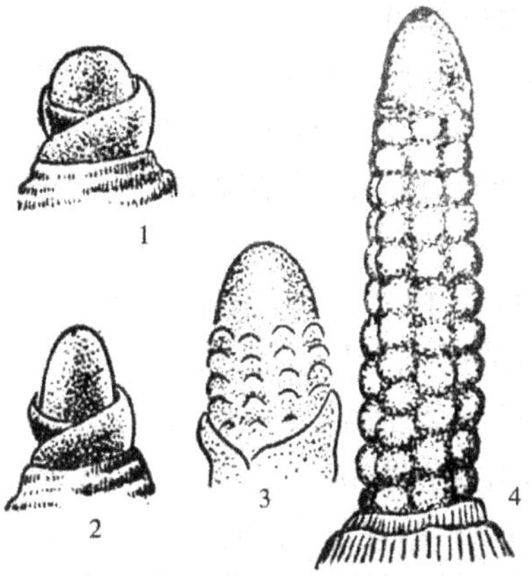

1—生长锥未伸长;2—生长锥伸长;
3、4—穗原基长出第一级枝梗

图5-1　生长锥的伸长和第一级枝梗分化

(4)小穗分化期。当植株长出16～17片叶时,在3级分枝顶端长出乳头状的小穗原基。这些小穗原始体在分化中发生变化,一种是小穗原始体继续膨大,分化成为小穗;另一种是小穗原始体不再继续膨大,而是延长,发育成刚毛。此时期如遇干旱,小穗原始体的膨大就要受到影响。

(5)小花分化期。植株长出17～18片叶时进入小花分化期。每个膨大的小穗原始体分化出两个小花原始体,最先分化的一朵小花(下位花),只形成外稃与内稃,为不完全花,只有靠上方的第二朵小花(上位花),继续分化。出现1个外稃、1个内稃、3个花药和羽毛状分枝柱头及子房,为完全花。小穗和小花分化大约需10 d。花药分化成花粉母细胞,经四分体发育成花粉粒。此期对外界条件反应敏感,干旱、低温都会引起雌雄蕊发育不完全,增加不孕花。

7. 抽穗开花与籽粒形成

谷子从抽穗开始到全穗抽出,需要3～8 d。一般主穗开花期为15 d左右,分蘖穗开花7～15 d。开花第3～6 d进入盛花期,适宜温度为18～22 ℃,相对湿度为70%～90%。每日开花为两个高峰,以6～8时和21～22时开花数量最多,中午和下午开花很少或根本不开花。每朵小花开放时间需70～140 min。

开花授粉后,子房开始膨大,胚乳和胚同时发育,进入籽粒灌浆期。籽粒灌浆分为三个时期:①缓慢增长期,开花后的一周之内,灌浆速度缓慢,干物质积累量占全穗总重量的20%左右;②灌浆高峰期,开花后7～25 d,干物质积累量占全穗总重量的65%～70%;③灌浆速度下降期,开花25 d后,灌浆速度锐减,籽粒进入脱水过程,干物质积累量仅占全穗总重量的10%～15%。

三、谷子生长对环境条件的要求

(一)温度

谷子喜温,要求积温1 600～3 000 ℃。种子发芽最低温度6～8 ℃,24～25 ℃时发芽最快。从出苗至分蘖适宜的温度为20 ℃。拔节至抽穗是营养生长与生殖生长并进阶段，适宜温度为22～25 ℃。从受精到籽粒成熟，需要充足的阳光，适宜温度为20～22 ℃，特别是在阳光充足，昼夜温差较大的气候条件下，有利于干物质积累。低于20 ℃或高于23 ℃，对灌浆不利，特别在阴天、低温和多雨的情况下，延迟成熟，秕谷增多。

(二)水分

谷子比较耐旱。蒸腾系数为142～271，低于高粱(322)、玉米(368)和小麦(513)。苗期耐旱性很强，能忍受暂时的严重干旱，需水量仅占全生育期总需水量的1.5%左右。干旱有利于促进根系发育。拔节至抽穗是谷子需水量最多时期，占全生育期总需水量的50%～70%，此时是获得穗大粒多的关键时期。

在幼穗分化初期遇到干旱即"胎里旱"，会影响3级枝梗和小穗小花分化，减少小穗小花数目；穗分化后期，花粉母细胞减数分裂的四分体时期遇到干旱，则会使花粉发育不良或抽不出穗，造成严重干码，产生大量空壳、秕谷。从受精到籽粒成熟阶段，需水量占全生育期总需水量的30%～40%，是决定穗重和粒重的关键时期。此时如遇干旱则影响灌浆，秕谷增多，严重减产。

(三)光照

谷子为短日照作物。日照缩短促进发育，提早抽穗；日照延长延缓发育，抽穗期推迟。谷子一般在出苗后5～7 d进入光照阶段，在8～10 h的短日照条件下，经过10 d即可完成光照阶段。不同品种对日照反应不同，一般春播品种较夏播品种反应敏感，红绿苗品种较黄绿苗反应敏感。

谷子的净光合强度较高。一般为25～26 mg/(dm^2·h)，二氧化碳补偿点和光呼吸比较低。

(四)土壤

谷子对土壤要求不甚严格，黏土、沙土都可种植，但以土层深厚、结构良好、有机质含量较丰富的沙质壤土或黏质壤土最为适宜。谷子喜干燥、怕涝，尤其在生育后期，土壤水分过多，容易发生烂根，造成早枯死熟，应及时排水。谷子适宜在微酸和中性土壤上生长。

(五)养分

据测定，每生产籽粒100 kg，一般需要从土壤中吸收氮素2.5～3.0 kg、磷素1.2～1.4 kg、钾素2.0～3.8 kg，氮、磷、钾比例大致为1:0.5:0.8。不同生育阶段，对氮、磷、钾三要素的要求不同。出苗至拔节需氮较少，占全生育期需氮量的4%～6%；拔节至抽穗需氮量最多，占全生育期需氮量的45%～50%；籽粒灌浆期需氮量减少，占全生育期需氮量的30%以上。谷子在不同生育期吸收氮、磷、钾的数量显著不同，幼苗期生长较慢，在占1/3的生育期里积累的干物质为全期的4.93%，吸收的养分少，吸收氮量占整个生育期氮总量的18.19%，磷占3%，钾为5%左右。拔节到抽穗的约一个月的时间里，植株进入旺盛的营养生长和生殖生长阶段，植株干物重增长量占成株干物重的57.96%，植株对养分的吸收显著增加，形成全生育期的第一个吸肥高峰，吸收的氮、磷、钾量依次占全生育期总量的66.17%、50%和60%。抽穗开花后进入籽粒形成和灌浆期，是粒重增长的生殖生长时期，干物质增长量占成株干物重的37.11%，养分吸收又有所增加，形成全生育期第二个吸肥高峰，吸收的氮、磷、钾量依次各占全生育期吸收总量的15.64%、47%和53%。

四、谷子的分类

(1)按生育期可分为早熟类型(春谷少于110 d,夏谷70～80 d)、中熟类型(春谷111～125 d,夏谷81～91 d)、晚熟类型(春谷125 d以上,夏谷99 d以上)。

(2)按米粒的性质可分为糯性小米和粳性小米。

(3)按谷壳的颜色可分为黄色、白色、褐色等多种,其中红色、灰色者多为糯性,白色、黄色、褐色、青色者多为粳性。一般来说,谷壳色浅者皮薄,出米率高,米质好;而谷壳色深者皮厚,出米率低,米质差。

(4)著名品种有陕北米脂小米、山西定襄县黄小米、山东章丘龙山小米、山东金乡的金米、河北桃花米等。

第四节 谷子的产量形成与品质

一、谷子的产量形成

(一)干物质积累与分配

谷子一生干物质积累可分为三个阶段:

(1)出苗至拔节为营养生长阶段,光合产物用于形成根、茎、叶和叶鞘。根的数量和重量增长很快,茎和叶生长较慢。

(2)拔节至抽穗为营养生长与生殖生长并进阶段,这个阶段为一生中生长最旺盛时期,由根系生长转移到地上部生长,同化产物的分配中心由根系转移到叶片、茎和穗,这一时期群体干物质积累量占全生育期总积累量的47.6%左右。

(3)开花至灌浆、成熟为生殖生长阶段,光合产物越来越多地输送到籽粒中去。同时,营养器官贮存的部分有机物质也开始不断向籽粒运转。

(二)叶面积动态变化

从出苗到拔节为缓慢增长期,叶面积指数以0.5～1为宜。拔节到抽穗,叶面积发展迅速,至抽穗开花达到最大值,为直线增长期,以4～5为宜。抽穗到乳熟期,叶面积指数达到最大值后为稳定期,能保持在30 d以上不下降或变动很小,稳定期长,有利于提高结实率。从蜡熟至完熟期,叶面积指数逐渐下降为衰亡期,保持在2～3为宜。

二、谷子的品质

谷子的品质包括营养品质和食味品质。营养品质主要包括蛋白质、脂肪、淀粉、维生素和矿物质等;食味品质主要指色泽、气味、食味、硬度等。目前主要以直链淀粉含量、糊化温度和胶稠度作为谷子食味品质的定量测定指标。

(一)蛋白质

谷子蛋白质含量有随降水量增加而提高的趋势。在同样降水年份,旱地谷子比水地谷子的粗蛋白质含量要高。施用肥料的种类、用量不同,对谷子蛋白质含量影响也不同。据试验,在单施氮肥时,0～112.5 kg/hm^2 用量范围,其蛋白质含量的增加幅度最大,

112.5～168.75 kg/hm² 时，蛋白质含量的增加趋势减弱，配合施磷与单施氮肥相比，对谷子蛋白质的增加影响不明显。谷子的产地、品种与生产年份不同，蛋白质含量有明显差异。

（二）脂肪

干旱有助于谷子脂肪的含量提高。据研究，在干旱条件下比在水分充足的条件下脂肪含量提高 9.6%，最高的达 27.4%。谷子脂肪含量与温度呈负相关。随着积温的增加，脂肪含量呈下降趋势。脂肪含量还随纬度、海拔增加而呈增加趋势，随施肥量增加而呈下降趋势。

（三）胶稠度

胶稠度是指小米蒸煮一定时间后，米汤中胶质的流动长度。胶稠度反映了米胶冷却后的胶稠程度，与小米饭的柔软性有关。胶稠度与适口性之间呈正相关。胶稠度在 6～7 cm 的品种，其米饭黏性适中，冷却后仍柔软，有光滑感，食味品质好；胶稠度在 6 cm 以下的品种，其米饭干燥，冷后发硬，适口性差。胶稠度与糊化温度之间呈中度负相关。糊化温度高的品种其米胶质流动长度较短。

（四）其他因素

谷子品种是影响小米食味品质的主要因素。品种不同小米的直链淀粉含量、糊化温度、胶稠度不同。收获期的早晚特别是提早收获籽粒灌浆尚未结束，小米中蛋白质、脂肪与淀粉等物质尚未完全充实，减少了固形物质，而影响了食味品质。除此之外，肥料、土壤类型及光、温、水等气候因子的变化也会影响食味品质。

第五节　谷子的栽培技术

一、轮作

（一）谷子对前茬的要求

谷子对前茬作物的反应较为敏感，忌连作，好的前茬将会给谷子带来良好的增产效果。谷子对前茬的反应实际是对前茬作物留下的土壤环境的反应，土壤环境的好坏，是谷子选择前茬的标准。根据不同作物对生态环境的影响，谷子的前茬以豆茬最好，马铃薯次之，再者是麦茬和玉米茬，其次是高粱、烟草。

（二）谷子轮作的作用

轮作能够合理利用土壤养分，消除和减轻病虫草害，同时利用肥茬创高产，是一项经济有效的增产措施。谷子连作减产的原因有如下几个方面：

（1）病虫害加重。据调查，连作谷子白发病发病率 38.7%，隔年种为 3.7%，隔 2～3 年种，基本不发生白发病。这是因为谷子白发病主要是由土壤传染，粟秆蝇、玉米螟等蛀茎害虫绝大多数在谷茬中越冬，连作谷子往往受这类害虫危害，造成大量枯心苗而严重减产。

（2）谷莠草多。谷莠草是谷田伴生性的恶性杂草。这是因谷莠草籽与谷粒相似，易混在谷种内，播入土中；其幼苗与谷苗相似，难于识别拔净；同时，谷莠草有早熟落粒性。

因此,谷子连作使谷莠草日益增多。

(3)不利于地力的恢复和提高。谷子种植密度大,吸肥力强,连作会大量消耗土壤中相同的营养元素,造成营养元素比例失调,给谷子生育带来不利的影响。

(4)不利于保苗。谷茬密集坚硬,不易除净和沤烂,影响下茬谷子的播种质量,容易引起谷子的缺苗。

(三)轮作方式

为培肥地力,减轻病、虫、草害,最好实行三年以上的轮作制,如:

(1)小麦—大豆→小麦(油菜)—玉米→小麦—谷子;

(2)小麦—大豆→小麦—高粱→马铃薯—谷子。

二、土壤耕作

春谷多在旱地种植,前作收获后应灭茬,及时深耕接纳雨水,提高水分利用率。早春季节进行顶凌耙耱和镇压,防止土壤水分蒸发,是保苗和促进根系生长的重要措施。夏播谷子为了争取时间,应在前茬作物生育后期浇水蓄墒,有利于收获后及时整地和播种。

三、施肥

谷子多在旱地种植,基肥应在整地时一次性施入。一般亩施有机肥 1 000 ~ 1 500 kg、过磷酸钙 40 ~ 50 kg、尿素 10 ~ 15 kg。有灌溉条件的地区在施足基肥的基础上,拔节期结合灌水追施尿素 10 ~ 15 kg/亩,满足中后期对养分的需要。中后期叶面喷施磷肥和微量元素,促进开花结实和灌浆速度。

四、种子准备

(一)品种选择

一是选择抗逆性强、丰产性能好、商品性和营养性均好的优良品质的种子;二是选择分蘖力强、成穗率高的品种。这两个指标十分重要,因为在同样穴数条件下,分蘖力强的品种比分蘖力弱的品种总穗数多,从而为高产打下关键性的基础。同时,还必须要求品种的成穗率要高,只有高分蘖力没有高成穗率的品种也很难获得高产。

(二)种子处理

种子处理是保证苗齐、苗全、苗壮的有效措施,具体处理方法如下。

1. 晒种

播种前一周,选晴天将种子摊放在席上 2 ~ 3 cm 厚,翻晒 2 ~ 3 d,经过晒种的谷子能显著提高种子的发芽率和发芽势。

2. 选种

先筛选后盐水选种:盐水选种比重为 1.06,一般以 5 kg 水加 500 g 盐即是此比重,经过盐水选种的种子发芽率可提高 10% 以上。具体做法是:将种子倒入盛盐水的桶或盆里,搅拌后用笊篱捞出漂浮的种子,沉在水底的都是粒大饱满的种子,晒干后即可用。

3. 药剂拌种和闷种

为了防治地下害虫和黑穗病、白发病的危害,播前常进行药剂拌种。常用做法是:将盐水选过的种子晾至七八成干后，每100 kg种子用100 g辛硫磷兑水3～4 kg用喷雾器喷在种子上，边喷边搅拌，拌匀后，堆起来，上面用麻袋覆盖，闷6～12 h，可防治地下害虫。为防治黑穗病和白发病，将闷过的种子阴干后，用种子重量0.2%～0.3%的克菌丹、多菌灵、福美双拌种。

五、合理密植

谷子产量构成因素由单位面积上的有效穗数、穗粒数和千粒重三个因素构成。籽粒产量=有效穗数×穗粒数×千粒重，只有合理密植，才能协调三者间的矛盾，达到丰产的要求。合理密植的理论依据如下。

（一）密度与土壤肥力和施肥水平

谷田一般土层较薄，土壤的物理性等对密度都具有一定影响，但影响最大的是肥力因子。有机质、全氮、速效磷等养分含量较高的土壤结构，水、肥、气、热状况适宜，作物生长发育健壮，适宜密植；反之，有机质、全氮、速效磷等养分缺乏的低产土壤，作物生长不良，抗逆性差，适宜稀植。但薄地也不是越稀越好，因植株长不起来，根系扩展范围较小，留苗过稀，不能封垄，也会造成光能和地力的浪费。

（二）品种类型与密植

一般来说，晚熟、高秆、大穗、多分蘖型品种密度宜稀；反之，宜稠。穗子直立、茎叶夹角小、株型紧凑的品种，冠层受光好，适宜密植；反之，穗子下垂，叶片披垂，株型松散的品种，密度要适当稀些。

（三）播种期与密度

选择播种期，主要考虑以下因素：①谷子生育期长短；②谷子穗灌浆，需水高峰期与雨季高峰期吻合；③掌握天气预报，如果播种期有雨，应雨后土地粉化时及时抢播，可避板结。

因为播种期不同，谷子一生所经历的气候条件差异很大，因此对密度也有不同的要求。春播谷拔节后处于温暖、长日照气候条件下，生长繁茂，单株叶面积大，穗分化经历时间长，株高、穗大、粒多，不宜留苗过多，夏播谷子出苗后即处于高温短日照条件下，穗分化时间缩短，株矮、穗小、粒小，单株叶面积较小，依靠群体增产，留苗宜密。

谷子留苗密度因生态类型、品种特性、种植习惯、播种方式的不同有一定的差异。南阳市一般春谷留苗密度2万～3万株/亩，夏谷留苗密度为4万～5万株/亩。同时，可根据土壤肥力情况进行调整，肥力差的应适当降低留苗密度。

六、播种

（一）播量

谷子出苗后一般要间苗，所以播种量并不能决定植株密度。但播种量多少对幼苗的壮弱却影响很大。谷子粒小，如按千粒重2.5 g计算，1 kg种子就有40万粒，按每亩保苗3万～6万株计算，加上田间损失率，理论上每亩播量0.1～0.15 kg就够用。实际上谷子产区普遍存在“有钱买籽，无钱买苗”的思想，怕干旱不保苗，播种量普遍偏多，往往超过留苗数的五六倍，使谷子出苗后密集，间苗稍不及时，就要影响幼苗生长，容易造成苗荒减产。因此，在做好整地保墒和保证播种质量的前提下，要适当控制播种量。确定播种量主要应根据种子发芽率、播前整地质量、地下害虫危害情况等。如种子发芽率高、种子质量好、土壤墒情好、地下害虫少、整地质量高，播种量可以少些，每亩播种量可以控制在0.5～1 kg；如果土壤黏重，整地质量差，春旱严重，每亩应适当增加播种量。采用机械播种，为了控制播种量，使下籽均匀并防治地下害虫，可在种子里混拌炒熟秕谷子，效果较好。

（二）播种深度

播种深度对幼苗生长影响很大。因为谷子胚乳中贮藏的营养物质很少，如播种太深，出苗晚，在出苗过程中消耗了大量营养物质，谷苗生长细弱，甚至出不了土，降低出苗率，即使出苗，根茎也要伸得很长，延长出苗时间，增加病菌侵染机会。据试验，覆土厚10 cm的，出苗率比3 cm的降低27.4%，晚出苗2～3 d。播种深度适宜，能使幼苗出土早，消耗养分少，有利于形成壮苗。谷子粒小，原则上以浅播较好，深度一般在2～3 cm。在土壤水分多的地块，还可以适当浅一些。但在春风大、旱情严重的地方，播种太浅，种子容易被风刮跑，就会缺苗断垄，甚至有毁地重播的危险。如天气干旱、干土层太厚，覆土也不可过深，而应采取抗旱播种方法播种。

谷子籽粒小，播种浅，而夏谷子易遇干旱，蒸发量大，播种层常感水分不足。如果整地质量不好，土中有坷垃空隙，谷粒不能与土壤紧密接触，种子难以吸水发芽。为了促进种子快吸水、早发芽、深扎根、出苗整齐，播种后镇压是一项重要的保苗措施。除土壤湿度较大，播后暂时不需要镇压外，一般应随种随镇压。采用耧播的地区通常是随耧砘压。

（三）播种方法

谷子有机播、耧播，也有垄播、沟播；推广精播，机播的国家标准是条播；都只讲究亩播量和均匀度。要彻底解决谷子的人工间苗瓶颈制约问题，推广机精播势在必行。

机精播，按照亩留苗确定株行距，株间多余被事先拿掉。根据种子发芽率、病虫伤害率确定和调整穴粒数，可省种子70%以上，相应省间苗工70%之多。机精播改善了谷子幼苗生长环境，不挤，苗齐、苗全、苗壮，胜过早间苗。再与沟播、重镇压、厚培土措施结合，促墒增养，可增产30%以上。

一般行距25～30 cm。

七、田间管理

（一）保证一播全苗

1. 缺苗原因

在南阳市谷子田缺苗断垄现象是普遍存在的问题，也是谷子产量低的主要原因所在，究其缺苗原因有如下几个方面：

（1）播种时土壤墒情不好，不能为谷子萌发供应足够的水分。

（2）整地质量差。特别是耕层坷垃多。种子发芽时顶不出来，或者虽然顶出，但是土壤大孔隙多，幼根与土壤接触不上，造成“悬苗”。

（3）播后遇大雨，土表板结，幼芽顶不出地面，蜷死在地下。

（4）播种晚，因土壤供水不足，在中午太阳暴晒时，因表层土温度过高，幼苗易被灼烧,称为"烧尖"。

(5)施肥方法不当,特别是施用尿素作种肥时,往往因种子与肥料直接接触或施用量过大而使谷子发芽率降低。

(6)播种时机具堵塞,形成漏播;覆土过浅形成"晒种",覆土过深形成"窖种"。

(7)虫害是造成缺苗断垄的主要原因。

2. 保全苗措施

据上述原因,可采取如下措施保全苗:

(1)黄芽砘和压青尖、出苗。减少土壤大孔隙,减少水分蒸发,并使土壤下层的水分由热凝聚而上升到地表,从而增加耕层含水量,有利于种子萌发和出土。土壤严重干旱时重复镇压2~3次效果更好,播后遇雨,出苗前压好黄芽砘(谷苗快出土时进行镇压),可破除土壤板结,防止"蜷黄";出苗后镇压,可破碎坷垃,使土壤变得紧实,防止"悬苗",还可以提高表层含水量,防止"烧尖"。

(2)早中耕。中耕围土稳苗,促进次生根生长,防止风害,早间苗,晚定苗可以防止因虫害而形成的缺苗。

(二)间苗与定苗

早间苗,防荒苗,对培育壮苗十分重要。群众经验是"谷间寸、顶上粪",也说明早间苗对谷子生产的重要性。谷子生产和科研表明,3~5叶期间苗,7~8叶期定苗,均匀留苗,拔净杂草、病虫害苗及弱苗是培育壮苗的重要措施。据试验,谷子3叶期间苗比7叶期间苗增产28.3%。早间苗的好处在于:消除了荒草,改善了谷子生育的水、肥、光的环境条件,增强了谷苗光合作用的生产能力,促进根、茎、叶的生长。5叶期间苗比8叶期间苗,根数增加30.5%,根重增加1.4倍,叶中全氮含量增加30%,叶绿素含量增加76.4%。光合强度提高近3倍,呼吸强度降低1/3,因此干物质积累多,谷苗粗壮,产量高。谷子早间苗比晚间苗还能节省工时和提高间苗质量,这是因为苗小根少,拔苗省劲,可连根拔除,不出二茬苗。苗小看得清、拔得准,容易间成单株。

以上可见,谷子3~5叶期间苗,7~8叶期定苗,既省工,又能提高间苗质量,及早防除草荒,是培育壮苗增产增收的措施。由于间苗时苗小,不易区分谷莠草,谷苗次生根尚未深扎,易受风、干旱、病虫危害,故在3叶期间苗时应比计划苗数多留20%~30%的预备苗,至7~8叶定苗时,再按计划数留苗,并拔净杂草、枯心苗、灰背苗、弱小苗,达到苗根清爽,通风透光。

(三)蹲苗

所谓蹲苗,是指在谷子苗期通过一系列促控技术,促进根系生长,控制地上部分生长,使幼苗粗壮蹲实,为谷子生长发育打下良好的基础。谷子苗期生长中心是根系建成,田间主攻方向是控上促下。幼穗分化开始以后,谷子进入营养生长与生殖生长并进阶段,田间管理应以促为主,一般说幼穗分化前是蹲苗的时间。

应在早中耕、施种肥、防治苗期病虫害的基础上,根据土壤、气候条件和具体的苗情长相,采取下列措施:

(1)压青苗。在土壤水肥较好,幼苗生长旺盛的情况下,应压青苗。压青后节间(1~3)比对照显著变短,茎高比对照矮4.7~9.1 cm,因此压青苗还具有防止后期倒伏的作用。

一般幼苗在拔节前均可压，但以 3 ~5 叶较适宜，为了防止伤苗，砘压前应浅中耕松土。砘压最好在下午进行，土壤过湿不宜砘压。

(2)深中耕。如果谷子苗期土壤湿度过大、温度高，则应进行深中耕。苗期深中耕能促进根系发育，控制地上部分生长。据试验，10 叶期浅中耕，单株根数为 66.3 条，茎粗 0.75 cm，10 叶期深中耕 10 cm，单株根数为 75.5 条，茎粗 0.87 cm。

(3)谷子生长中后期喷施 0.3% ~0.4% 磷酸二氢钾溶液。

(四)中耕

中耕可以松土、除草，减少水分和养分的消耗，改善土壤的透气性，调节土壤水、气、热状况，促进微生物活动，加速养分分解，从而为谷子生长发育创造良好的环境条件。在南阳市谷子一般中耕 2 遍，第一遍出苗后，可以提高地温，松土保墒，消灭杂草；第二遍应在拔节期进行，结合追肥进行深中耕，多培土，促进根系发育，防止倒伏。

(五)合理灌水

“旱谷涝豆”，谷子是比较耐旱的作物，一般不用灌水，但在拔节孕穗和灌浆期，如遇干旱，应及时灌水，并追施孕穗肥，促大穗，争粒数，增加结实率和千粒重。

(六)后期管理

谷子抽穗后，开始进入开花受精、籽粒形成阶段，田间管理主要防止叶片早衰，提高光合能力，促使光合产物向穗部运输和积累，从而提高结实率，增加穗粒重，田间管理重点是防旱、防涝、防腾伤、防倒伏、防霜冻、防“白穗”等。

1. 防旱

谷子在高温干旱条件下，影响受精作用，容易形成空壳，降低结实率。谷子在生育后期应保持地面湿润，有灌溉条件的地方，在灌溉上要少浇轻浇，最好喷灌，切忌大水漫灌，同时高温不浇水，防止腾伤；风天不浇水，防止倒伏。

2. 防涝

生育后期，正值雨季，因此防涝也是后期管理的关键，除了种植在较高地上，还要设排灌渠道，做到旱能浇、涝能排。

3. 防腾伤

所谓腾伤，是指在窝风地、平川地大部谷田于灌浆期骤然萎蔫而逐渐呈现灰白色的干枯状态，导致穗重量减轻，秕谷增多现象。腾伤发生的原因主要是田间的温湿度过高，通风不良。防止的主要措施是通过中耕来降低田间的温湿度。

4. 防倒伏

倒伏是谷子减产的重要原因之一，尤其是平播区高产栽培的谷田，灌浆期倒伏最为严重。倒伏的原因很多，从内因上看主要是品种本身抗逆性差，茎秆纤细，组织柔弱或谷瘟病感染严重。从外因来说，主要是栽培和管理不善所引起的。如行间过窄、苗期间苗过迟或水分过多形成高脚苗；追肥过早或数量过大；灌溉时期过早或秋天雨水过多；蛀茎虫防治不及时，都能引起倒伏。

防止倒伏技术贯穿整个栽培和管理过程。谷田必须精耕细作，使土壤上虚下实，地面平整。选抗病性强的品种。施用追肥适量。播种后及时镇压等都可以防止倒伏的发生。

5. 防“白穗”

这种病学名叫谷瘟,是一种流行性病害。在谷子抽穗期如遇阴雨或有雾天气,谷瘟易流行。防治谷瘟病在田间发病初期喷洒0.4%春雷霉素粉,每亩用量1.5～2 kg,或用65%代森锌或50%代森铵1 000倍液,每亩用药液75 kg左右,连续喷2～3次,可收到良好效果。在栽培中应多施基肥和磷锌肥,氮肥不要施得过晚,避免贪青和病菌的侵染。

八、收获

适时收获是保证谷子丰产的重要环节,收获过早,籽粒灌浆不充分,粒重低,影响产量。收获过晚,易受风摩落粒,鸟弹或吃,谷穗发芽,降低产量和品质。谷子收获适宜时期是下部籽粒变成品种固有色泽;籽粒断青变硬说明全穗完全成熟,应在95%谷粒变硬时及时收获。收获后谷子含水量一般在20%～30%,应及时晾晒或烘干至13%以下。

第六节　谷子形成秕谷的原因及防治

一、谷子形成秕谷的原因分析

谷子是多花小粒作物,每穗成粒数的变异很大,容易出现空壳和秕粒的秕谷。秕谷影响产量主要是降低成粒率,减少每穗结实粒数和单位面积的结实粒数。降低秕谷率,提高成粒率,在谷子增产中具有重要意义。形成秕谷的原因是极其复杂的,地区不同、年份不同、品种和栽培技术不同,其原因也不同。一般生产中出现秕谷的原因,可概括为生物学特性、营养生理、病虫害和气候因素4个方面。

(一)生物学特性

在正常情况下,都有秕谷发生,这是谷子本身生物学特性影响的结果。这些特性包括周期性不孕、营养物质分配中心转移的影响等。

(二)营养生理

1. 有机营养供应

改善营养状况对谷子结实性具有良好的影响。延长谷子后期叶片寿命,保持叶片具有较高的光合能力,对提高成粒率、降低秕谷率具有重要的意义。

2. 矿质营养

研究发现,氮、磷元素和硼、锌、铜等微量元素,对产生秕谷都有重要的影响。

3. 水分

在谷子结实后期,水分过多或过少,都有形成秕谷的可能。

(三)病虫害

造成秕谷的病虫害种类,病害有谷瘟病、褐条病、红叶病、丛矮病、粗缩病、锈病、线虫病、白发病等,主要害虫有粟灰螟、玉米螟、粟秆蝇、黏虫、谷穗螟等。

病虫害造成秕谷的原因主要有:减少体内营养物质,破坏植株输导组织,阻碍营养物质向穗部运输。此外,植物体内某些化学物质异常,也会影响营养物质的合成与运转,形成大量的秕谷。

(四)气候因素

1. 水秕

水秕主要是由雨、露、雾等不良天气造成的空壳,发生在穗部,无固定部位。正如农民所说:"晒出米来,淋出秕来","谷子开花要水,又不要水"。"要水"指在花期忌土壤干旱,"不要水"指忌雨而言。

2. 风秕

风秕就是花期前后遇到大风,相互碰撞,机械损伤,外颖口破裂,使花粉膜破损,丧失生活力不能受精,而成为空壳,成熟前遇雨变为黑褐色。这种情况多发生在穗部阳面及穗尖。

3. 根系窒息

就是在结实期间,雨后突然日晴高温,全田或地势低洼黏土田块中,发生早枯,形成全穗秕谷,谷穗直立不垂,主要是谷子后期根系活力逐渐衰退,遇雨或灌水后,土壤温度过高,土壤通气不良,造成根系窒息,减弱吸水能力,加上晴日高温,植株蒸腾量过大,严重破坏谷子体内水分平衡而枯死。

二、降低秕谷的主要措施

(一)选用抗病、抗倒品种

在合理轮作、减轻病虫害的基础上,选用抗病、抗倒品种,是减少秕谷、获得谷子高产的主要措施之一。在肥水较充足的地块,植株生长繁茂,秆高茎细,在灌浆期极易感病和倒伏,影响养分向籽粒输送,影响穗粒重,秕谷率提高。生产上应积极推广和应用抗病、抗倒性较强的品种;同时采取异地换种,可提高种性,防止品种退化,对降低秕谷率、提高产量十分重要。

(二)适期播种、合理密植

根据品种特性,适期播种,则能够充分利用自然条件,使谷子需水规律与当地降水规律相一致。使谷子在花期天气晴朗、日照充足、空气湿润,有利授粉;孕穗期和抽穗期恰逢雨季,避免或减轻"胎里旱"、"卡脖旱"和"夹秋旱"的影响,有利于灌浆成熟,减少秕粒。播期的选择要根据谷子生育期长短与环境条件中温度、土壤水分的变化规律来确定。

通过合理密植,创造一个合理的群体结构,实现相对增加单位面积的成穗粒数,降低秕谷率,从而提高单位面积产量。合理密植的一般原则是肥地宜密、瘦地宜稀;早熟品种宜密、晚熟品种宜稀;短秆品种宜密、高秆品种宜稀。密植一般密度为:山坡地每亩 2.5 万~3.0 万株,平肥地每亩 3.5 万~4.4 万株,高产田每亩 4.0 万~4.5 万株。播种量在 0.5 kg 左右。

(三)加强田间管理

1. 压青蹲苗

培育根系通过苗期压青来控上促下,使谷子早扎根、快扎根,形成强大的根系。试验表明:连续 2 次压青比没压青的 7 d 后调查,平均每株叶片数增加 0.8 片,根层数增加 0.6 层,根长增加 20.1 cm。压青时间宜在出苗后的两叶一心至苗期进行,一般压 2~3 次。每天压青宜在上午 11 时至下午 4 时,早晨和晚间谷苗嫩脆,容易折断,不宜压青。

2. 合理追肥

谷子是耐瘠作物,但要减少秕谷,实现高产,必须满足谷子对养分的需要。很多农民认为谷子不用追肥,实则不然。拔节期和抽穗前半月左右的孕穗期两次追肥,可为降低秕谷率打下良好的基础。一般在拔节期每亩追施尿素或复混型肥 10 ~ 15 kg,孕穗期再追施 5 ~ 10 kg,以保证谷子在增花增粒和保花保粒营养临界期的氮、磷供应。喷磷可促早熟,提高粒重。以稀释 700 倍的磷酸二氢钾溶液分别在抽穗、开花、灌浆期每亩喷 75 kg,兼有施肥和喷水的双重作用。如果后期植株表现缺氮,可制成 700 倍的磷酸二氢钾与 1% ~ 2% 的尿素混合液一起喷施。谷子喷硼可使整个开花期间开花数增加,而且明显提高花粉生活力,籽粒灌浆速度加快。所以,最好在抽穗、开花、灌浆期分别喷施 300 mg/kg 的硼酸溶液 150 kg,对降低秕谷率效果极为明显。据试验,谷子喷硼可增产 10% 以上。

3. 及时中耕

谷子开花后,根系活力减弱,此时最怕雨涝积水。遇涝后应及时浅锄散墒,改善土壤通气条件,促进根系呼吸,延长根系活力和叶片寿命,加快地上部营养的合成和向籽粒的运转,以利灌浆成熟。

4. 防治病虫害

具体措施见下节。

第七节　谷子病虫草害防治

南阳市谷子生产期间病虫草害时有发生,种类随生态区、耕作形式、品种类型等而变化。其中病害曾普遍发生的有白发病、谷瘟病、病毒病、线虫病、黑穗病、锈病、纹枯病等;目前已发现为害谷子的害虫有 20 余种,播种期害虫主要有蝼蛄、金针虫、谷步甲、根蟒象等;苗期害虫主要有鳞斑叶甲、拟地甲、黑绒金龟子、谷子负泥虫、粟凹胫跳甲、粟灰螟、玉米螟等;成株期害虫主要有黏虫、东亚飞蝗、稻苞虫、稻纵卷叶螟、粟穗螟、棉铃虫、粟缘蝽象等;杂草主要有狗尾草、马唐、稗草、藜、苋、苍耳、猪殃殃、蓼灰灰菜、反枝苋、刺儿菜、葎草、苦荬菜、田旋花、问荆、马齿苋、蓼等。

一、谷子病害防治

(一)谷子白发病

1. 症状

从发芽到出穗都可发病,并且在不同生育阶段和不同部位的症状也不一样。未出土的幼芽严重发病的,出土后的幼苗及其叶子变色、扭曲或腐烂;"灰背",幼苗 3 ~ 4 叶时,病叶正面出现白色条斑,叶背长出灰白色霉层,此后叶片变黄、枯死。"白尖",当叶片出现灰背后,叶片干枯,但心叶仍能继续抽出,只是心叶抽出后不能正常展开,而是呈卷筒状直立,呈黄白色,以后逐渐变褐色呈枪杆状。"刺猬头"部分病株发展迟缓,能抽穗,或抽半穗,但穗变形,小穗受刺激呈小叶状,不结籽粒,内有大量黄褐色粉末。病穗上的小花内外颖受病菌刺激而伸长呈小叶状,全穗像个鸡毛帚。"白发或乱发状",变褐色的心叶受病菌为害,叶肉部分被破坏成黄褐色粉末,仅留维管束组织呈丝状,植株死亡(见图 5-2)。

2. 发生规律

图5-2　谷子白发病“白发”症状

以卵孢子在土壤中、未腐熟粪肥上或附在种子表面越冬，是主要初侵染源（见图5-3）。卵孢子系统性侵染病株后产生分生孢子，但在华北地区，分生孢子须在特殊的气候条件下，才能引起系统性的再侵染并产生大量卵孢子。病菌的侵染主要发生在谷子的幼苗时期。种子上沾染的和土壤、肥料中的卵孢子萌发产生芽管，用芽管侵入谷子幼芽芽鞘，随着生长点的分化和发育，菌丝达到叶部和穗部。孢子囊和游动孢子借气流传播，进行再侵染。低温潮湿土壤中种子萌发和幼苗出土速度慢，容易发病。发病的土壤适温为20 ℃，土壤相对湿度为50%，即半干土。发病温度范围为19～32 ℃，相对湿度为20%～80%。发病条件范围比较广泛，而且温湿度互相影响。当温度自20 ℃逐渐降低时，湿土较适于发病；温度自20 ℃逐渐升高时，干土较适于发病。苗期多雨时，白发病较严重；连作田菌源数量大或肥料中带菌数量多，病害发生严重；土壤墒情差，出苗慢，播种深或土壤温度低时，病害发生亦严重。不同品种的抗病性表现有差异。

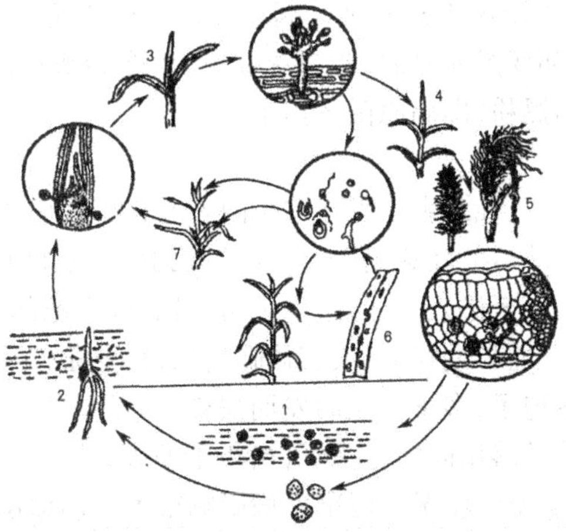

1—卵孢子越冬；2—卵孢子萌发从幼芽鞘侵入；3—灰背；
4—白尖；5—白发、看老谷；6—再侵染引致局部病斑；
7—再侵染引起系统发病

图5-3　谷子白发病病害循环

3. 防治方法

谷子白发病主要由初侵染引起，所以在防治上应采取选用抗病良种、实行轮作、种子处理、拔除病株等减少初侵染源的措施。

选用抗病品种，建立无病留种田获得无病种子。发病田块，实行 2 ~ 3 年轮作倒茬。田间及时拔除病株，减少菌源。忌用带病谷草沤肥，避免粪肥传染。

种子拌种和土壤处理可以有效防治病害发生。

种子处理，可用 35% 甲霜灵拌种剂按种子重量的 0.2% 拌种，或用 50% 甲霜·酮（甲霜灵·三唑酮）可湿性粉剂按种子重量的 0.30% ~ 0.40% 拌种；或用 50% 多菌灵可湿性粉剂、50% 苯菌灵可湿性粉剂 0.3% 拌种；或用种子重量 0.4% ~ 0.5% 的 64% 恶霜灵·代森锰锌可湿性粉剂拌种。

土壤处理，可用 75% 敌磺钠可溶性粉剂 500 g/亩兑细土 15 ~ 20 kg 混匀，播种后覆土。

发病初期，可选用下列药剂：

（1）45% 代森铵水剂 180 ~ 360 倍液；

（2）58% 甲霜灵·代森锰锌可湿性粉剂 600 倍液；

（3）64% 恶霜·锰锌可湿性粉剂 500 倍液；

（4）72% 霜脲·锰锌可湿性粉剂 600 ~ 800 倍液；

（5）69% 烯酰吗啉·代森锰锌可湿性粉剂 1 000 倍液。

喷雾防治。

（二）谷子黑穗病

1. 症状

主要为害穗部，通常一穗上只有少数籽粒受害，抽穗后表现症状。病穗刚抽出时，因孢子堆外有子房壁及颖片掩盖不易发现。病穗短，直立，大部分或伞部子房被冬孢子取代。当孢子堆成熟后全部变黑才显症，初为灰绿色，后变为灰色。病粒较健粒略大，颖片破裂、子房壁膜破裂散出黑粉，即病原菌冬孢子。

2. 发生规律

该病属芽期侵染的系统性病害。以冬孢子附着在种子表面越冬，成为翌年初侵染源。带菌种子萌发时，病菌从幼苗的胚芽鞘侵入，并扩展到生长点区域的细胞内和细胞间隙，随植株生长而系统侵染，直至进入子房，破坏子房，最后侵入穗部，致病穗上籽粒变成黑粉粒。粒黑穗病菌的冬孢子能长期存活，没有休眠现象，只要条件适宜就可萌发。在温暖湿润地区，散落于土壤的冬孢子，多于当年萌发而失效，不能成为翌年的初侵染菌源。在低温干燥地区，可能有部分散落田间的冬孢子，当年不萌发，成为下一季谷子发病的初侵染菌源。谷子播种后的土壤温湿状况对侵染发病影响很大。病原菌侵染幼苗的适宜土壤温度为 12 ~ 25 ℃，超过 25 ℃则侵染受到抑制。在较低的温度下，谷子萌发与出苗缓慢，拉长了病原菌侵染的时间，发病就较重。土壤含水量在 30% ~ 50% 适于病菌侵染，土壤干旱或水分饱和都不利于病原菌侵染。种子带菌率高，土壤温度低，墒情差，覆土厚，幼芽滞留土壤中的时间延长，则发病加重。谷子品种间抗病性有明显差异。

3. 防治方法

选用抗病品种。做好种子繁育田的防治，由无病地留种。不使用来源于发病地区和发病田块的种子。严格选种，剔除病穗并销毁。

种子处理，可用下列药剂：

(1)40%拌种双粉剂按种子重量的0.2%～0.3%拌种；

(2)50%多菌灵可湿性粉剂或50%甲基硫菌灵可湿性粉剂按种子重量的0.2%拌种；

(3)50%克菌丹可湿性粉剂按种子重量的0.3%拌种；

(4)25%三唑酮可湿性粉剂、15%三唑醇干拌种剂、50%福美双可湿性粉剂等，皆以种子重量0.2%～0.3%的药量拌种；

(5)0.25%公主岭霉素可湿性粉剂50倍液浸泡12 h。

(三)谷子瘟病

1. 症状

在谷子的整个生育期均可发生，侵染叶片、叶鞘、茎节、穗颈、小穗和穗梗等部(见图5-4)。叶片上病斑为梭形，中央灰白色，边缘紫褐色并有黄色晕环，湿度大时叶背密生灰色霉层。茎节染病初呈黄褐或黑褐色小斑，后渐绕全节一周，造成节上部枯死，易折断。叶鞘病斑长椭圆形，较大。穗颈染病初为褐色小点，后扩展为灰黑色梭形斑，严重时，绕颈一周造成全穗枯死。

图5-4　谷子瘟病为害穗部症状

2. 发生规律

以分生孢子在病草、病残体和种子上越冬，成为翌年初侵染源。田间发病后，在叶片病斑上形成分生孢子，借气流传播进行再侵染。温度25 ℃，相对湿度大于80%，有利于该病发生和蔓延。播种过密，田间湿度大，降水多发病重，黏土、低洼地发病重；偏施氮肥易发病。

3. 防治方法

病草要处理干净，忌偏施氮肥，密度不宜过大，保证通风透光。忌大水漫灌，严格采种，进行单打单收。收获后深翻土地。

叶瘟发生初期、抽穗期、齐穗期各喷药1次，可有效地防治谷子瘟病的为害。

可选用下列药剂：

(1)2%春雷霉素可湿性粉剂750～1 000倍液；

(2)40%敌瘟磷乳油500～800倍液+65%代森锰锌可湿性粉剂500倍液；

(3)80%代森锰锌可湿性粉剂600倍液+50%四氯苯酞可湿性粉剂800倍液；

(4)45% 代森铵水剂 1 000 倍液 +40% 稻瘟净乳油 600 ~ 800 倍液;

(5)70% 甲基硫菌灵可湿性粉剂 600 ~ 800 倍液。

喷雾防治。

(四)谷子锈病

1. 症状

主要发生在谷子生长的中后期,主要为害叶片,叶鞘上也可发生。初期在叶背面出现深红褐色小点,稍隆起,后表皮破裂,散出黄褐色粉末(见图 5-5)。严重时叶面布满病斑,致使叶片早枯,穗子干瘪。后期叶背和叶鞘上产生黑色、椭圆形不很明显的冬孢子堆,散生或聚生于寄主表皮下,表皮不易破裂。

图 5-5　谷子锈病为害叶片后期症状

2. 发生规律

以夏孢子和冬孢子越冬、越夏,成为初侵染源,第二年进行侵染。常年在 7 月下旬,夏孢子遇雨水上溅到叶片,萌发后通过气孔侵入,在表皮下或细胞间隙中生长,约 10 d 后产生夏孢子堆,并开始散发夏孢子,通过空气传播,落在叶片上,若湿度合适形成再侵染,夏孢子堆可连续产生夏孢子,引起该病的暴发流行。流行过程一般可分为发病中心形成期,发病始期病叶率在逐渐增加,严重度没有发展;普遍率扩展期,发病中心消失转为全田发病,病株率、病叶率急剧增加,为田间流行提供了充足菌源;严重度增长期,病株率、病叶率达到顶峰,发病程度急剧增加,引起植株倒伏,严重影响产量。高温多雨有利于病害发生。7 ~8 月降雨多,发病重。氮肥过多、密度过大发病重。田边寄主杂草多都有利于发病。

3. 防治方法

种植抗病品种。处理带病谷草,清除田间杂草,以消灭越冬菌源。合理密植,避免过多施用氮肥,增施磷钾肥。雨后及时排水,多中耕。

在田间发病的中心形成期,即病叶率 1% ~5% 时,进行第一次喷药,可选用下列药剂:

(1)20% 三唑酮乳油 800 ~ 1 000 倍液;

(2)15% 三唑醇可湿性粉剂 1 000 ~ 1 500 倍液;

(3)12. 5% 烯唑醇可湿性粉剂 1 500 ~ 2 000 倍液;

(4)50% 萎锈灵可湿性粉剂 1 000 倍液;

(5)40%氟硅唑乳油9 000倍液。

喷雾防治。发生严重时,间隔7～10 d再喷1次,可达到良好的防治效果。

(五)谷子纹枯病

1. 症状

图5-6　谷子纹枯病为害叶鞘症状

谷子自拔节期开始发病,首先在叶鞘上产生暗绿色、形状不规则的病斑,其后,病斑迅速扩大,形成长椭圆形云纹状的大块斑,病斑中央部分逐渐枯死并呈现苍白色,而边缘呈现灰褐色或深褐色(见图5-6),时常有几个病斑互相汇合形成更大的斑块,有时达到叶鞘的整个宽度,使叶鞘和其上的叶片干枯。在多雨潮湿气候下,若植株栽培过密,发病较早的病株也可整株干枯。病菌常自叶鞘侵染其下面相接触的茎秆,在灌浆期病株自侵染茎秆处折倒。当环境潮湿时,在叶鞘病痕表面,特别是在叶鞘与茎秆的间隙生长大量菌丝,并生成大量褐色菌核。病菌也可侵染叶片,形成像叶鞘上的病斑症状,使整个叶片变成褐色,卷曲并干枯。发病严重的地块影响灌浆,病株枯死。

2. 发生规律

以菌丝和菌核在病残体或在土壤中越冬。当旬平均气温在24.3 ℃、降水量在80 mm以上、相对湿度在80%以上时,为全生育期侵染高峰期。谷子播种期与发病关系密切,早播病重、迟播病轻。

3. 防治方法

选用抗纹枯病的品种。清除田间病残体,减少侵染源,包括根茬的清除和深翻土地;适期晚播以缩短侵染和发病时间;合理密植,铲除杂草,改善田间通风透光条件,降低田间湿度;科学施肥,以施用有机肥为主,增施磷、钾肥料,改善土壤结构,增强植株的抵抗能力。

种子处理,用种子量0.03%有效成分的三唑醇、三唑酮进行拌种,可有效控制苗期侵染,减轻为害程度。

于7月下旬或8月上旬,病株率在5%～10%时,在谷子茎基部彻底喷雾防治1次,一周后防治第2次,效果良好。可选用下列药剂:

(1)5%井冈霉素水剂100 ml/亩;

(2)20%三环唑·多菌灵·井冈霉素可湿性粉剂100～120 g/亩;

(3)12.5%烯唑醇可湿性粉剂35～50 g/亩;

(4)4.5%井冈霉素·硫酸铜水剂90 ml/亩;

(5)50%氯溴异氰脲酸可溶性粉剂40 g/亩。

兑水40～50 kg,用粗喷雾器喷雾防治。

(六)谷子灰斑病

1. 症状

主要为害叶片。病斑椭圆形至梭形,中部灰白色,边缘褐色至深红褐色(见图 5-7)。病斑背面生灰色霉层,即病菌的子实体。

图 5-7　谷子灰斑病为害叶片后期症状

2. 发生规律

以子座或菌丝块在病叶上越冬,翌年条件适宜,产生分生孢子,借气流传播蔓延。南方冬春温暖,雾大露重,易发生谷子灰斑病。

3. 防治方法

实行轮作,加强田间管理。发病初期,开始可选用下列药剂:

(1)40% 多 · 硫悬浮剂 500 倍液;

(2)50% 苯菌灵可湿性粉剂 1 000 ~1 500 倍液;

(3)70% 甲基硫菌灵可湿性粉剂 600 ~800 倍液。

喷雾防治,间隔 7 ~10 d 喷 1 次,防治 2 ~3 次。

(七)谷子黑鞘病

1. 症状

主要为害叶鞘。叶鞘上生青灰色至暗褐色无明显边缘的病斑,湿度大时上生黑色霉状物,即病原菌的子实体(见图 5-8)。

2. 发生规律

病菌随病残体在土壤中或在种子上越冬或越夏,分生孢子经胚芽鞘或幼根侵入,引起地下茎或次生根或基部叶鞘等部位发病。带菌种子是苗期叶斑病的重要初侵染源。在土壤中寄主病残体彻底分解腐烂之后,病原菌也就失去了侵染能力,地面上的病残体和植株病部不断产生大量病菌分生孢子,借风雨传播,进行再侵染。种植过密发病重。北方谷子栽培区 9 月发生,田间常见。

3. 防治方法

选用抗病耐病品种。提倡轮作以减少土壤中菌量,秋翻灭茬,加强夏秋两季田间管理,加快土壤中病残体分解;选用无病种子,适时适量播种,提高播种质量,减轻苗期发病。

种子处理。用种子重量 0.2% ~0.3% 的 50% 福美双可湿性粉剂拌种,或 33% 多菌

图5-8 谷子黑鞘病为害叶鞘症状

灵·三唑酮可湿性粉剂按种子重量的0.2%拌种。

成株期发病，且多雨时，可选用下列药剂：

(1)70%代森锰锌可湿性粉剂500倍液；

(2)20%三唑酮乳油或15%三唑醇可湿性粉剂2 000倍液；

(3)25%丙环唑乳油2 000～4 000倍液。

喷雾防治，能有效地控制整个生育期病害的扩展。

(八)谷子胡麻斑病

1. 症状

谷子整个生育期均可发病，主要为害叶片、叶鞘和颖果。叶片染病初生许多黄色至黄褐色斑点，斑点椭圆形或纺锤形，边缘不明显，色较暗，后变为褐色至黑褐色。病斑两端钝圆，区别于谷瘟病。后期病斑表面生黑色丝绒状霉层，即病原菌分生孢子梗和分生孢子。病情严重时，病斑融合，叶片枯死(见图5-9)。

图5-9 谷子胡麻斑病为害叶鞘症状

2. 发生规律

病菌以菌丝体在病残体或附在种子上越冬，成为翌年初侵染源。病斑上的分生孢子在干燥条件下可存活2～3年，潜伏菌丝体能存活3～4年，菌丝翻入土中经一个冬季后失去活力。带病种子播后，潜伏菌丝体可直接侵害幼苗，分生孢子可借风传播，萌发菌丝直接穿透侵入或从气孔侵入，条件适宜时很快出现病症，并形成分生孢子，借风雨传播进行再侵染。苗期和孕穗至抽穗期最易感病，而谷粒则以灌浆期最易受感染。高温高湿环境下最易诱发胡麻斑病，暴风雨之后或长期干旱后下雨也易诱发病害发生。

3. 防治方法

此病应以农业防治特别是深耕改土、科学管理肥水为主，辅以药剂防治。

科学管理肥水，要施足基肥，注意氮、磷、钾肥的配合施用。及时施用硫酸铵、人粪尿等速效性肥料，避免长期淹渍所造成的土壤通气不良，又要防止缺水受旱。深耕能促使根系发育良好，增强吸水吸肥能力，提高抗病性。

种子消毒，用50%多菌灵可湿性粉剂500倍液浸种48 h；50%甲基硫菌灵可湿性粉剂500倍液浸种48 h；50%福美双可湿性粉剂500倍液浸种48 h，捞出再用清水浸种，然后催芽、播种。

喷药可以防止此病的扩展蔓延，在发病初期，可选用下列药剂：

(1)50%多菌灵可湿性粉剂100 g/亩；

(2)30%苯醚甲环唑·丙环唑乳油15 ml/亩；

(3)25%嘧菌酯悬浮剂40 ml/亩；

(4)25%咪酰胺乳油40～60 ml/亩；

(5)50%异菌脲可湿性粉剂66～100 g/亩。

兑水50～60 kg喷雾防治，间隔5～7 d再喷1次，能有效地控制谷子胡麻斑病的扩展。

(九)谷子条点病

1. 症状

主要为害叶片。叶两面病斑狭条状，中央浅褐色，边缘红褐色，不规则。后期病部长出黑色小粒点，即病菌分生孢子器，引致叶片局部枯死(见图5-10)。

图5-10　谷子条点病为害叶片症状

2. 发生规律

病菌以分生孢子器在病株残体上越冬。翌春条件适宜时产生分生孢子，借风、雨传播进行初侵染和再侵染。天气温暖多雨、田间湿度大或偏施过施氮肥发病重。

3. 防治方法

收获后及时清除病残体,集中烧毁或深埋。合理密植,适量灌水,雨后及时排水。

发病初期开始用 36% 甲基硫菌灵悬浮剂或 50% 混杀硫悬浮剂 500 倍液、40% 多 · 硫悬浮剂 600 倍液喷雾防治。

(十)谷子细菌性条斑病

1. 症状

主要为害叶片,叶片上产生与叶脉平行的深褐色短条状有光泽的病斑,周围有黄色晕圈,病斑边缘轮廓不明显,把谷子叶横切面置于水滴中有很多细菌从叶脉处流出(见图 5-11)。

图 5-11　谷子细菌性条斑病为害叶片症状

2. 发生规律

病原细菌在病残体上越冬,从气孔侵入叶片。谷子生长前期如遇多雨多风的天气,病害发生严重。

3. 防治方法

选用抗病品种,加强田间管理,防止传染。

(十一)谷子红叶病

1. 症状

主要发生在中国北部谷子产区,是全株性病害。紫秆品种染病,叶片、叶鞘及穗均变红,因此称其为红叶病(见图 5-12)。青秆品种染病不变红却发生黄化。在灌浆至乳熟期十分明显。病株一般先从叶尖开始变红或变黄,后逐渐向下扩展,致全叶红化干枯。有的仅叶片中央或边缘变红或变黄。病穗短小,重量轻,种子发芽率不高,严重的不能抽穗,病株矮化,叶面皱缩,叶缘呈波状。

2. 发生规律

谷子红叶病病毒在野生杂草上越冬。翌年主要靠玉米蚜(*Rhopalosiphum maidis*)等 8 种蚜虫传毒,种子、土壤均不传病。在自然条件下,该病毒除侵染谷子外,还可侵染多种禾本科作物和杂草。谷子田及附近田块的大量带毒越冬杂草是诱发红叶病的重要因素。生产上,春季气候干燥、气温升高较快的年份,病害发生普遍且严重。品种间抗病性差异明显。

图 5-12　谷子红叶病为害叶片症状

3. 防治方法

选用抗红叶病的谷子品种是防治该病经济有效的措施。加强田间管理,基肥要充足,在谷子出穗前追施氮、磷复配的混合肥,以增强抗病力。

在玉米蚜迁入谷田之前及时喷洒 10% 吡虫啉可湿性粉剂 1 500 倍液,每亩喷兑好药液 75 ~ 100 L。

发病初期可选用下列药剂:

(1)0. 5% 菇类蛋白多糖水剂 300 倍液;

(2)20% 盐酸吗啉胍 · 乙酸铜可湿性粉剂 500 倍液;

(3)10% 混合脂肪酸可湿性粉剂 600 倍液。

喷雾防治。

二、谷子虫害

(一)粟灰螟

粟灰螟(*Chilo infuscatellus*)属鳞翅目,螟蛾科。

1. 为害特点

以幼虫蛀食谷子茎秆基部,苗期受害形成枯心苗,穗期受害遇风易折倒,常常形成穗而不实,并使谷粒空秕形成白穗。或遇风雨,大量折株造成减产,成为北方谷区的主要蛀茎害虫。

2. 形态特征

雄成虫淡黄褐色,额圆形,不突向前方,无单眼,下唇须浅褐色,胸部暗黄色;前翅浅黄褐色杂有黑褐色鳞片,中室顶端及中室里各具小黑斑 1 个,有时只见 1 个,外缘生 7 个小黑点成一列;后翅灰白色,外缘浅褐色。雌蛾色较浅,前翅无小黑点。卵扁椭圆形,表面生网状纹,初白色,后变灰黑色。每个卵块有卵 20 ~ 30 粒,呈鱼鳞状,但排列较松散。末龄幼虫头红褐色或黑褐色,胸部黄白色(见图 5-13)。初蛹乳白色,羽化前变成深褐色。

3. 发生规律

一年发生 2 ~ 3 代,以老熟幼虫在谷茬内或谷草、玉米茬及玉米秆里越冬,一般以 2、3 代发生区为害较重。幼虫于 5 月下旬化蛹,6 月初羽化,6 月中为成虫盛发期,随后进入产

图 5-13 粟灰螟幼虫

卵盛期,第 1 代幼虫 6 月中下旬为害;第 2 代幼虫 8 月中旬至 9 月上旬为害。在 2 代区,第 1 代幼虫集中于春谷苗期为害,造成枯心,第 2 代主要在春谷穗期和夏谷苗期为害;在 3 代区,第 1、2 代为害情况基本与 2 代区相同,第 3 代幼虫主要在夏谷穗期和晚播夏谷苗期为害。成虫多于日落前后羽化,白天潜栖于谷株或其他植物的叶背、土缝等阴暗处,夜晚活动,有趋光性。第 1 代成虫卵多产于春谷苗中及下部叶背的中部至叶尖近部中脉处,少数可产于叶面。第 2 代成虫卵在夏谷上的分布情况与第 1 代卵相似,而在已抽穗的春谷上多产于基部小叶或中部叶背,少数产于谷茎上。初孵幼虫行动活泼,爬行迅速。大部分幼虫于卵株上沿茎爬至下部叶鞘或靠近地面新生根处取食为害;部分吐丝下垂,随风飘至邻株或落地面爬于他株。降雨量和湿度对粟灰螟影响较大,春季如雨多,湿度大,有利于化蛹、羽化和产卵。播种越早,植株越高,受害越重。品种间的差异也较大,一般株色深,基部粗软,叶鞘茸毛稀疏,分蘖力弱的品种受害重。春谷区和春夏谷混播区发生重,夏谷区为害轻。

4. 防治方法

选用抗虫品种,种植早播诱集田,集中防治。秋耕时,拾净谷茬、黍茬等,集中深埋或烧毁,播种期可因地制宜调节,设法使苗期避开成虫羽化产卵盛期,可减轻受害。

在卵孵化盛期至幼虫蛀茎前施药,用 40% 水胺硫磷乳油 100 ml、5% 甲萘威粉剂 1.5 ~ 2 kg 加少量水与 20 kg 细土拌匀,顺垄撒在谷株心叶或根际。也可选用 1.5% 敌百虫粉剂 2 kg,拌细土 20 kg 制成毒土,撒在谷苗根际,形成药带,效果也好。

(二)粟缘蝽

粟缘蝽(*Liorhyssus hyalinus*)属半翅目,缘蝽科。

1. 形态特征

成虫体草黄色,有浅色细毛(见图 5-14)。头略呈三角形,头顶、前胸背板前部横沟及后部两侧、小盾片基部均有黑色斑纹,触角、足有黑色小点。腹部背面黑色,第 5 背板中央生 1 卵形黄斑,两侧各具较小黄斑 1 块,第 6 背板中央具黄色带纹 1 条,后缘两侧黄色。卵椭圆形,初产时血红色,近孵化时变为紫黑色。幼虫初孵血红色,卵圆形,头部尖细,触角 4 节较长,胸部较小,腹部圆大,至 5 ~ 6 龄时腹部肥大,灰绿色,腹部背面后端带紫红色。

2. 发生规律

一年发生 2 ~ 3 代,以成虫潜伏在杂草丛中、树皮缝、墙缝等处越冬。翌春恢复活动,先为害杂草或蔬菜,7 月间春谷抽穗后转移到谷穗上产卵。2 ~ 3 代则产在夏谷和高粱穗上,成虫活动遇惊扰时迅速起飞,无风的天气喜在穗外向阳处活动。夏谷较春谷受害重。

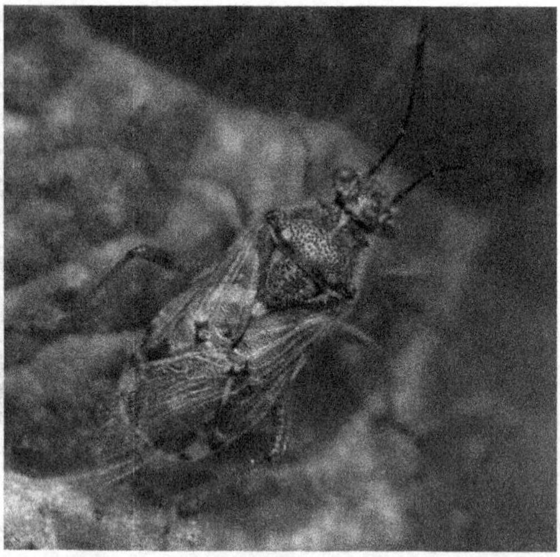

图 5-14　粟缘蝽成虫

3. 防治方法

因地制宜种植抗虫品种。尽量机耕后再播种,如为重茬播种,必须事先清洁田园。秋收后也要注意拔除田间及四周杂草,减少成虫越冬场所。根据成虫的越冬场所,在翌春恢复活动前,人工进行捕捉,效果很好。出苗后及时浇水,可消灭大量幼虫。

成虫发生期喷撒 2.5% 敌百虫粉剂 1.5 kg/亩。或选用下列药剂:①50% 马拉硫磷乳油 1 000 倍液;②20% 甲氰菊酯乳油 3 000 ~ 4 000 倍液;③2.5% 溴氰菊酯乳油 2 000 倍液。喷雾防治。

(三) 粟凹胫跳甲

粟凹胫跳甲(*Chaetocnema ingenua*)属鞘翅目,叶甲科。

1. 为害特点

以幼虫和成虫为害刚出土的幼苗。幼虫为害,由茎基部咬孔钻入,枯心致死。当幼苗较高,表皮组织变硬时,便爬到顶心内部,取食嫩叶。顶心被吃掉,不能正常生长,形成丛生。成虫为害,则取食幼苗叶子的表皮组织,吃成条纹,白色透明,甚至干枯死掉。

2. 形态特征

成虫体椭圆形,蓝绿至青铜色,具金属光泽(见图 5-15)。头部密布刻点,漆黑色。前胸背板拱凸,其上密布刻点。鞘翅上有由刻点整齐排列而成的纵线。各足基部及后足腿节黑褐色,其余各节黄褐色。后足腿节粗大。腹部腹面金褐色,具有粗刻点。卵长椭圆形,米黄色。末龄幼虫体网筒形;头、前胸背板黑色;胸部、腹部白色,体面具椭圆形褐色斑点。裸蛹椭圆形,乳白色。

3. 发生规律

一年发生 1 ~2 代,以成虫在表土层中或杂草根际 1.5 cm 处越冬。翌年 5 月上旬气温高于 15 ℃时越冬成虫在麦田出现,5 月下旬、6 月中旬迁至谷子田产卵,6 月中旬至 7 月上旬进入第一代幼虫盛发期,一代成虫于 6 月下旬开始羽化,7 月中旬产第二代卵,第二代幼虫为害盛期在 7 月下旬至 8 月上旬,第二代成虫于 8 月下旬出现,10 月入土越冬。成虫能飞善跳,白天活动,中午日烈或阴雨时,多潜于叶背、叶鞘或土块下静伏。喜食谷子叶面的叶肉,残留表皮常成白色纵纹,严重时可使叶片纵裂或枯萎。成虫一生多次交尾,并有间断产卵习性。卵大多产于谷子根际表土中,少数产于谷茎或叶鞘或土块下。幼虫

图 5-15　粟凹胫跳甲成虫

孵化后沿地爬行到谷茎基部蛀入为害，被害谷苗心萎蔫枯死形成枯心苗。幼虫共 3 龄，老熟幼虫在谷苗近地表处咬孔脱出，在谷株附近土中做土室化蛹。在气候干旱少雨的年份发生为害重。在干旱年份，黏土地受害重于旱坡地，而在雨涝年份，则旱坡地发生重于黏土地。早播春谷较迟播谷子受害重，重茬谷地重于轮作谷地。

4. 防治方法

因地制宜选育和种植抗虫品种。改善耕作制度。合理轮作，避免重茬；适期晚播，躲过成虫盛发期可减轻受害。加强田间管理。间苗、定苗时注意拔除枯心苗，集中深埋或烧毁清除田间及周边杂草，收获后深翻土地，减少越冬菌源。

播种前用种子重量 0.2% 的 50% 辛硫磷乳油拌种。

土壤处理，播种时，用 3% 辛硫磷颗粒剂 2 kg/亩处理土壤。

在谷子出苗后 4 ~ 5 叶期或谷子定苗期，可选用下列药剂：

(1)5% 高效氯氰菊酯乳油 2 500 倍；

(2)5% 顺式氰戊菊酯乳油 2 500 倍液；

(3)2.5% 溴氰菊酯乳油 3 000 倍液。

喷雾防治。

(四)负泥甲

负泥甲(*Oulema tristis*)属鞘翅目，负泥甲科。别名粟叶甲、谷子负泥虫、粟负泥虫。

1. 为害特点

成虫沿叶脉啃食叶肉，成白条状，不食下表皮。幼虫钻入心叶内舐食叶肉，叶面出现宽白条状食痕，造成叶面焦，出现枯心苗。

2. 形态特征

成虫体长 3.5 ~ 4.5 mm，宽 1.6 ~ 2 mm，体黑蓝色，具金属光泽；胸部细长，略似古钟状；小盾片、前胸背板及腹面钢蓝色，触角基半部较端半部细，黑褐色(见图 5-16)；足黄色，基节钢色，前跗节黑褐色，前胸背板长于宽，基部横凹显著，中央处有 1 短纵凹，刻点密集在两侧和基凹里。鞘翅平坦，上有 10 列纵行排刻点，青蓝色，基部刻点稍大，每 1 行刻点在纵沟处。卵椭圆形，黄色。末龄幼虫体圆筒形，腹部稍膨大，背板隆起；头部黄褐色，胸、腹部黄白色；前胸背板具 1 排不规则的黑褐色小点，中、后胸和腹部各节生有褐色短刺。裸蛹黄白色。

3. 发生规律

图 5-16　负泥甲成虫

一年发生 1 代，以成虫潜伏在谷茬、田埂裂缝、枯草叶下或杂草根际及土内越冬。翌年 5 ~ 6 月成虫飞出活动、食害谷叶或交尾，中午尤为活跃，有假死性和趋光性。6 月上旬进入产卵盛期，把卵散产在 1 ~ 6 片谷叶的背面，2 ~ 3片叶最多，卵期 7 ~ 10 d，初孵幼虫常聚集在一起啃食叶肉，有的身负粪便，幼虫共 4 龄，历期 20 多天，老熟后爬至土中 1 ~ 2 cm 处做茧化蛹，茧外黏有细土，似土茧，蛹期 16 ~ 21 d。羽化出来的成虫于 9 月上中旬陆续进入越冬状态。该虫在干旱少雨的年份或干旱年份的黏土地或雨涝年份的旱坡地易受害，早播春谷较迟播谷、重茬地较轮作地受害重。

4. 防治方法

合理轮作，避免重茬，秋耕整地，清除田间地边杂草，适时播种。

播种前用 50% 辛硫磷乳油按种子重量 0. 2% 的药量拌种。也可在播种时每亩用 3% 辛硫磷颗粒剂 2 kg 处理土壤。或喷撒 2. 5% 敌百虫粉剂或 1. 5% 乐果粉剂，亩用 1. 5 ~ 2 kg。

谷子出苗后 4 ~ 5 叶或定苗时，可选用下列药剂：

(1)5% 高氯氰菊酯乳油 3 000 倍液；

(2)5% 顺式氯氰菊酯乳油 2 000 倍液；

(3)25% 菊 · 乐氰戊菊酯 · 乐果乳油 1 500 倍液；

(4)2. 5% 溴氰菊酯乳油 2 500 倍液。

每亩用兑好的药液 75 kg 喷雾防治。

三、谷田杂草防除

应进行综合除草，具体措施如下。

(一) 农业防治

(1) 合理进行土壤耕作，前茬收获后进行浅耕灭茬，给杂草种子创造良好的发芽条件，在播种时除掉，还可以深耕，将杂草种子埋于地下使其窒息死亡。

(2) 轮作倒茬，谷子忌连作，其中最重要的原因是连作使杂草易滋生。

(3) 精选种子，腐熟肥料，防止杂草种子侵入田间。

(4) 加强管理，及时中耕除草。

(二) 药剂防治

1. 播后苗前土壤处理

(1)50% 扑草净可湿性粉剂。每亩用 50% 扑草净可湿性粉剂 200 ~ 300 g，在谷子播种后出苗前兑水 40 ~ 50 kg 喷雾封闭，可有效防除一年生双子叶杂草及部分单子叶杂草。

(2)25%利谷隆可湿性粉剂。主要防除谷田的狗尾草、马唐、稗草、藜、苋、苍耳、猪殃殃、蓼等一年生杂草。每亩用25%可湿性粉剂400~500 g,加水40~50 kg配成药液喷雾,进行土壤表层封闭。

(3)25%绿麦隆可湿性粉剂。主要防除谷田的狗尾草、马唐、稗草、马齿苋、苍耳、藜等杂草。每亩用25%可湿性粉剂400~500 g,加水40~50 kg喷雾封闭土表层。

(4)25%利谷隆可湿性粉剂。主要用于防除谷田狗尾草、马唐、稗草、野燕麦、藜、野苋、苍耳、猪殃殃、蓼等多种一年生杂草。每亩用25%可湿性粉剂400~500 g,加水40~50 kg喷雾土壤表层。

(5)50%稗草稀乳油。主要用于防除谷田一年生禾本科杂草及稗草。每亩用50%乳油600~800 g,加水40~50 kg,谷子播后苗前土壤表层封闭及生长期茎叶喷雾。

2. 茎叶处理

茎叶处理防除杂草一般在谷子出苗后2~3叶期进行。常用除草剂品种有稗草稀、2,4-D丁酯、2甲4氯、苯达松等。

(1)72%2,4-D丁酯乳油。主要用于防除谷田灰灰菜、反枝苋、苍耳、刺儿菜、葎草、苦荬菜、田旋花、问荆、马齿苋、蓼等双子叶杂草及莎草,每亩用72%乳油25~45 g,加水40~50 kg,在谷苗4~6叶期前对杂草茎叶喷雾处理。谷子对该除草剂敏感,所以只能在茎叶期防除杂草。在施药时要注意风向及周围的作物品种,以防其他作物如棉花、大豆、花生等受药害。

(2)20%2甲4氯水剂。防除对象及注意事项同2,4-D丁酯。每亩用20%2甲4氯水剂200~300 ml,加水40~50 kg,在谷子4~6叶期对杂草茎叶喷雾。

(3)72%2甲4氯钠原粉。防除对象及注意事项同2,4-D丁酯。每亩用72%2甲4氯钠原粉50~75 g,加水40~50 kg,在谷子4~6叶期对杂草茎叶处理,防除双子叶杂草及莎草。

(4)50%稗草稀乳油。主要防除谷田一年生禾本科杂草及稗草。谷子对稗草稀的耐药性很强,整个生育期均可使用。每亩用50%稗草稀乳油500~700 ml,加水40~50 kg,在谷子生长期喷雾防除禾本科杂草。

在单子叶和双子叶杂草混合发生的地块,可将不同品种除草剂混用防除。具体方法是:50%稗草稀乳油+20%2甲4氯水剂,每亩用量为500 ml+150 ml,50%稗草稀乳油+72%2,4-D丁酯乳油,每亩用量为500 ml+30 ml。

注意事项:在谷田用防除双子叶杂草的2,4-D丁酯、2甲4氯等除草剂时,应注意周围的敏感作物如棉花、大豆、花生、果树、蔬菜、油菜等,谨防药滴飘移造成药害,同时还应当彻底清洗喷雾器,也要注意产品使用说明,以免误用,造成药害。

第八节　谷子品种介绍

一、豫谷18

(一)特征特性

该品种幼苗绿色,生育期88 d,比对照冀谷19早2 d,株高119.64 cm。在亩留苗4.0

万株的情况下,成穗率94.13%;纺锤穗,穗子较紧;穗长18.99 cm,单穗重19.85 g,穗粒重16.94 g;千粒重2.56 g;出谷率81.68%,出米率76.46%;黄谷黄米。

经2010~2011年国家谷子品种区域试验自然鉴定,该品种抗倒性1级,抗锈性2级,谷瘟病、纹枯病抗性均为3级,白发病、红叶病、线虫病发病率分别为0.4%、1.14%、0.24%,蛀茎率1.73%。

(二)栽培技术要点

(1)播种日期。适宜播期5月下旬至6月下旬。

(2)播种方式。条播,行距20~30 cm。

(3)种植密度。夏播地块4.5万株/亩,春播地块4万株/亩。

(4)苗期管理技术要点。4叶期间苗,5~6叶期定苗,间苗前后可喷施菊酯类乳油复配乐果乳油稀释液治蚜虫防红叶病和粟灰螟等蛀茎害虫。抽穗前后喷施溴氰菊酯乳油稀释液可防治粟穗螟等。

(5)施肥。每亩施2 500 kg腐熟有机肥、30 kg氮磷钾三元复合肥或30 kg磷酸二铵作基肥;拔节期每亩追施5 kg尿素。

(6)注意病害和倒伏情况。注意治蚜虫,防治纹枯病、谷瘟病;1级抗倒伏。

(三)适宜地区

可在河北、山东、河南夏谷区夏播。

二、豫谷19

(一)特征特性

该品种幼苗浅紫色,生育期90 d,与对照冀谷19相同,株高126.39 cm。在亩留苗4.0万株的情况下,成穗率94.75%;穗子呈纺锤形、棒形两种,松紧适中;穗长19.01 cm,单穗重18.67 g,穗粒重15.32 g;千粒重2.77 g;出谷率82.06%,出米率77.40%;褐谷黄米。在中国作物学会粟类作物专业委员会举办的第九届全国优质食用粟鉴评会上被评为一级优质米。

(二)栽培技术要点

(1)播种日期。适宜播期5月下旬至6月下旬。

(2)播种方式。条播,行距20~30 cm,或其他方式。

(3)种植密度。夏播地块4.5万株/亩,春播地块4万株/亩。

(4)苗期管理技术要点。4叶期间苗,5~6叶期定苗,间谷苗前后可喷菊酯类乳油混乐果乳油稀释液治蚜虫、红叶病和粟灰螟等蛀茎害虫。

(5)施肥。每亩施2 500 kg腐熟有机肥、30 kg氮磷钾三元复合肥或30 kg磷酸二铵作基肥;拔节期每亩追施5 kg尿素。

(6)注意病害和倒伏情况。注意治蚜虫,防治纹枯病;2级抗倒伏。

(三)适宜地区

可在河北、山东、河南夏谷区夏播。在推广中应注意防治纹枯病。

三、保谷 19

(一)特征特性

该品种幼苗绿色,生育期 91 d,比对照冀谷 19 晚 2 d。株高 123.82 cm,在亩留苗 4.0 万株的情况下,成穗率 94.63%;纺锤穗,松紧适中;穗长 21.53 cm,单穗重 19.77 g,穗粒重 16.26 g,千粒重 2.91 g;出谷率 82.25%,出米率 76.42%;黄谷黄米。

该品种抗旱性、耐涝性、抗倒性均为 1 级,对谷锈病抗性为 2 级,谷瘟病、纹枯病均为 3 级,白发病、红叶病、线虫病发病率分别为 1.97%、1.62%、0.25%,虫蛀率 1.41%。米质一级。

(二)栽培技术要点

(1)播种日期。6 月中下旬。

(2)播种方式。条播,行距 30～40 cm。

(3)种植密度。夏播地块 4.0 万株/亩。

(4)苗期管理技术要点。3～4 叶期间苗,5～6 叶期定苗,亩留苗 4.0 万株左右。苗期注意中耕除草,谨防草荒。

(5)施肥。播种前酌情施肥,一般亩施磷酸二铵 15～20 kg;孕穗期每亩追施 10～15 kg 尿素。

(6)注意病害和倒伏情况。注意防治谷瘟病。

(三)适宜地区

河北、山东、河南三省两作制地区夏播及丘陵山地春播,同时可在辽宁中南部春播种植。

四、冀谷 31

(一)特征特性

抗拿扑净除草剂,生育期 89 d,绿苗,株高 120.69 cm。纺锤穗,松紧适中;穗长 21.43 cm,单穗重 13.38 g,穗粒重 10.93 g,千粒重 2.63 g;出谷率 82.41%,出米率 71.77%;褐谷黄米。

经 2008～2009 年国家谷子品种区域试验自然鉴定,该品种抗倒性、抗旱性、耐涝性均为 1 级,对谷锈病抗性 3 级,谷瘟病抗性 2 级,纹枯病抗性 3 级,白发病、红叶病、线虫病发病率分别为 1.91%、0.48%、0.05%。

(二)栽培技术要点

1. 播前准备

播种前灭除麦茬和杂草,每亩底施农家肥 2 000 kg 左右或氮磷钾复合肥 15～20 kg,浇地或降雨后播种,保证墒情适宜。

2. 播种

夏播适宜播种期 6 月 15 日至 6 月 25 日,适宜行距 35～40 cm;夏播每亩播种量 0.9～1.0 kg,春播每亩播种量 0.75～0.85 kg,要严格掌握播种量,并保证均匀播种。

3. 配套药剂使用方法

(1)除草剂:播种后、出苗前,于地表均匀喷施配套的“谷友”100 g/亩,兑水不少于 50 kg/亩。注意要在无风的晴天均匀喷施,不漏喷、不重喷。

(2)间苗剂:谷苗生长至 4 ~ 5 叶时,根据苗情喷施配套的拿扑净 80 ~ 100 ml/亩,兑水 30 ~ 40 kg/亩。如果因墒情等原因导致出苗不均匀,苗少的部分则不喷。注意要在晴朗无风、12 h 内无雨的条件下喷施,拿扑净兼有除草作用,要均匀喷施,并确保不使药剂飘散到其他谷田或其他作物。喷施间苗剂后 7 d 左右,杂草和多余谷苗逐渐萎蔫死亡。

4. 田间管理技术

谷苗 8 ~ 9 片叶时,喷施溴氰菊酯防治钻心虫;9 ~ 11 片叶(或出苗 25 d 左右)每亩追施尿素 20 kg,随后耘地培土,防止肥料流失,并可促进支持根生长、防止倒伏、防除新生杂草。及时进行防病治虫等田间管理。注意耘地培土措施十分重要,不能省略。

(三)适宜地区

冀、鲁、豫夏谷区种植。该品种为抗拿扑净类型,在推广中注意配套的除草剂使用方法和预防谷锈病。

第六章　豇　豆

豇豆(*Vigna unguiculata*),俗称角豆、姜豆、带豆、挂豆角。豆科、豇豆属一年生草本植物,以嫩荚及种子供食用。原产非洲东北部和印度;中国为第二起源中心,云南西北部有野生豇豆(*V. vexil - lata*),明代已广泛栽培。公元前 3 世纪传入欧洲,16 世纪传到美洲。现广泛分布于世界各地。茎有矮性、半蔓性和蔓性三种。豇豆富含蛋白质、胡萝卜素,营养价值高,口感好,是我国南、北方广泛栽培的大众化蔬菜之一,其普及程度在各类蔬菜中居第一位。豇豆的适应性强,既可以露地栽培,也可以保护地种植;同时还可以周年生产,四季上市。

第一节　豇豆的经济特点

一、营养、食用价值

豇豆籽粒营养丰富,蛋白质含量18% ~30% ,脂肪1% ~2% ,淀粉40% ~60% 。富含人和动物不可缺少的 8 种氨基酸,特别是赖氨酸、色氨酸和谷氨酸含量高。还含丰富的矿物质,如钙、磷、铁等,维生素 A、B_1、B_2 含量也较高。而有毒物质、抗代谢物含量很少,故受欢迎。豇豆籽粒可用作主食;豇豆粉可与小麦面粉掺和食用,可弥补小麦面粉蛋白质的不足。豇豆还可加工制作豆沙、豆馅、月饼,烤焦的种子可作咖啡的代用品等。豇豆豆芽、幼苗、嫩叶、嫩荚都可作菜用。尤其长豇豆的嫩荚肉质肥厚、脆嫩,是优质的蔬菜,人们常将豇豆作为主菜食用。长豇豆鲜豆荚还可腌制泡菜、制罐头及干制贮藏,在蔬菜供应淡季及隆冬季节,仍可食到美味的长豇豆。

二、药用价值

豇豆除有健脾、和胃的作用外,最重要的是能够补肾。此外,多吃豇豆还能治疗呕吐、打嗝等不适;豇豆中的纤维有利于降低人体内的胆固醇。

三、农业生产中的作用

豇豆生长快,枝叶繁茂,生物学产量高。茎秆成荚期含粗蛋白高达 21. 38% ,营养丰富,不仅适宜于放牧,还可与玉米、高粱等混合青贮。其枝叶的纤维素又比苜蓿更易消化,适于饲喂奶牛等牲畜,是极好的牧草开发作物。

第二节　豇豆的生产概况及区划

一、豇豆的生产概况

豇豆比其他作物的种植范围广,从热带、亚热带到温带,从山滩到平原都能种植。它喜阳光，但也耐阴，种在玉米、高粱或在果树行间时，营养生长正常并获得较好的收获。很多品种尤其是早熟类型，对光照不敏感，地区适应性广，便于相互引种。世界各国都把长豇豆的鲜荚作为蔬菜，矮豇豆的豆粒作为重要的粮菜食豆，茎秆可作饲料。目前，全世界栽培面积为 500 万 hm^2，总产量达 130 万 t，主产于非洲、拉丁美洲和东南亚。非洲产量占世界总产量的 90%。我国豇豆根据用途及豆荚的长短、荚下垂或上举等特征，分三大类型：

(1)长豇豆，又名豇豆、裙带豆，茎蔓生，植株缠绕，荚长 20 ~ 100 cm，肉质下垂，成熟时荚壳皱缩，种子长肾形，主要用其柔软多汁的嫩荚作蔬菜。

(2)普通豇豆，又名豇豆、饭豆、黑脐豆等，植株多为蔓生型，也有直立和半直立型。荚长 10 ~ 30 cm，嫩荚时直立上举，后期下垂，种子多为近肾形，通常用其籽粒，是一种粮、菜、绿肥和饲料兼用的豆科作物。

(3)短荚豇豆，植株矮小，荚长一般 7 ~ 12 cm，向上直立生长。种子小，椭圆或圆柱形，主要收干豆和作饲料。

我国种植的豇豆主要是长豇豆和普通豇豆。这两种豇豆由于用途不同，所以在产地、品种和栽培技术方面都有一定的差别。长豇豆研究时间较久，种植广泛，大家较熟悉；普通豇豆很多人不很熟悉。

我国长豇豆种植分布面积广，除青海和西藏外，全国各省(市、区)均有种植，尤其是城镇郊区种植多。近年来，我国长豇豆种植面积维持在 33 万 hm^2 以上。河北、河南、江苏、浙江、安徽、四川、重庆、湖北、湖南、广西等地每年栽培面积超过 1 万 hm^2，并形成了浙江丽水、江西丰城、湖北双柳等面积超过 1 000 hm^2 的大型专业化长豇豆生产基地。每 1 hm^2 产量以北京、天津、河北、山西、内蒙古等华北地区最高，正常年份在 30 t 以上；其次为东北地区，接近 30 t；上海、江苏、浙江、安徽、福建、江西、山东、河南等地也在 20 t 以上。

长豇豆营养丰富，蛋白质含量高，富含粗纤维、碳水化合物、维生素和铁、磷、钙等元素，且适应性强，栽培范围广，是我国夏秋季节主要蔬菜之一。我国是长豇豆次生起源中心，栽培历史悠久，品种资源丰富，拥有种质资源近千份，在育种方面也取得了很大进展。由于优良新品种的不断推广，以及育苗移栽、地膜覆盖、温室大棚等技术的广泛应用，长豇豆品质和产量有了较大提高。近年来，脱水、速冻、腌渍长豇豆等加工业的发展和出口有了长足发展，为适应国内外需要，我国长豇豆的生产规模将有望持续增长。

普通豇豆是粮用为主，粮、菜、绿肥、饲料与医药兼用的一年生豆科草本作物。普通豇豆生长强健，根系发达，主根强大、支根多，入土较深(70 ~ 90 cm)，有较强的吸收土壤深层肥水和空气中氮素的能力，耐旱、耐瘠，适应性强。在旱作条件下，早熟类型能生长在年降水量 600 mm 干旱地区，中、晚熟类型生长在年降水量 600 ~ 1 500 mm 地区。严重干旱年份，其他作物明显受害，普通豇豆仍能正常生长发育、开花结荚。普通豇豆对土壤质地要求不严，红壤、黏壤、沙壤和细沙土壤等都能生长，能在较瘠薄的土壤中种植(在高度肥沃的土壤中常导致营养生长过旺，种子产量降低)，特别是在旱瘠地与盐碱地上，其他作物难以生长情况下，普通豇豆也能获得一定的产量。普通豇豆多种植在不能浇水的旱瘠地及地边、沟沿、山岗地、山坡地。在新开垦的生土地上，可作"先锋作物"，对改良及培肥土壤有良好效果。我国普通豇豆分布极为广泛,从北部的黑龙江、内蒙古到南方的海南岛,从西边的新疆到东部的吉林、台湾均有种植,南北跨越约 28 个纬度,东西跨越 50 个经度。主要产区有河南、广西、山西、陕西、山东、安徽、内蒙古、湖北、河北及海南等省(区),其次是江西、贵州、北京、宁夏、江苏、辽宁及湖南等省(区、市)。

我国普通豇豆多为零星种植,生产面积尚无详细的统计资料,总的趋势是发展的,特别是在山区、丘陵地区发展较快,生产上用的多为传统的农家品种,蔓生、生育期长,病虫害较重,产量较低,全国平均亩产 30 kg 左右。河北保定地区,近年种植新品种中豇 1 号,一般亩产 100 ~ 160 kg。采用优良品种,进行合理的栽培管理可获得较高的产量。预计未来 15 年间,将大面积推广矮生、优质高产的普通豇豆新品种。种植面积将增加到 250 万亩以上,亩产将突破 200 kg,并初步建立起产业化生产基地及产品加工产业,提高普通豇豆的经济效益。

二、长豇豆生产区划

我国长豇豆种子生产主要集中在北方地区,根据地理位置大致可划分为 4 大产区。

(一)东北产区

包括东北三省和内蒙古的部分地区,是我国最大的长豇豆良种繁育区,其发展较早,生产技术和配套设施较为成熟,产业化水平较高。该地区夏季温度高,光照充足,雨量少,较适宜于长豇豆的生长,辽宁、吉林等地区长豇豆单位面积种子产量居全国前列。目前,有许多研究所和种子生产企业在东北建有繁种基地。

(二)华北产区

主要包括河南、河北、安徽、山东等省。该地区长豇豆种植面积较大,对种子的需求量也较多。但近年来由于连作障碍等多方面原因种子单产下降,制种农户效益不佳,生产面积呈下滑趋势。

(三)西北产区

以宁夏、甘肃、新疆等省(区)为主。该地区气候干燥,光照充足,昼夜温差大,而且土地资源和劳动力资源丰富,对建立长豇豆良种繁育基地极为有利,平均制种产量 120 kg/亩。近几年,南方许多长豇豆种子经销商瞄准了西北地区的这些有利条件,相继在该地区建立了大型良种繁育基地,因此西北产区长豇豆种子生产面积发展迅速。

(四)南方产区

浙江、福建、湖北、湖南、四川等南方地区也有长豇豆种子生产基地的零星分布。南方产区由于夏季种子成熟期高温多雨,种子产量低,色泽差,品质较低,因此更宜于秋季繁种,产量 75 ~ 150 kg/亩。

第三节　豇豆栽培的生物学基础

一、形态特征

豇豆缠绕、草质藤本或近直立,有时顶端缠绕状。直根系,根系发达,较耐干旱,有根瘤，再生力弱。主要根群分布在15～25 cm土层中。茎蔓呈左旋性缠绕，植株一般较为茂盛，应较普通菜豆稍稀植一些。基生叶对生，单叶，第3片真叶以上为三出复叶，互生。总状花序，花梗长，蝶形花，有紫红、淡紫、乳黄等几种颜色。线形荚果，每个花序结荚2～4个，因品种而异，荚长30～90 cm，荚含种子16～22粒，肾脏形，有红、黑、红褐、红白和黑白双色籽等，长豇豆千粒重300～400 g。豇豆茎有矮生、半蔓性和蔓性3种。

二、豇豆生育进程

（一）生育期

豇豆自出苗至嫩荚采收结束，一般需90～120 d。从种子萌发到结出新种子需110～140 d。

（二）生育时期

豇豆自播种至嫩荚采收、成熟需经过发芽期、幼苗期、抽蔓期和开花结荚期。

1. 发芽期

从种子萌动到真叶展开进行独立生活为止为发芽期。此期各器官生长所需的营养主要由子叶供应。真叶展开后开始光合作用，由异养生长转换为自养生长，所以初始的一对真叶是非常重要的，应注意保护，不能损伤或被虫咬。发芽期需6～8 d。温度在25～30 ℃和适当的湿度下，播种3～4 d便可发芽，14～25 ℃则需要7～10 d才可发芽。种子发芽所需要吸收的水分，一般不超过种子量的50%，此时水分过多容易引起烂种，因此在露地种植上，播种期应当避开连绵阴雨和低温天气，同时要严格控制土壤的水分，并要为种子萌芽出土提供一个疏松透气的土壤环境。

2. 幼苗期

从幼苗独立生活到抽蔓前（矮生品种到开花）为幼苗期。此期以营养生长为主，同时花芽开始分化，茎部节间短，地下部生长快于地上部，根系开始木栓化。幼苗期需15～20 d。

3. 抽蔓期

幼苗期后从7～8片复叶至植株现蕾为抽蔓期，一般需10～15 d。这个时期主蔓迅速伸长，基部开始在第一对真叶及主蔓第2～3节腋处抽出侧蔓，根瘤也开始形成。抽蔓期需要较高温度和良好的日照，在此条件下，茎蔓较粗壮，侧蔓发生也较快；如温度过低或过高，阴天多，则茎蔓生长较弱。抽蔓期土壤湿度大，则不利于根的发育和根瘤的形成。

4. 开花结荚期

从现蕾开始到采收结束为开花结荚期。此期的长短因品种、栽培季节和栽培条件的不同而有很大差异，短的45 d，长的可达70 d。此期开花结荚与茎蔓生长同时进行。植株在此期需要大量养分和水分，以及充足的光照和适宜的温度。现蕾至开花，一般5～7 d，开花到商品豆荚采收一般需8～13 d，商品豆荚至豆荚生理成熟还需4～10 d。豇豆在开花结荚期，一方面抽出花序开花结荚，另一方面继续茎叶的生长，发展根系和形成根瘤。由于生长量大，生长迅速，因此在开花结荚期一定要满足植株的养分需要，如开花结荚期田间管理不当，往往出现蔓叶生长不良，影响开花结荚，或蔓叶生长过于茂盛，延迟抽出花序、少抽出花序或引起落花落荚。开花结荚期如果营养生长过于旺盛，就会抑制生殖生长;田间水分过多或干旱,温度过高或过低,光照太弱以及病虫害等,都是引起落花落荚的重要原因。开花结荚期,植株需要大量的营养,且豇豆的根瘤菌又远不及其他豆科植物发达,因此必须供给一定数量的氮肥;但也不能偏施氮肥,如施用氮肥过多,容易出现植株徒长,延迟开花结荚甚至引起落花落荚,因此应注意氮、磷、钾的配合施用,并且开花结荚期应当适当增加磷、钾的比例。

三、豇豆对环境条件的要求

(一)温度

豇豆是耐热性蔬菜,能耐高温,不耐霜冻。种子发芽的适宜温度,根据中国农科院蔬菜研究所进行的种子发芽率测定,在25~35 ℃发芽较快,而以35 ℃时发芽率和发芽势最好。在20 ℃以下,发芽缓慢,发芽率降低,在15 ℃以下时发芽率和发芽势都差。豇豆种子播种后在30~35 ℃出土成苗较快,抽蔓后在20~25 ℃的气温下生长较好,35 ℃左右的高温仍能生长和结荚;15 ℃左右植株生长缓慢,10 ℃以下时间较长则生长受到抑制,接近0 ℃时,植株冻死。

(二)光照

长豇豆(豆荚长30 cm以上)对日照长短要求不严格。豇豆是喜光作物,在开花结荚期间需要良好的日照,如光照不足,则会引起落花落荚。

(三)水分

豇豆生长要求有适量的水分,但能耐干旱。种子发芽期和幼苗期不宜过湿,以免降低发芽率或幼苗徒长,甚至烂根死苗。开花结荚期要求有适当的空气湿度和土壤湿度;下雨过多、湿度大或遇干燥冷风,都容易引起落花落荚。并且土壤水分过多,也不利于植株根系和根瘤菌的活动,甚至会出现烂根发病,引起落花落荚。

(四)土壤

豇豆对土壤的适应性广,只要排灌良好的疏松土壤,均可栽培,但以土层深厚、土质肥沃、排水良好的中性沙质土为佳。豇豆适于pH6.2~7的土壤种植。但是,土壤酸性过强,会抑制根瘤菌的生长,也会影响植株的生长发育。豇豆忌连作,最好选择3年内未种过棉花和豆科植物的地块。豇豆的根系较发达,但是其再生能力比较弱,主根的入土深度一般在80~100 cm,群根主要分布在15~18 cm的耕层内,侧根稀少,根瘤也比较少,固定氮的能力相对较弱。豇豆根系对土壤的适应性广,但以肥沃、排水良好、透气性好的土壤为好,过于黏重和低湿的土壤不利于根系的生长和根瘤的活动。

(五)养分

豇豆对肥料的要求不高,在植株生长前期(结荚期),由于根瘤尚未充分发育,固氮能力弱,应适量供应氮肥。开花结荚后,植株对磷、钾元素的需要量增加,根瘤菌的固氮能力增强,这个时期由于营养生长与生殖生长并进,对各种营养元素的需求量增加。相关的研究表明:每生产1 000 kg豆角,需要纯氮10.2 kg、五氧化二磷4.4 kg、氧化钾9.7 kg,但是因为根瘤菌的固氮作用,豇豆生长过程中需钾素营养最多,磷素营养次之,氮素营养相对较少。因此,在豇豆栽培中应适当控制水肥,适量施氮,增施磷、钾肥,土壤环境有利于根系发育,根群发达,根瘤菌多而旺盛,植株生长健壮。

四、豇豆的分类

(1)按用途及豆荚的长短、荚下垂或上举等特征,分为长豇豆、普通豇豆、短荚豇豆。

长豇豆,又名豇豆、裙带豆,茎蔓生,植株缠绕,荚长 20 ~ 100 cm,肉质下垂,成熟时荚壳皱缩,种子长肾形,主要以其柔软多汁的嫩荚作蔬菜。

普通豇豆,又名豇豆、饭豆、黑脐豆等,植株多为蔓生型,也有直立和半直立型。荚长 10 ~ 30 cm,嫩荚时直立上举,后期下垂,种子多为近肾形,通常用其籽粒,是一种粮、菜、绿肥和饲料兼用的豆科作物。

短荚豇豆,植株矮小,荚长一般 7 ~ 12 cm,向上直立生长。种子小,椭圆或圆柱形,主要收干豆和作饲料。

(2)按食用部位分为食荚(软荚)和食豆粒(硬荚)。

(3)作为蔬菜栽培的分为长豇豆和矮豇豆。

(4)按植株生长习性分为矮生品种、半蔓生品种、蔓生品种。

矮生品种,一般株高 50 cm,顶端形成花芽。早熟。

半蔓生品种,为前期矮生,后期蔓生,蔓长 100 cm 左右。

蔓生品种,为 2 ~ 3 m 以上。晚熟,产量高。

(5)依豇豆的荚果颜色分为青荚种、白荚种、红荚种。

青荚种,叶片较小,较厚,色绿。较能耐低温而不甚耐热,在春、秋两季栽培。

白荚种,叶片较大,较薄,浅绿色。对低温敏感,在夏、秋两季栽培。

红荚种,茎蔓和叶柄带紫红色,嫩荚紫红色,耐热,一般夏季栽培。

第四节　豇豆的间作套种和轮作

一、豇豆与春玉米套种

7 月上旬,当春玉米授粉结束后,在行间点播套种豇豆。行距随玉米行距而定,株距 30 cm 左右,每亩 2 500 ~ 3 000 穴,每穴 3 ~ 4 粒种子。玉米收获后,豇豆苗 2 ~ 3 片真叶时间苗,每穴留 2 ~ 3 株,同时深中耕 1 次,在封行前中耕 2 次,并追施氮肥和磷肥,及时防治病虫害。

二、豇豆、谷子混作或间作

(一)豇豆与谷子混作

一般在谷雨前后,谷子与豇豆一起混播。谷子定苗时,每隔 66 ~ 100 cm 留 2 株豇豆苗,秋分前收获。谷子收后光照充足,豇豆还可再结一茬荚,种麦前成熟、收获。

(二)豇豆与谷子间作

每隔 2 ~ 4 行谷子间种 1 行豇豆,每穴 3 ~ 4 株,穴距约 30 cm,豇豆以谷秆为支架,通风透光好,有利于生长发育,是山区一种较好的种植方式。

三、豇豆与玉米、高粱、向日葵等高秆作物间作

即在玉米、高粱、向日葵地里隔行间种矮豇豆。当这些高秆作物播种时，在其行间开沟或开穴播种豇豆，株距约30 cm。一般1～2行玉米、高粱或向日葵间种1行豇豆。可充分利用土地，前期发挥高秆作物挡风防寒，形成暖和的小气候环境，使豆苗生长良好，后期利用秸秆降低畦内温度，有利开花结荚。

四、豇豆与果树套种

在幼龄果树行里套种4～6行豇豆，充分利用果树行里的空间。合理轮作，可避免重茬引起的危害，提高豇豆本身的产量，也利于后茬作物增产。

五、豇豆与马铃薯、甘薯间作

一般1～2行马铃薯或甘薯间种1行豇豆，利用两种作物的不同生育特点，提高单位面积的经济效益。

六、轮作倒茬

目前轮作倒茬有多种方式，在一年两熟制地区，主要有小麦—豇豆—小麦—高粱、小麦—豇豆—小麦—红薯、小麦—豇豆—小麦—棉花、小麦—豇豆—油菜—红薯、小麦—玉米—小麦—豇豆。

第五节　长豇豆栽培技术

一、豇豆的整地

豇豆喜土层深厚的土壤。定植茬地如果为空白地块，可在头年秋季深耕，经过一冬、春晒垡，使土壤结构疏松，播种时再浅耕、整地结合施足基肥，耙地后做畦播种。前茬若有作物，待收获完前茬作物后，立即清理茬口及枯枝烂叶，随后深耕20 cm以上，结合施底肥。耕后耙平，做小畦开排水沟，做到"旱能灌、涝能排"。

二、豇豆的施肥

豇豆不耐肥，偏施氮肥易引起徒长。豇豆喜磷、钾肥，要适当控制氮肥的用量，增施磷、钾肥。

（一）重施基肥

基肥以施用腐熟的有机肥为主，配合施用适当配比的复合、混肥料，如15－15－15含硫复合肥等类似的高磷、钾复合、混肥比较适合于作豇豆的基肥选用。一般亩施腐熟的鸡粪或猪粪1 000～2 000 kg，三元复合肥30 kg，钙镁磷肥25 kg。值得注意的是，在施用基肥时，应根据当地的土壤肥力，适量地增、减施肥量。

(二)巧施追肥

定植后以蹲苗为主,控制茎叶徒长,促进生殖生长,以形成较多的花序。结荚后,结合浇水、开沟,追施腐熟的有机肥 1 000 kg/亩或者施用 20 - 9 - 11 含硫复合肥等类似的复合、混肥料 5 ~ 8 kg/亩,以后每采收两次豆荚追肥一次,尿素 5 ~ 10 kg/亩、硫酸钾 5 ~ 8 kg/亩,或者追施 17 - 7 - 17 含硫复合肥等类似的复混肥料 8 ~ 12 kg/亩。为防止植株早衰,第一次产量高峰出现后,一定要注意肥水管理,促进侧枝萌发和侧花芽的形成,并使主蔓上原有的花序继续开花结荚。

除此之外,在生长盛期,根据豇豆的生长现状,适时用 0.3% 的磷酸二氢钾进行叶面施肥,同时为促进豇豆根瘤提早共生固氮,播种前,可用固氮菌剂拌种。

总之,豇豆是一种可以共生固氮的作物,需氮量相对较少,但是对磷、钾营养需求较多。具体的施肥量还要根据当地的土壤肥力水平确定。但是需要特别提醒的是,追肥后必须结合浇水,要肥水结合,有肥无水等于无肥。在劳动力昂贵的当今时代,建议选用控释 BB 肥(真正的控释肥料的延伸产品,并非恩泰克等稳定剂型的产品),以便明显减少施肥次数,大大节约施肥劳力,降低生产成本,提高豇豆种植的经济效益。

三、栽培方式

露地栽培、保护地栽培。

(一)露地栽培

春、夏、秋季栽培。

(二)保护地栽培

春提早、秋延后栽培。

1. 塑料拱棚栽培

平畦,畦宽 1.2 ~ 1.5 m,穴距 25 ~ 30 cm,畦内栽两行,距离 50 cm。成大小行方式。采用育苗移栽,4 月上旬定植,定植后覆盖棚膜,四周压封,夜晚和阴天加盖 1 ~ 2 层草苫保温,白天温度高时注意通风。中耕 3 ~ 4 次,提高土温和土壤通透性。控制浇水,进行蹲苗,促进根系生长和花芽分化。到 4 月下旬至 5 月上旬,外界气温较高时,拆掉拱棚,进入露地生长。

2. 大棚春季栽培的蔬菜拉秧后进行豇豆的夏秋栽培

一般在 6 ~ 7 月播种育苗,8 ~ 9 月收获豆荚上市,对调节蔬菜秋淡季具一定作用。栽培方法有两种。一种是前茬拉秧后,立即耕翻,耙平,施足基肥,做成 1.3 m 的畦,每畦开两条深 13 cm 左右的沟,引水栽苗,栽后覆土整平畦面,覆土厚度以灌水后育苗的营养土块不露出土面为准。另一种是在前茬蔬菜的生育后期灌水,当湿度适宜时在其行间直播,苗出齐后进行中耕,在第一对真叶展平前拔掉前茬,将田间清理干净,深中耕培土,注意水分管理,防止徒长。

四、茬口安排与播期

豇豆露地直播的时间,春季宜在当地 5 ~ 10 cm 土壤地温稳定在 10 ~ 12 ℃;秋季宜在当地早霜来临前 110 ~ 120 d。豇豆保护地栽培:秋冬茬栽培时,一般从 8 月中旬到 9 月上旬播种,育苗或直播,从10月下旬开始上市;冬春茬栽培一般是12月中下旬到1月中旬播种,育苗,1月上中旬到2月上中旬定植,3月上旬前后开始采收,一直采收到6月。

五、种子

(一)品种选择

应根据各栽培季节气候特点选择抗病性强、分枝少、以主蔓结荚为主、结荚集中、产量高、品质好的品种。要根据本地的消费习惯、不同季节选择不同的品种。

(二)种子处理

1. 精选种子

选择粒大、饱满、色泽好,无病虫害、无损伤并具有本品种特征的种子,保出苗快、齐、壮。

2. 晒种

一般于播前选择晴天晒种2~3 d,温度不宜过高,应掌握在25~40 ℃。注意摊晒均匀。

3. 浸种

用30~35 ℃温水浸种3~4 h或用冷水浸10~12 h,稍晾后即可播种。经过浸种的种子比干籽直播出芽早而整齐。直播情况下,地温低、土壤过湿地块种植,不宜浸种。

六、播种方法

(一)直播

每亩播量1~2.5 kg。蔓生品种行距60~80 cm、株距27~33 cm;矮生种行距50~60 cm、株距25~30 cm。穴播每穴播种3~4粒种子,留苗2~3株;条播要按照每隔3~5 cm播一粒的标准进行播种。播后踏实使土和种子充分接触,吸足水分以利出芽,有70%芽顶土时,轻浇水1次,保证出齐苗。

(二)育苗移栽

1. 长豇豆育苗技术

长豇豆育苗有营养钵、纸袋或营养土块三种办法。

大棚内营养钵育苗技术:育苗必须用充分腐熟的有机肥,育苗土中有机肥和园土的比例为2∶8,营养钵直径8~10 cm,高10 cm。先在钵内装7 cm高的营养土,摆在苗床上浇水,等水渗下后播种,每钵播种2~3粒,然后盖土2 cm。播种后,苗床白天温度保持28~30 ℃、夜间25 ℃,出苗前不浇水。出苗后,白天温度保持25~28 ℃、夜间15~18 ℃,尽量增加光照,以促进幼苗绿化。子叶展开后,白天温度降至20~25 ℃、夜间15~20 ℃,一般不浇水,旱时可用水壶浇小水。定植前5~7 d,应加大通风量进行低温炼苗,温度保持白天20 ℃、夜间10~15 ℃。

2. 移栽

长豇豆苗龄30~35 d定植,每穴2~3株。行距60 cm,穴距25~30 cm,每亩定植4 000~4 500穴。

七、田间管理

（一）搭架

在幼苗开始抽蔓时（株高 20～30 cm），应及时搭架。

一般采用“人字架式”搭架：在畦中间每隔 5 m 立一条竹柱子，在离地面 1.2～1.5 m 处用铁丝将两条柱子连接并捆绑牢固。然后在每畦对称两穴插人字形竹竿，使交叉部位在铁丝水平位置上，并用绳子将交叉的竹竿与铁丝扎实。或者在每畦的对称两穴插好两排竹竿，使对称的两条竹竿在离地面 1.2～1.5 m 处相互交叉，在交叉处上面横放一条竹竿，将横放的竹竿与交叉的两条竹竿在交叉处用绳子绑紧即可。此种搭架方式简便，通风透光较好，有利于防治病虫害和提高产量。

（二）整枝

整枝是调节豇豆生长和结荚，减少养分消耗，改善通风透气，促进开花结荚的有效措施。

（1）主蔓第一花序以下萌生的侧蔓在长到 3～4 cm 长时一律掐掉，以保证主蔓健壮生长。

（2）第一花序以上各节初期萌生的侧枝留 1 片叶摘心，中后期主茎上发生的侧枝留 2～3片叶摘心，以促进侧枝第一花序的形成，利用侧枝上发出的结果枝结荚。

（3）第一个产量高峰期过去后，在距植株顶部 60～100 cm 处，已经开过花的节位还会发生侧枝，也要进行摘心，保留侧花序。

（4）豇豆每一花序上都有主花芽和副花芽，通常是自下而上主花芽发育、开花、结荚，在营养状况良好的状况下，每个花序的副花序再依次发育、开花、结荚。所以，主蔓爬满架（长到 15～20 节）就要掐尖，以促进各侧蔓上的花芽发育、开花、结荚。

（三）水分管理

豇豆在整个生长期都忌湿，因此以保持田间湿润为好。夏秋季大雨后要注意及时清沟排淤，秋季气温高水分蒸发量大，如久旱未雨，早、晚间要淋水以调节田间小气候。豇豆全生育期对水分需求逐渐增加，前期尤其是幼苗期需水量较少，田间积水易引起烂根、死苗。开花结荚后，需水量增多，应保持土壤湿润，遇干旱天气应及时淋水或灌水，以减少落花，提高坐果率。

（1）长豇豆在开花结荚以前，对肥水要求不高，管理上以控为主，中耕蹲苗促根系发育。基肥充足的，一般不追肥，天气干旱时，可适当浇水。

（2）第一、二花序坐荚后，增施并浇水。

（3）下部花序开花结荚期，半月浇 1 次水，随水亩施磷酸二铵 8 kg。

（4）中部花序开花结荚期，10 d 左右浇 1 次水，随浇水亩施氮、磷、钾复合肥 10～15 kg 或腐熟人粪尿 100 kg。

（5）上部花序开花结荚期及中部侧蔓开花结荚期，10～15 d 浇 1 次水，随浇水每亩施尿素 10 kg、过磷酸钙 20～25 kg、硫酸钾 5 kg 或草木灰 40 kg。

八、采收

秋植长豇豆从播种至初收 35～50 d，从开花到嫩荚采收 8～12 d 为宜，一般宜在种子刚开始膨大时采收，可保证豇豆肉质致密、脆嫩，便于运输，又能保证产量。过期采收会引起植株的养分平衡失调，妨碍上部花序的开花结荚。

夏秋季温度较高，要天天采收。收获在早上雾水未干时为宜。

豇豆的花为总状花序，每个花序有 2 ~5 对花芽，通常每个花序只能结一对荚，在肥力充足、植株健壮的情况下，能结 2 ~6 个荚，所以采收时要注意不能损伤其余花蕾，更不能连花柄一起摘下，采收时要一手扶住豇豆基部，轻轻左右扭动，折断后摘下或用剪刀将豆荚基部剪断。

第六节　普通豇豆栽培技术

一、整地、施肥

普通豇豆的主根入土深，侧根发达，播种前要深耕土地，结合施用基肥。前茬地如果为空白地块，可在头年秋季深耕，经过一冬、春晒垡，使土壤结构疏松，播种时再浅耕、整地结合施足基肥。前茬若有作物，待收获完前茬作物后，立即清理茬口及枯枝烂叶，随后深耕 20 cm 以上，结合亩施 1 000 ~2 000 kg 腐熟的有机厩肥和 30 ~50 kg 过磷酸钙作底肥。耕后耙平，开排水沟，做到“旱能灌、涝能排”。

二、种子

（一）品种选择

根据用途，选择适宜当地生产、抗逆性强、优质高产的品种。

（二）种子处理

普通豇豆种子处理同长豇豆的。

三、播种

（一）播量

一般每亩用种量 2 ~3 kg。撒播，亩播种量可增到 5 kg 以上。

（二）播深

播种深度以 4 ~6 cm 为宜。

（三）播种方法

1. 条播

即机器或人工按一定的行距开播种沟，将种子均匀播到沟内。

2. 点播

按规定的行、株距开穴，每穴播种子 3 ~5 粒，最后留苗 1 ~2 株。

3. 撒播

将种子均匀地撒到地里即可。

作为食用收获种子的多用条播和点播，作饲料或绿肥可撒播。

四、种植方式

普通豇豆可单作，也可套种间作或混种，还可在早稻、小麦或其他禾谷类作物收获后复种，合理轮作，可避免重茬引起的危害，提高豇豆本身的产量，也利于后茬作物增产。

目前轮作倒茬有多种方式，南阳市一年两熟，主要有小麦—豇豆→小麦—高粱、小麦—豇豆→小麦—红薯、小麦—豇豆→小麦—棉花、小麦—豇豆→油菜—红薯、小麦—玉米→小麦—豇豆。

五、种植密度

种植密度因品种、地区及不同播种期而异。早熟品种、直立型品种和瘠薄地种植宜密，晚熟品种和肥沃地种植稀点；早播稀点，迟播密点。

普通豇豆生长势较强，分枝多，营养面积较大，一般每亩5 000～10 000株为宜。行距一般在40～80 cm，株距10～33.3 cm。

六、田间管理

（一）苗期管理

早查苗、补苗，及时间苗和定苗，保证苗全，苗壮。豇豆在播种后5～7 d开始出苗。出苗期间应经常检查苗情，及时补苗。一般在2～4叶时进行间苗、定苗工作，把多余杂苗、弱苗、病苗间掉，避免消耗土壤养分。保证合理的密度，使植株间通风透光，防止病虫害滋长。

（二）中耕与除草

豇豆的行距较大，生长初期行间易生杂草，雨后地表易板结，从出苗至开花需中耕除草2～4次。

（三）浇水与排涝

豇豆从播种后至齐苗前不浇水，以防地温降低、增大湿度而造成烂种。进入开花、结荚期的生长后期，豇豆要求有较高的土壤湿度和稍大的空气相对湿度，如果这时久旱不雨，又遇上干燥的冷风，不利于开花结荚而容易引起落花落荚。这时要给豇豆适时适量地浇水。浇水以沟灌为宜，水量适当，不能大水漫灌，以保持土壤见湿见干为准。豇豆有耐旱怕涝特性，注意雨后及时排除田间积水。总之，掌握科学的肥水管理技术，可以减少落花落荚，提高植株产量。

（四）科学追肥

春播区苗期一般不施肥，在复种夏播区播前未施有机肥时可亩追施尿素2.5～5 kg、过磷酸钙10～15 kg、氯化钾2～3 kg，开沟或挖穴埋施。进入开花结荚期以后，为弥补基肥的不足，根据苗情和地情，可追施2～3次肥水。应多施磷、钾肥，以提高植株结实率和种子饱满度。尤其对于一些瘠薄土壤，追肥增产效果显著。沙质土壤保肥水能力弱，施肥原则是勤施少施，防止一次施肥过多，肥水渗入土壤深处或者流失掉，达不到施肥增产的目的。

(五)及时搭架

豇豆多蔓生,蔓生品种单作时在甩蔓期(播种后一月左右)需搭架或利用高秆作物作支架。搭架以立人字架为好,受光较均匀。抽蔓后及时引蔓上架,使茎蔓均匀分布于架竿上,防止互相缠叠,通风透光不良。引蔓时按反时针方向往架竿上缠蔓,帮助茎蔓缠绕向上生长。现已选育出一些矮秆直立早熟新品种(系),如普通豇豆中豇1号等,株高50 cm以下,栽培不用搭架。

七、普通豇豆收获期

当田间果荚有3/4变黄成熟时为适宜的收获期,一般在7月下旬至10月上旬,以8、9月为收获盛期,应及时采摘豆荚,晒干脱粒,精选后即可入库保存,保存期间注意豆蟓的防治。作为饲草用的豇豆收获适期为成荚期,因这时蛋白质、脂肪和灰分的含量最高。

第七节 长豇豆栽培技术大全

一、长豇豆多坐荚的种植管理方法

豇豆难于管理是很多菜农都知道的,易徒长、难坐荚,甚至落花落荚的情况时有发生,可采取以下措施促进长豇豆多坐荚。

(一)定植密度要合理

豇豆幼苗心叶刚展开时为最佳定植苗龄。豇豆合理的行距一般小行60 cm、大行80 cm,架高1.8~2 m,架越高行距就应越大,株距25~45 cm,一般为双株定植。如果定植密度过大,会引起豇豆植株徒长、难坐荚。

(二)昼夜温差要把关

豇豆耐热性强,不耐霜冻,适宜的生长温度为20~25 ℃。在豇豆开花坐荚期应掌握好白天温度和夜间温度及昼夜温差,豇豆开花期较适宜的生长温度白天不能超过30 ℃,夜间不能超过18 ℃。要随气温的提升而延后放棚时间,豇豆开花坐荚期放棚的标准为棚温达到17 ℃。

(三)光照条件要适宜

适宜大棚种植的豇豆品种虽然对光照时数要求不严格,但对光照强度要求比较高,尤其是在开花坐荚期间,如果光线不足会引起豇豆落花落荚。

(四)土壤水分和养分要恰当

应当视当地土壤墒情,灵活掌握浇水时间和浇水量。豇豆整个生长期最基本的应该浇三水:在定植后进行第一次浇水,一定要浇透,否则植株参差不齐;当蔓长到0.6 m高的时候浇第二次水;豇豆生产最关键的是浇豆不浇荚,在豇豆的盛花期不适宜浇水,所以第三次水应在初花期前浇,并结合浇水喷施促花保果剂,这样更利于豇豆开花坐荚。坐荚后应再浇一次小水,促进豇豆膨大伸长。另外,不能偏施氮肥,否则会造成豇豆蔓叶徒长而引起开花坐荚延迟,应增施磷肥,以促进根瘤的生成,增强其固氮能力。

二、豇豆丰产的方法

(1)豇豆可直播,也可育苗移栽。通过育苗移栽,可适当抑制营养生长,促进生殖生长。选好土地,施入底肥,适当浇水,使用抗病种子,用新高脂膜拌种,能驱避地下病虫,隔离病毒感染,且不影响萌发吸胀功能,还能加强呼吸强度,提高种子发芽率。

(2)豇豆的定植期要根据栽培方式和生育指标来确定。采用营养土块育苗时,一般于第一复叶开展时即可定植。采用营养钵育苗时可延迟至 2 ~ 3 片复叶时定植。幼苗移栽后,喷施新高脂膜,可有效防止地上水分不蒸发,苗体水分不蒸腾,隔绝病虫害,缩短缓苗期,快速适应新环境,健康成长。

(3)豇豆前期不宜多施肥,防止肥水过多,引起徒长,要合理浇水、施肥、除草、防病虫害,喷施针对性药物加新高脂膜,可大大提高农药和养分的有效成分利用率,不怕太阳暴晒蒸发,能调节水的吸收量,防旱防雨淋。

(4)当植株开花结荚以后,应增加肥水,抽蔓后要及时搭架,架高 2. 0 ~2. 5 m,搭好架后要及时引蔓,引蔓要在晴天下午进行,不要在雨天或早晨进行,以防折断。喷施菜果壮蒂灵,使果类蔬菜增强花粉受精质量,循环坐果率强,促进果实发育,无畸形、无空壳、无秕粒,整齐度好、品质提高,使菜果达到丰产。

三、如何给豇豆去"麻子点"

豇豆上的"麻子点"是炭疽病,是豇豆的重要病害之一,也是一种常见病,从幼苗期到收获期都可发生,地上部分均能受害,主要危害茎蔓,还可危害豇豆的子叶、苗茎、叶片、叶柄、荚果及种子,对豇豆的品质和产量影响都很大。

发生这种病主要是前段雨水多、气温高,加上正值结荚期,种植过密,通风透气不良造成的。

对于豇豆炭疽病,可用绿享 2 号 600 倍液、井冈霉素 1 000 倍液、农抗 120 水剂 120 ~ 150 倍液等喷雾防治。用波尔多液 1∶1∶200,0. 5% 蒜汁液,铜皂水液 1∶4∶(400 ~600)倍液也有一定的效果。在结荚期发生时,要及时用化学药剂连防 1 ~2 次,每次间隔 5 ~7 d。药剂可选用25% 施保克乳油1 000 ~1 500 倍液,78% 科博可湿性粉剂600 倍液,70% 安泰生可湿性粉剂 600 ~800 倍液,25% 炭特灵可湿性粉剂 500 倍液,75% 百菌清可湿性粉剂 600 倍液,轮换喷雾防治,可达到有效效果。

四、大棚豇豆也要进行整枝

种植豇豆的菜农较多,但多数菜农都是按照以前种植露地豇豆的经验,很少进行整枝,导致豇豆枝条杂乱,相互遮阴,侧枝的花芽分化减少,开花坐荚率低,中后期产量较低,在高温季节"伏歇"严重,效益降低。那么,菜农应该如何进行豇豆的整枝呢?

首先,从豇豆基部到距离地面 50 cm 的侧芽应及时抹除。因为豇豆较长,植株底部长出的豇豆会接触地面,容易感染病害或被地下害虫咬食,影响豇豆生长。同时,下部的侧芽还会与主枝争夺营养,影响主枝的长势。当下部侧芽长到 2 ~3 cm 时就应及时进行疏除,以改善植株基部的通风透光性,促使主枝粗壮,提早开花结荚。

其次，在豇豆坐荚过程中要注意打群尖，将主枝上产生的侧枝进行摘心。当主蔓中上部的叶腋中同时萌发花芽与叶芽时，应及时将叶芽抽生的侧枝进行疏除；当叶腋只萌发叶芽而没有萌发花芽时，可等侧枝长到2片叶时进行摘心，这样也可促进侧枝上形成一穗花序，从而增加花芽数量，提高坐荚率。

再次，主枝摘心。当主枝长到支架上面时就要及时摘心，这样有利于控制植株的生长，增加侧枝的数量，促进侧枝花芽分化，提高坐荚数量。

五、大棚豇豆如何越冬

（一）合理密植

越冬茬豇豆由于生长期处于低温、弱光环境下，光合作用受阻，植株本身营养受到限制，所以在定植时一定不能太密，以防叶片互相挡光。一般采取70 cm、50 cm大小垄定植，穴距27～30 cm，每穴2～3株，定植后浇水，划锄后覆盖地膜。

（二）田间管理

冬季加强覆盖、保温，加强采光，经常擦棚膜，使透光良好，最好在棚内挂反光幕。在肥水管理上，应尽量少浇水，在架豇豆插架前和地豇豆开花前，亩追施硫酸铵15 kg。结荚期每10～15 d追肥一次，每次施硫酸铵15～20 kg。有条件的，开花后晴天每天上午8～10时追施二氧化碳气肥，施后2 h适当通风。豇豆生长后期植株衰老，根系老化，为延长结荚，可喷0.2%的磷酸二氢钾进行叶面施肥。架豇豆伸蔓后及时搭架引蔓，以后及时打杈、抹芽，尽量避免叶片间互相挡光，当株高2～2.5 m时及时摘心，促进结荚。每次采收后注意打掉下部老叶。

（三）防治病虫害

大棚种植豇豆，由于处在低温高湿环境下，通风不良，极易发生锈病，应及时防治病虫害。

（四）及时采收

豇豆要及时采收，防止早衰，一般花后13～16 d即可采收。

六、大棚豇豆栽培技术

（一）品种选择

日光温室栽培一般选用蔓生品种，目前表现较好的有之豇28-2、上海33-47。

（二）整地施肥

亩用优质农家肥5 000 kg、腐熟的鸡禽粪2 000～3 000 kg、腐熟的饼肥200 kg、碳酸氢铵50 kg。将肥料的3/5普施地面，人工深翻2遍，把肥料与土充分混匀，然后按栽培的行距起垄或做畦。豇豆栽培的行距平均为1.2 m，或等行距种植或大小行栽培。大小行栽培时，大行距1.4 m，小行距1 m。开沟施肥后，浇水、造墒、起垄，垄高15 cm左右。

（三）茬口安排

秋冬茬栽培时，一般从8月中旬到9月上旬播种育苗或直播，从10月下旬开始上市；冬春茬栽培一般是12月中下旬到1月中旬播种育苗，1月上中旬到2月上中旬定植，3月上旬前后开始采收，一直采收到6月。

(四)育苗

提前播种培育壮苗,是实现豇豆早熟高产的重要措施。豇豆育苗可以保证全苗和苗旺,抑制营养生长,促进生殖生长,一般比直播的增产二三成。

1. 种子处理

干籽直播的,每亩备种 1.5 ~ 3.5 kg;育苗移栽的,每亩备种 1.5 ~ 2.5 kg。为提高种子的发芽势和发芽率,保证发芽整齐、快速,应进行选种和晒种,要剔除饱满度差、虫蛀、破损和霉变种子,选晴天在土地上晒 1 ~ 2 d。

2. 培育适龄壮苗

关键技术:采用营养钵、纸筒、塑料筒或营养土护根育苗,营养面积 10 cm × 10 cm,按技术要求配制营养土和进行床土消毒。

3. 浸种

将种子用 90 ℃左右的开水烫一下,随即加入冷水,使温度保持在 25 ~ 30 ℃,浸泡 4 ~ 6 h 离水。由于豇豆的胚根对温度和湿度很敏感,所以一般只浸种,不催芽。

4. 播种

播种前先浇水造足底墒。播种时,1 钵点种 3 ~ 4 粒种子,覆土 2 ~ 3 cm 厚。

5. 播后管理

播后保持白天 30 ℃左右、夜间 25 ℃左右,以促进幼苗出土。正常温度下播后 7 d 发芽,10 d 左右出齐苗。此时豇豆的下胚轴对温度特别敏感,温度高必然引起植株徒长,因此要把温度降下来,保持白天 20 ~ 25 ℃、夜间 14 ~ 16 ℃。定植前 7 d 左右开始低温炼苗。需要防止土壤干旱。豇豆日历苗龄短,子叶中又贮藏着大量营养,苗期一般不追肥,但须加强水分管理,防止苗床过干过湿,土壤相对湿度 70% 左右。注意防治病虫害。重点是防治低温高湿引起的锈根病,以及蚜虫和根蛆。

(五)定植

1. 定植苗的标准

豇豆的根系木栓化比较早,再生能力较弱,苗龄不宜太长。适龄壮苗的标准是:日历苗龄 20 ~ 25 d,生理苗龄是苗高 20 cm 左右,开展度 25 cm 左右,茎粗 0.3 cm 以下,真叶 3 ~ 4 片,根系发达,无病虫害。

2. 定植适期

豇豆定植的适宜温度指标是 10 cm 地温稳定通过 15 ℃,气温稳定在 12 ℃以上。温度低时可以加盖地膜或小拱棚。定植前 10 d 左右扣棚烤地。

3. 定植方法

冬春茬的定植宜在晴天的 10 ~ 15 时进行。一般在栽植垄上按 20 cm 打穴,每穴放 1 个苗坨(2 ~ 3 株苗),然后浇水,水渗下后覆土封严。

(六)定植后的管理

在日光温室豇豆的栽培全过程中,从总体上是先控后促,这是因为豇豆根深耐旱,生长旺盛,比其他豆类蔬菜更容易出现营养生长过旺的现象,一旦形成徒长,就会导致开花晚、结荚少。所以,在管理上要先控后促,防止茎叶徒长,培育壮株,延长结果期。如果现蕾前后枝叶繁茂,已明显影响到开花结荚,就必须设法从温度和水肥管理方面,控制茎叶生长。开花结荚盛期,为了保证顺利开花结荚,同时保证有相应的茎叶生长量来维系开花结荚,必须从肥水上给以保证,同时要做好植株的调整工作。

1. 温度管理

定植后的3~5 d通风,闷棚升温,促进缓苗。缓苗后,室内的气温白天保持在25~30 ℃,夜间不低于15~20 ℃。秋冬茬生产的,进入冬季后,要采取有效措施加强保温,尽量延长采收期。冬春茬栽培的,当春季外界温度稳定通过20 ℃时,再撤除棚膜,转入露地生产。

2. 水分管理

定植时因茬次掌握好浇水。在定植浇好稳苗水的基础上,秋冬茬缓苗期连浇2次水;冬春茬再分穴浇2次水,缓苗后沟浇1次大水,此后全面转入中耕划锄、蹲苗、保墒,严格控制浇水。现蕾时可浇一小水,继续中耕划锄,初花期不浇水。待蔓长1 m左右,叶片变厚,根系下扎,节间短,第一个花序坐住荚后,几节花序相继出现时,要开始浇1次透水,同时每亩用水冲追施硝酸铵20~30 kg、过磷酸钙30~50 kg。施肥浇水后,豇豆的茎叶生长极快,待叶片的颜色变深,下部的果荚伸长,中上部的花序出现时,再浇第一水。以后掌握浇荚不浇花、见湿见干的原则,大量开花后开始每隔10~12 d浇1次水。

3. 追肥

在施足底肥的基础上,有条件的在苗期要穴施1次发酵的饼肥加磷肥。亩用饼肥50~75 kg、过磷酸钙30 kg,进入采收期以后,要结合浇水追施速效氮肥,一般也是1次清水1次水冲肥,每亩每次用硝酸铵30~40 kg。特别是在发生"伏歇"时,要特别注意加强肥水管理,促进侧枝萌发、花序再生、植株复原。经过20多天,又会迎来一个新的产量高峰期,并能持续1个月以上。

4. 植株调整

植株长有30~35 cm高、5~6片叶时,就要及时支架(可插成单篱壁架,也可插成"人"字架),使其引蔓上架生长。引蔓时切不要折断茎部,否则下部侧蔓丛生,上部枝蔓少,通风不良,易落花落荚,影响产量。同时要进行豇豆的整枝。

(七)适期采收

当荚条长成粗细均匀、荚面豆粒处不鼓起,但种子已经开始生长时,为商品嫩荚收获的最佳时期,应及时采收上市。采收须注意以下几点:

(1)不要伤及花序枝。豇豆为总状花序,每个花序通常有2~5对花芽,但一般只结1对荚;如果条件好,营养水平高,可以结4或6个荚。所以,采收一定要仔细,严防伤及其他花蕾,更不能连花序柄一起拽下来。要保护好花序,使之以后结果。

(2)采收宜在傍晚进行,严格掌握标准,使采收下来的豇豆尽量整齐一致。

(3)采收中要仔细查找,避免遗漏。

七、长豇豆改良搭架高产栽培技术

目前南阳市豇豆栽培主要采用人字架栽培,其不仅需要大量的竹子,而且搭架用工量较大。近年来我们借鉴吊蔓栽培技术,结合南阳市豇豆生产实际,采用竹竿"人"字架+吊绳引蔓的搭架方式,取得了良好的生产效果。现将其栽培技术介绍如下。

(一)品种选择

豇豆在南阳市春、夏、秋均可栽培,品种选择上应根据各栽培季节气候特点选择抗病性强、分枝少、以主蔓结荚为主、结荚集中、产量高、品质好的品种,如之豇、扬豇系列等。

(二)栽培季节和播种期

早春豇豆在3月下旬至4月上旬即可在大棚内播种育苗,4月中旬以后可用地膜覆盖直播,4月底至5月上旬后可露地直播,春夏豇豆播种期一般可延续至7月上中旬,秋豇豆在7月至8月上旬播种。

(三)整地施肥

豇豆忌连作,需轮作两年以上,否则容易发生病害。前茬作物收获后,结合整地亩施入腐熟鸡粪3 000 kg、过磷酸钙30 kg、草木灰50～75 kg或硫酸钾10～20 kg,然后耕细耙平,起垄做畦,畦宽1.2～1.3 m,畦面宽80 cm。

(四)合理定植

早春豇豆采取育苗移栽,幼苗出土后,第一对真叶尚未展开时定植,每穴种2株。夏秋豇豆采取直播,每穴播4～5粒,出苗后,每穴间苗留2株,播种密度每畦两行,穴距为25～30 cm。

(五)田间管理

1. 大棚栽培温度管理

豇豆白天最高温度应保持在25～30 ℃,夜间最低温度12～15 ℃。进入结荚期要特别注意加强温度管理,温度过高(>30 ℃)或低温(<20 ℃)易引起授粉不良导致落花落荚。

2. 肥水管理

豇豆具有较强的抗旱能力,土壤水分过多易导致烂根死苗,所以对水肥的管理要做到前控后促。苗期严格控制浇水,定植时浇足底水,从缓苗到第一花序开花结荚,其后几个花序显现时才可以浇第一次水,追第一次肥,促进果荚和植株的生长。开花结荚后要加强肥水管理,集中连续施肥3～4次,每10～15 d浇水一次,隔一次水追一次肥,每亩可追施复合肥10～15 kg,晴天上午浇水,早春大棚栽培浇后应及时放风,降低湿度。

3. 搭架整枝

(1)搭架引蔓。当植株长出5～6片叶,开始长蔓时及时搭架。搭架采用竹竿"人"字架+吊绳相结合的方式,竹竿"人"字架间距为2～2.5 m,人字架顶部用直径为5 mm规格的尼龙绳连接固定,两端用木桩将绳斜拉固定,然后每株用尼龙绳引蔓。为提高搭架的牢固性,一般每垄长度控制在15～20 m。

(2)植株调整。主蔓第一花序出现后,及时将第一花序以下的侧芽抹去,主蔓中上部的叶芽也要抹去,以保证主蔓粗壮。主蔓长到1.5～2 m时摘心,促进多出侧枝,使营养集中于开花结荚,在侧枝早期留2～3叶摘心,促进侧枝形成花序。在花期可喷施5～25 mg/kg萘乙酸或2 mg/kg防落素,防止落花落荚。

(六)及时采收

嫩荚开花后10 d即可采收,每3～5 d采摘1次,盛荚期每隔1～2 d采摘1次,采收时注意保护第二对幼花蕾不受损伤,更不能连花柄一起摘下。

（七）及时防治病虫害

八、早春地膜无架豇豆栽培技术

（一）播前准备

冬前灌溉，为早春播种造好底墒，每亩备用“美国地豆”优种 6 kg，超薄地膜（膜宽 70 cm），施有机肥 3 000 kg、尿素 10 kg、二铵 8 kg、氯化钾 10 kg。

（二）播种

早春地表化冻后做垄，垄距 50 cm。覆膜后，每隔 3 m 用土打一横线，将膜压实。当温度连续 5 d 稳定在 10 ℃时播种。

（三）播种方法

用打孔器在覆膜畦上打眼播种（穴播），播深 3 cm 左右，穴距 30 cm，每穴下种 3 ~ 4 粒，每垄播种两行，行间距 33 cm，播种后平均行距 50 cm（其中：大行 67 cm，小行 33 cm）。

（四）及时放苗

膜与幼苗将要相互接触时破膜放苗，并注意将苗四周膜边压实，风雨天气过后要仔细观察，膜上有积水要排除积水，被损坏的膜要及时压土或重新覆膜。豆苗长到 3 ~ 4 片真叶时浇第一水，随水亩追施尿素 12 kg，以后暂不浇水（连续浇水不易结荚）。当幼荚长到 3 ~ 5 cm 时浇第二水，10 ~ 15 d 后浇第三水。4 月下旬用 10% 吡虫啉可湿性粉剂 2 000 ~ 3 000 倍液或 0.3% 苦参植物杀虫剂 500 ~ 1 000 倍液或 18% 稳净油或高效氯氰菊酯 2 000 ~ 3 000 倍液防治蚜虫。

第八节 豇豆病虫害防治

病虫害防治要以防为主，综合防治。防治时，要严格按照国家蔬菜无公害栽培技术的要求，选择高效、低毒、低残留的农药，并要做到及时防治，绿色防控，对症下药，适量用药和农药交替使用。因此，要及时做好锈病、根腐病、豇豆煤霉病、炭疽病、枯萎病、病毒病和蚜虫、潜叶蝇、豆荚螟、豆野螟等的防治。

一、豇豆病害防治

（一）豇豆锈病

1. *症状*

主要为害叶片，发生在叶片背面，在高温高湿条件下易感病，叶片受害后，初生很小的黄白色小斑点，以后逐渐扩大成黄褐色孢子堆，在夏孢子堆外围常有一圈黄晕（见图 6-1）。

2. *防治方法*

主要在收获后，清除田间病残体集中烧毁。发病初期可选用下列药剂：①65% 代森锌粉剂 500 倍液；②70% 甲基托布津 500 倍液；③50% 多菌灵 1 000 倍液。喷雾防治。

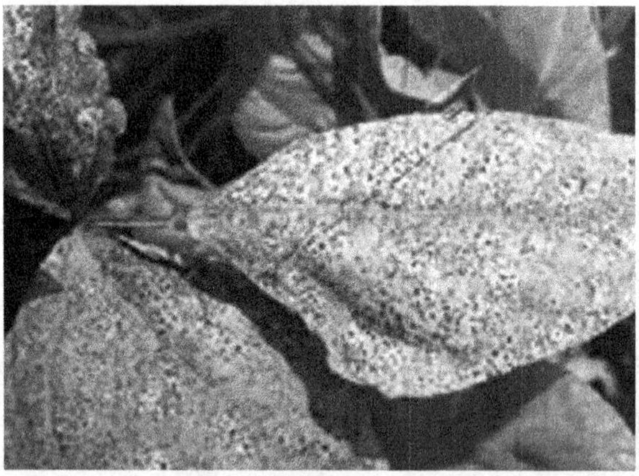

图 6-1　豇豆锈病叶片症状

(二)豇豆根腐病

1. 症状

主要是在连作地及土壤含水量高的低洼地发病严重,发病初期叶色变浅无光泽,后逐渐变黄至全株枯黄,剖视病株可见内部维管束变褐。严重时,外部变黑褐色,根部腐烂,潮湿时病表呈粉红色霉层(见图 6-2)。

图 6-2　豇豆根腐病根部症状

2. 防治方法

20% 抗枯灵可湿性粉剂 300 倍液或 25% 多菌灵可湿性粉剂 500 倍液,喷雾防治。

(三)豇豆煤霉病(叶霉病)

1. 症状

主要为害叶片,高温高湿有利于发病,初发时叶片两面生紫褐色斑点,以后扩大为 1 ~2 cm 的圆形斑,边缘不明显,病斑表面密生烟状霉(见图 6-3)。

2. 防治方法

收获后将病残体集中烧毁。发病初期,可选用下列药剂:50% 托布津或 50% 多菌灵 1 000倍液,或 65% 代森锌 500 倍液,喷雾防治,每 7 d 左右喷一次。

图6-3 豇豆煤霉病叶片症状

(四)豇豆炭疽病

1. 症状

豇豆炭疽病属真菌性病害,在多露、多湿条件下易发病,发病初期在茎上产生梭形或长条形病斑,初为紫红色,凹陷,严重时危害荚果,形成红褐色病斑,等到病斑绕茎一周,就会导致植株死亡(见图6-4)。

图6-4 豇豆炭疽病叶片症状

2. 防治方法

发病初期用70%百菌清可湿性粉剂600倍液,或50%多菌灵可湿性粉剂500倍液喷雾防治,5~7 d喷一次,连续防治2~3次。

(五)豇豆病毒病

1. 症状

多表现为系统性症状。叶片出现深、浅绿相间的花叶,有时可见叶绿素聚集、形成深绿色脉带和萎缩、卷叶等症状。

2. 防治方法

种子用10%磷酸三钠消毒20~30 min;发病初期可选用20%病毒A 500倍液,或1.5%植病灵乳剂600~800倍液,或NS-83增抗剂100倍液,或6.2%菌克毒水剂200倍液,喷雾防治。

(六)豇豆枯萎病

1. 症状

植株发病时,首先从下部叶片开始。叶片边缘尤其是叶片尖端出现不规则水渍状病斑,后叶片变黄枯死,并逐渐向上部叶片发展,最后整株萎蔫死亡。病株根茎部皮层常开裂,其维管束组织变褐,湿度大时病部表面现粉红色霉层。

2. 防治方法

在发病初期可选用50%多菌灵可湿性粉剂1 000倍液,或10%双效灵水剂400倍液,或75%甲基托布津可湿性粉剂1 000倍液,每株灌50~150 g,每隔7~10 d灌1次,连续2~3次;也可将50%多菌灵可湿性粉剂500 g拌干土200 kg,沟施于播种行,每亩施200 kg。

二、豇豆虫害防治

(一)蚜虫

蚜虫(*Aphis glycines*)属同翅目,蚜科。

1. 症状

幼虫、成虫危害叶片、茎、花及豆荚,使叶片卷缩、发黄,嫩荚变黄。

2. 药剂防治

可选用灭杀毙4 000~6 000倍液,或20%氰戊菊酯2 000~3 000倍液,或10%氧化乐果乳剂1 000倍液或敌敌畏乳油1 000倍液,喷雾防治。

(二)美洲斑潜蝇

美洲斑潜蝇(*Liriomyza sativae Blanchard*)属双翅目,潜蝇科(见图6-5)。

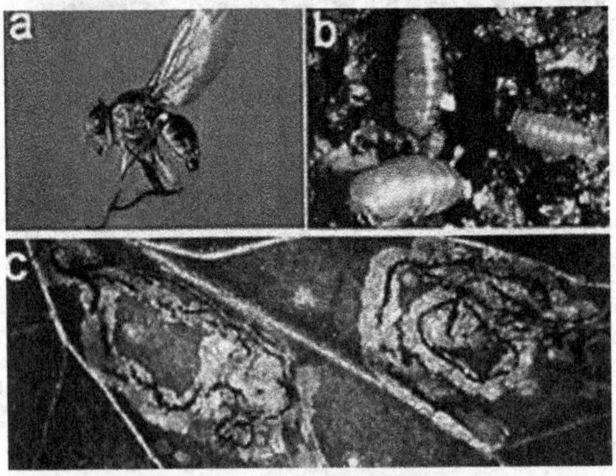

图6-5 美洲斑潜蝇成虫、蛹

1. 症状

幼虫潜叶危害,蛀食叶肉留下上下表皮,形成曲折隧道,影响生长。

2. 药剂防治

可选用灭杀毙7 000~8 000倍液,或2.5%溴氰菊酯3 000倍液,或20%氰戊菊酯2 000~3 000倍液,或80%敌百虫可湿性粉剂1 000倍液,或50%辛硫磷乳油1 000倍液,喷雾防治。

（三）红蜘蛛

红蜘蛛（*Tetranychus phaselus*）属蜱螨目，叶螨科。

1. 症状

若螨和成螨群居叶背吸取汁液，使叶片呈灰白色或枯黄色细小斑，严重时叶片干枯脱落，影响生长。

2. 药剂防治

可选用20%螨死净可湿性粉剂2 000倍液，或15%哒螨灵乳油2 000倍液，或1.8%齐螨素乳油6 000～8 000倍液等，喷雾防治。

（四）豆荚螟

豆荚螟（*Etiella zinckenella*）属鳞翅目，螟蛾科（见图6-6）。

图6-6 豆荚螟幼虫

1. 症状

幼虫危害叶片，使叶片呈缺刻或穿孔，或造成卷叶，或蛀入荚内取食幼嫩的种子，荚内堆积粪粒。

2. 药剂防治

可选用灭杀毙6 000倍液，或2.5%溴氰菊酯3 000倍液，或高效Bt水剂500～700倍液，从现蕾开始，每隔7～10 d喷雾1次。

第九节 豇豆品种介绍

一、长豇豆

（一）白豇2号

江苏南京蔬菜所育成。蔓生，生长势强，早中熟，生育期88～110 d。嫩荚绿白，荚长65～70 cm，质嫩，纤维少，口味好，品质佳。耐热、耐涝、耐干旱，不耐低温。较抗叶斑病，适应性较广。亩产嫩荚2 000～3 000 kg。适宜长江中下游栽培。

（二）上海33-47

上海市农科院园艺所选育。蔓生，蔓长3 m左右，分枝少，第4～5节始花，嫩荚淡绿，长约80 cm，单荚重30 g左右。抗锈病、灰霉病，耐热、耐低温。春播亩产嫩荚2 500 kg以上，高产田达5 000 kg，一般较之豇28-2增产14%～18%。质嫩，纤维少，品质佳。适宜长江中下游栽培。

（三）春秋红紫皮长豇豆

武汉市蔬菜所选育。植株蔓生，株高3 m左右，长势强，早中熟，播种后60 d始收嫩荚。嫩荚紫红，长圆条形，荚长50～60 cm，单荚重20～25 g。豆荚纤维少，品质优。成熟种子红褐色。丰产性好。亩收嫩荚1 500～2 000 kg。适宜长江中下游栽培。

(四)之豇28-2

浙江省农科院园艺所育成。早熟蔓生,生育期70~100 d。嫩荚淡绿,荚长50~60 cm,肉厚、质嫩、纤维少,品质佳。种子红褐色。前期产量高,春播亩产嫩荚2 500 kg,耐高温、干旱,丰产性和适应性较强,全国产区春夏秋三季均可栽培。

(五)湘豇一号

湖南省长沙市蔬菜所选育。植株蔓生,分枝2~4个。早熟,播种到始收嫩荚春季60~70 d,夏秋50~55 d。生育期春播95~115 d,夏秋播85~100 d。嫩荚浅绿,荚长57.5 cm。豆荚外观整齐,肉质肥嫩,品质佳,商品性好。种子红褐色,单荚19粒。较抗霉病和根腐病。亩产嫩荚2 000~3 000 kg。各产区均可栽培。

(六)双丰一号

四川省达川地区农科所选育。早熟蔓生,春播生育期100~128 d,秋播75 d。株高约220 cm,现蕾开花早,结荚期长,产量高。嫩荚绿色,成荚匀顺。荚长57.7 cm,质嫩、纤维少,品质佳。耐肥、耐热、抗锈病,易栽培。亩产嫩荚1 500 kg左右,各产区均可栽培。

(七)Ⅰ2828(9502)

黑龙江省哈尔滨蔬菜所鉴定选成。早熟蔓生,生育期71~100 d,株高240 cm左右。荚淡绿,荚长40~56 cm,质嫩,品质好。籽粒黑色,单荚粒数17粒,开花结荚期长,结荚多,亩产嫩荚1 500 kg左右。适应性强,各产区均可栽培。

(八)Ⅰ2820(91-167)

中国农业科学院作物品种资源所选育。早熟,生育期74~108 d。植株矮生,株高80~100 cm。荚淡绿,荚长30~40 cm,质嫩,品质较好。籽粒红色,单荚粒数16粒。亩产嫩荚1 500 kg左右。较抗病,适宜性强,各产区都可栽培。

(九)高产4号

广东汕头蔬菜所选育。蔓生,分枝少,适宜密植。主蔓第3~4节开始坐生花序,嫩荚淡绿,荚长60~65 cm,单荚重20~25 g。品质优良,不易老化。耐热、耐低温、耐湿,较抗锈病。春夏季均可播种,每亩产嫩荚1 500~2 000 kg。全国产区均可栽培。

(十)之豇特早30

该品种属蔓生型、特早熟豇豆新品种。分枝少,主蔓结荚为主。三出叶单叶较狭长,呈尖矛形,叶片较小,叶色较深。特早熟,常规露地栽培,播种至始花需35 d左右,10~12 d后即可采收豆荚,采收期长达20~40 d,全生育期80~100 d。初花节位低,平均3节左右即可普遍结荚。同期播种初花期和初收期比之豇28-2提前2~5 d,早期产量增加1倍左右,经济效益特别显著,总产量略高于之豇28-2。嫩荚淡绿色,匀称,长60 cm左右,单荚重20 g左右,商品性好。该品种抗病毒病,适宜于全国各地种植。

(十一)早生王

植株长势强壮,分枝少,叶片小,蔓长2.5~3 m。以主蔓结荚为主,始花节位2~4节,每花序成荚2~4根,最多达6根。荚银白色,长70 cm,最长100 cm。横径0.9~1 cm,单荚重28 g左右,荚内种子12~20粒。该品种最大特点是极早熟,春播55 d采收,夏播35 d采收,全生育期100 d。耐旱、耐高温、抗寒性中等,南北均可种植,亩产2 500~3 000 kg。荚条匀称,无鼓籽鼠尾,肉质脆嫩。

二、普通豇豆

(一)中豇1号

中国农科院品种资源所从国外引入的豇豆品种(系)中选出的单株经系统选育而成,1999年经河北省农作物品种审定委员会审定通过,同年被认定为河北省农业名优产品,2001年被评为国家一级优异种质。该品种最主要特征是矮生直立,株高一般在50 cm以下,株型紧凑,适宜密植,而且极早熟。生育期春播85 d,夏播60~70 d,特别适宜晚播、麦茬种植。紫花,紫红粒,荚长18~23 cm,百粒重14~17 g,质优,产量高。该品种抗干旱、耐瘠薄,适应性广,适宜种植在干旱、瘠薄地区及晚播、倒茬种植。在北京、河北、河南、辽宁、黑龙江、安徽、陕西、山西、湖北、湖南、四川、云南、广西、内蒙古、甘肃及新疆等地种植均表现良好。

(二)中豇2号

中国农科院品种资源所从尼日利亚国际热带农业研究所引进,经鉴定筛选出的优良国外品种。2000年11月经河南省农作物品种审定委员会审定通过。该品种较矮生,一般株高70~80 cm。紫花,荚长13~19 cm,籽粒橙色,百粒重13~16 g。较早熟,全生育日数春播95~101 d,夏播61~75 d。高蛋白,高产,一般籽粒亩产100~180 kg。1999年在甘肃试种,2001年在辽宁省建平县开荒生地夏播试种,比当地豇豆增产40%。该品种抗干旱、耐瘠薄,综合性状较好,适宜种植在干旱、瘠薄地区及晚播、倒茬种植。适宜北京、河北、河南、辽宁、安徽、陕西、山西、湖北、湖南、四川、云南、广西、内蒙古、甘肃及新疆等地区种植。

(三)I 1333

中国农科院品种资源所从尼日利亚引进筛选的国外品种。中熟,生育期春播103 d,夏播80 d左右,矮生,株高60 cm左右。籽粒较小,百粒重12 g。粒色橙底紫花(紫花脸),蛋白质高,产量高,籽粒亩产114 kg左右。该品种特点是籽粒成熟时青枝绿叶,适宜作饲料及绿肥,适合干旱、瘠薄地区发展。适宜北京、河北、河南、安徽、陕西、山西、湖北、湖南、四川、广西、内蒙古等地种植。

(四)I 0502

中国农科院品种资源所选育。早中熟型,生育期春播87~98 d,夏播71~76 d。植株蔓生,枝叶繁茂,生长势强。籽粒较大,含蛋白质25.59%。较高产,一般籽粒亩产100~134 kg。最主要特点是较抗病毒病,较抗旱,但不耐涝。籽粒成熟时青枝绿叶,适宜作青饲料及绿肥,适宜于干旱地区发展。适宜北京、河北、河南、辽宁、安徽等地区种植。

(五)I 0511

中国农科院品种资源所选育。早中熟型,生育期春播88~98 d,夏播71~73 d。蔓生,枝叶繁茂,生长势强。籽粒红色,含蛋白质25.4%。特点是籽粒大,百粒重18~22 g。产量较高,一般籽粒亩产100~134 kg。抗旱,适应性较广,适宜在北京、河北、河南、安徽、陕西、山西、湖北、湖南、四川、广西、内蒙古、甘肃等地区种植。

(六)I 0503

中国农科院品种资源所选育。早熟直立型,生育期春播83~85 d,夏播60~72 d。株高 50 cm 左右，花紫色，籽粒橙色，小粒，百粒重 10 g 左右。一般籽粒亩产 80 kg 左右。特点是株型较小，适宜密植。较抗旱耐瘠，适宜干旱瘠薄地区及倒茬种植。适宜在北京、河北、河南、辽宁、黑龙江等地区种植。

（七）Ⅰ0024

中国农科院品种资源所鉴定筛选的地方品种，中晚熟型，蔓生，紫花紫红粒，特点是粒大，百粒重达 21 g 左右。较抗旱，产量较高，一般籽粒亩产 100 kg 左右。适宜于干旱山坡地发展。适宜在北京、河北、河南、安徽、陕西等地区种植。

（八）白爬豆（Ⅰ0540）

河北省农科院鉴定筛选的地方良种。晚熟型，植株蔓生，株高 120 ~ 170 cm。单株结荚 10 ~ 24 个，荚长 12 ~ 15 cm。紫花白粒，百粒重 14 ~ 15 g，丰产性好，一般籽粒亩产 114 kg 左右。适合种植在干旱、瘠薄地区，在北京、河北、河南、安徽、陕西、山西、湖北、湖南、四川、广西等地都可种植。

（九）串蔓花豇豆（Ⅰ0081）

河北省地方良种。中晚熟型，蔓生，生长势强。紫花，粒色橙底紫花，中粒，籽粒含蛋白质 25.03%，每亩产量 67 kg 左右。该品种特点是抗蚜、抗锈病、芽期抗旱，是一个抗性较好的普通豇豆优异资源。适宜种植地区同白爬豆。

（十）豫豇 1 号

河南省农科院选育，中熟型，全生育期 80 ~ 110 d，植株半蔓生，株高 100 cm 左右。单株结荚 10 ~ 20 个。籽粒紫红色，百粒重 14 ~ 17 g，产量较高，一般籽粒亩产 100 kg 左右，适应性较广。该品种适宜 4 月中旬至 7 月中旬播种，可单种，也可与玉米、高粱、谷子、甘薯、棉花等作物间作套种或种植于果树行间、地头与山坡荒地。适宜在北京、河北、河南、安徽、陕西、山西、湖北、湖南、四川、广西、内蒙古等地种植。

第七章　蚕　豆

蚕豆(*Vicia faba* L.),又称罗汉豆、胡豆、兰花豆、南豆、坚豆,属豆科、野豌豆属一年生草本作物,原产欧洲地中海沿岸,亚洲西南部至北非,相传西汉张骞自西域引入中原,在我国有2 000多年栽培历史。蚕豆营养价值丰富,含8种人体必需氨基酸,碳水化合物含量47%~60%,可食用,也可作饲料、绿肥和蜜源植物种植。为粮食、蔬菜和饲料、绿肥兼用作物。近些年来,蚕豆的种植面积不断增加,在我国食用豆类中种植面积位居第一。因为蚕豆具有生物固氮、培肥地力,高蛋白、中淀粉、低脂肪含量,易消化吸收,粮、菜、饲兼用和深加工增值的诸多特点,是种植业结构调整中重要的间、套、轮作和养地作物。因蚕豆适于我国南、北方的冷凉季节种植,故称"冷季豆类"。蚕豆是目前世界上最重要的冷季豆类作物之一。

第一节　蚕豆的经济特点

(1)蚕豆既是粮食,又是小菜,既是"闲食",又是补品。蚕豆籽粒富含蛋白质,其籽粒蛋白质含量范围为20.3%~41%,平均为27.6%,是豆类中仅次于脱皮绿豆、大豆、四棱豆和羽扇豆的高蛋白作物,被认为是植物蛋白质的重要来源,还含有碳水化合物、矿质元素和维生素等,具有较全面而均衡的营养。作为粮食磨粉制糕点、小吃,嫩时作为时新蔬菜或饲料,可煮、炒、油炸,也可浸泡后剥去种皮作炒菜或汤,制成蚕豆芽其味更鲜美,蚕豆粉是制作粉丝、粉皮等的原料,也可加工成豆沙,制作糕点,蚕豆可蒸熟加工制成罐头食品,还可制酱油、豆瓣酱、甜酱、辣酱等。

(2)在农业生产中的作用。蚕豆可利用自身根瘤菌的固氮作用,增加土壤中的速效氮,同时通过大量的壳、叶、残根等还原于土壤,增加土壤的有机质,提高土壤疏松性,改良土壤结构,培肥地力,有利于后作增产。蚕豆还是重要的绿肥作物,蚕豆茎叶产量高,氮和钾养分含量显著高于冬季绿肥紫云英,是一种较好的绿肥作物,在发展鲜食蚕豆地区,青荚采收后将鲜茎叶切碎翻入土中做绿肥;正季绿肥产量在2 000~3 000 kg/亩,反季绿肥产量为1 200~1 500 kg/亩;据分析,100 kg蚕豆鲜茎叶含全氮1.16 kg、全磷0.3 kg、全钾0.9 kg,那么1 000 kg蚕豆鲜茎叶折算成化学肥料相当于硫酸铵55.4 kg、过磷酸钙16.8 kg、硫酸钾18 kg。

(3)蚕豆籽粒是较好的精饲料,秸秆是家畜的粗饲料,发展蚕豆生产有利于畜牧业特别是生猪、奶牛发展,对提高肉奶自给率具有重要作用,秸秆通过牲畜过腹还田增加农田有机肥。

(4)蚕豆是重要的药材,茎、叶、花、荚壳和种皮均可入药,性平味甘,有健脾利湿、凉血止血和降低血压的功效,并能治水肿。

第二节　蚕豆的生产概况

蚕豆原产于西南亚洲到地中海区域，是世界上最古老的栽培作物之一，已有 4 000 余年的栽培历史。最初传至欧洲，汉时（公元前 2 世纪）张骞通西域期间传入我国，也已有 2 000多年。蚕豆传入亚洲，以我国最早，由我国传到韩国、日本、印度，为近代的事。自热带至北纬 63° 地区均有种植。世界蚕豆种植面积为 235.1 万 hm^2，平均单产 18 062 kg/hm^2，全世界约 78.7% 的蚕豆集中在发展中国家，发达国家仅占 21.3%，主要分布在中国、埃及、摩洛哥、法国等。

蚕豆是我国主要的食用豆类作物，是人们膳食中重要的植物蛋白质来源，也是我国重要的特色豆类蔬菜之一。蚕豆在全国大多数省份都可种植，中国蚕豆按生态类型分为秋蚕豆和春蚕豆，长江以南地区以秋播冬种为主，长江以北以早春播为主。除山东、海南和东北三省极少种植蚕豆外，其余各省（区、市）均种有蚕豆。其中秋播区的云南、四川、湖北和江苏的种植面积和产量较多，占 85%，春播区的甘肃、青海、河北、内蒙古占 15%。云南是蚕豆种植面积最大的省份，占全国的 23.7%，常年种植面积在 35 万 hm^2 左右，以秋播为主。近 10 年来，中国蚕豆生产面积达 130 多万 hm^2，占世界总面积的 45.7%，为世界第一。

第三节　蚕豆栽培的生物学基础

一、形态特征

蚕豆为长日照作物，有些类型和品种呈中间型，适应性广。一年生草本植物，喜温暖湿润气候和 pH 6.2 ~ 8 的黏壤土。幼苗只耐 -4 ℃低温。株高 30 ~ 180 cm。子叶不出土。主根系发达。茎四棱、中空，四角上的维管束较大，有利于直立生长。有效分枝自子叶叶腋和基叶叶腋中抽出，基叶以上极少分枝。羽状复叶，小叶通常 1 ~ 3 对，互生，上部小叶可达 4 ~ 5 对，基部较少，小叶长 4 ~ 6（~ 10）cm，宽 1.5 ~ 4 cm，先端圆钝，具短尖头，基部楔形，全缘，两面均无毛。顶端小叶退化呈刺状，无卷须。托叶上有蜜腺，呈紫斑点。总状花序腋生，花梗近无；花萼钟形，萼齿披针形，下萼齿较长；具花 2 ~ 4（~ 6），朵呈丛状着生于叶腋，花冠白色，具紫色脉纹及黑色斑晕，长 2 ~ 3.5 cm；雄蕊 2 体（9 + 1），子房线形无柄，胚珠 2 ~ 4（~ 6），花柱密被白柔毛，顶端圆轴面有一束髯毛。

蚕豆的荚果呈扁平筒形，未成熟时豆荚为绿色，荚壳肥厚而多汁，长 5 ~ 10 cm，宽 2 ~ 3 cm；表皮绿色被绒毛，内有白色海绵状横隔膜，荚内有丝绒状茸毛，因含丰富的酪氨酸酶，成熟的豆荚为黑色。每荚种子 2 ~ 4 粒，种子扁平，略呈矩圆形，种皮革质，种皮颜色因品种而异，有乳白、灰白、黄、肉红、褐、紫、青绿等色，脐色有黑色与无色两种。千粒重 400 ~ 900 g。

二、蚕豆的生育进程

(一)生育期

蚕豆从出苗到成熟所经历的时间叫生育期,一般为 110 ~ 130 d。

(二)生育时期

蚕豆整个生育过程可分为出苗期、分枝期、现蕾期、开花结荚期和成熟期。不同生育时期有不同特点,对外界环境条件有不同的要求。

1. 出苗期

蚕豆籽粒大、种皮厚,吸水困难,种子萌发需水较多,所以蚕豆出苗的时间比其他豆类作物长,一般 8 ~ 14 d。种子必须吸足相当于种子自身重量 110% ~ 140% 的水分才能萌发。

2. 分枝期

蚕豆在 2.5 ~ 3 片复叶时发生分枝。分枝发生早迟受温度影响最大,在秋播条件下日平均气温 13 ℃时,出苗至分枝需要 8 d;日平均气温 6 ℃时,出苗至分枝需要经历 15 d。分枝高峰出现在 12 月中下旬。

3. 现蕾期

蚕豆现蕾是指主茎顶端已分化出现花蕾,并为 2 ~ 3 片心叶遮盖,轻轻揭开心叶能见明显的花蕾。所需时间因品种而异,早熟品种现蕾早,中晚熟品种现蕾要晚一些。蚕豆现蕾时植株高矮对产量影响很大,过高造成荫蔽,花荚脱落多,甚至引起后期倒伏,导致减产。植株过矮就现蕾,没有形成丰产的长相,产量也不高。蚕豆现蕾期是干物质形成和积累较多的时期,也是营养生长和生殖生长并进时期。

4. 开花结荚期

开花结荚期指从开花到结荚的过程,蚕豆开花结荚并进,花荚重叠一半以上。开花结荚期是蚕豆一生中生长发育最旺盛的时期,也是各个器官争夺同化物最激烈的时期。植株茎叶迅速生长,花荚、籽粒大量形成,茎叶内贮藏的营养物质又要大量向花荚输送。

5. 鼓粒成熟期

蚕豆花朵凋谢后,幼荚开始伸长,荚内的种子也开始增长,随着种子的发育,荚果向宽厚增大,籽粒逐渐鼓起,种子的充实过程称为鼓粒期,从鼓粒至成熟是蚕豆种子形成的重要时期,这个时期发育是否正常,是决定每株荚数、粒数以及籽粒的大小、种子化学成分的关键时期。

(三)蚕豆的生长习性

蚕豆的根系较发达,可入土层 60 ~ 100 cm,根瘤形成较早。茎方形、中空、直立,茎的分枝力强,可从蚕豆基部生长 4 ~ 5 个或 8 ~ 10 个以上的分枝。叶互生,为偶数羽状复叶,小叶椭圆形,在基部互生,先端者为对生。花腋生,总状花序。花冠紫白色或纯白色。每花序有 2 ~ 6 朵花,第一至二朵花一般能结荚,其后的花结荚率低。荚为扁圆筒形,内有种子,坚硬,呈绿褐色或淡绿色。蚕豆具有较强的耐寒性,种子在 5 ~ 6 ℃时即能开始发芽,但最适发芽温度为 16 ℃。幼苗能忍耐 -5 ℃左右的低温,-6 ℃时易冻死。生长的适温为 20 ~ 25 ℃。蚕豆对光照要求不严格,对土壤水分要求较高,适宜于冷凉而较湿润的气候。对土壤的适应性较广,沙壤土、黏土、水田土、碱性土等均可栽培,忌连作,对土壤营养的要求,在未形成根瘤的苗期,宜适量施用氮肥。对磷、钾需要量也较大。镁、硼对蚕豆生育有良好的作用。土壤缺硼,则易妨碍根瘤菌的繁殖,使植株生育不良。

三、蚕豆生长对环境条件的要求

(一)温度

蚕豆于4 ℃左右开始发芽。出苗最适温度为9~12 ℃,营养器官的形成为14~16 ℃,生殖器官的形成为16~20 ℃,结荚期为16~22 ℃。

(二)光照

蚕豆是喜欢光照的长日照作物,在整个生长发育过程中都要求充分的光照,尤其开花结荚期更需要足够的阳光,此时如植株过大,互相遮光严重,会发生大量落花落荚。因此,栽培上要采用合理的播种量和合理的密度,使各植株能有较充足的光照。

(三)水分

蚕豆是需要水分较多的作物,土壤水分的多少对蚕豆的生长和产量影响很大。在整个生育过程中,以土壤水分为田间相对持水量的70%~80%时最适合,土壤水分过少或过多,都会影响蚕豆的产量和品质。蚕豆需水与其他因素,特别是土壤温度有很大关系,温度较低而水分过多时,土壤透气性较差;土壤温度高而水分过少时又发生干旱,均会使蚕豆生长发育受到严重影响,甚至死亡。蚕豆一生均要求湿润的条件,但不同生育时期对水分要求的多少有不同。种子发芽时要求有较多水分,因蚕豆种子必须吸收相当于种子自身重量的110%~140%的水分才能发芽。蚕豆幼苗期比较耐旱。自现蕾开始,植株生长加快,需水逐渐增多。开花期是蚕豆需水最多的时期,要有充足的水分满足开花结荚的需要,若此时水分不足,会增加花荚的脱落,减少产量;结荚开始到鼓粒期也要求较多水分才能保证种子灌浆和正常成熟,此时若缺水会造成幼荚脱落,增多秕荚和秕粒。

(四)土壤

蚕豆忌连作,连作使植株生育不良,根瘤菌数目少,活性低,结荚少,发病多,种蚕豆应实行至少3年以上的轮作。对土壤的要求不十分严格,但以排水性良好、肥沃、土层深厚而又富含有机质的中性或微碱性土壤为好。蚕豆较耐碱性,适于pH6.2~8.0即微酸性到微碱性的土壤,因为在这种酸碱度范围内有利于根瘤菌的活动,有增产效果。

(五)养分

氮、磷、钾是蚕豆生长发育必需的三种主要营养元素。据分析,每生产50 kg蚕豆籽粒,需要吸收氮3.22 kg、五氧化二磷1 kg、氧化钾2.5 kg,这相当于硫酸铵15.2 kg、过磷酸钙8.4 kg、硫酸钾4.6 kg。蚕豆对钙的要求也较多,每生产50 kg籽粒,需要1.97 kg氧化钙。在各个生育阶段蚕豆吸收各种营养元素的量,不论是总量还是比例,都是不相同的。从发芽到出苗所需养分由种子子叶供给,从出苗到始花期,需要量占全生育期中所需要养分总量的比例:氮为20%、磷为10%、钾为37%、钙为25%;从始花到终花期需要的养分占全生育期需要量的比例:氮为48%、磷为60%、钾为46%、钙为59%;自灌浆到成熟,需要量占全生育期需要量的比例:氮为32%、磷为30%、钾为17%、钙为16%。

此外,硼、钼、镁、锌、铁、铜等微量元素对蚕豆的生长发育都有重要作用,其中主要是硼和钼这两种元素。施硼能促进根瘤菌固氮，减少落花落荚，提高结荚率，硼还可促进钙对蚕豆的作用。钼是根瘤菌固氮过程中不可缺少的元素，钼对蚕豆根系和根瘤的发育均有良好影响，用钼酸铵浸种、拌种和叶片喷洒均有增产作用。

四、蚕豆的分类

我国蚕豆地方品种很多，也有少量选育品种。

(1)按种子的大小可分为小粒类型(百粒重在 70 g 以下)、中粒类型(百粒重为 70～120 g)、大粒类型(百粒重在 120 g 以上)。

(2)按种皮颜色可分为青皮(绿皮)蚕豆、白皮(乳白)蚕豆、红皮(紫皮)蚕豆、黑皮蚕豆。

(3)按用途可分为食用类型、饲用类型、绿肥类型。食用类型一般籽粒较大，口味较好；饲用类型一般粒小或很小，而且近似球形；绿肥类型一般粒较小，但分蘖力强，植株生长茂盛。

(4)按荚的长度可分为长荚型(荚长 10 cm 以上)、短荚型(荚长 10 cm 以下)。

(5)根据苗期耐低温能力的强弱可分为秋播蚕豆(冬性蚕豆)、春播蚕豆(春性蚕豆)。

(6)按生长成熟期的长短可分为早熟型、中熟型、晚熟型。这种熟性的划分，因各蚕豆栽培地区的气候条件和栽培制度而不同，不好统一划分。

(7)按其籽粒的大小可分为大粒蚕豆、中粒蚕豆、小粒蚕豆三种类型。大粒蚕豆宽而扁平，千粒重在 800 g 以上；中粒蚕豆呈扁椭圆形，千粒重为 600～800 g；小粒蚕豆近圆形或椭圆形，千粒重为 400～650 g，其产量高，但品质较差，多作为畜禽饲料或绿肥作物。

第四节　蚕豆的栽培技术

一、整地

蚕豆是深根作物，主根入土可深达 1 m 以上，侧根沿土壤平面可扩展 50～80 cm，然后向下，入土可深 80～100 cm，大部分根系分布在土壤 30 cm 的深度内，所以要深耕，要求耕深 30 cm 左右。耕深不足，蚕豆根系在土壤中发育受阻，根系没有足够的范围吸收养分，会影响蚕豆生长发育，降低产量。具体应当根据原来耕作层的深浅来进行耕翻，若原有耕作层较浅，要逐年加深，前茬为棉花、水稻和甘薯的地块，可机耕 20 cm 左右。低洼易涝地，最好采用深沟高垄。

二、肥料

(一)基肥

按照“有机肥和无机肥相结合，氮、磷、钾、微肥相补充”的原则，进行优化配方施肥。由于蚕豆根瘤菌有固氮作用，一般可自身解决需氮总量的 2/3。因此，蚕豆的施肥原则是：适量施氮肥，增施磷、钾肥。

施肥应结合春翻、秋季耕地同时进行,施腐熟农家肥 1 000 kg/亩,纯氮 3.63 ~ 4.54 kg/亩、纯磷 4.60 ~ 6.90 kg/亩,折合尿素、磷酸二铵其施用量分别为 3.00 ~ 4.00 kg/亩和 10.00 ~ 15.00 kg/亩,折合尿素和过磷酸钙则其施用量分别为 7.89 ~ 9.87 kg/亩和 22.11 ~ 26.54 kg/亩;或选用蚕豆专用肥 40.0 kg/亩,作为基肥。

(二)追肥

一般亩产蚕豆 250 ~ 300 kg 的田块,需施复合肥 25 kg、磷肥 30 kg、钾肥 3 ~ 5 kg。鲜食蚕豆株形大,生长旺盛,比一般品种需肥稍多,在主茎 3 ~ 4 片复叶前的幼苗期,需要给蚕豆植株一定的养料,以促进根瘤形成。盛花期和结荚期植株生长缓慢可用 0.3% 磷酸二氢钾、尿素混合液进行叶面喷施,以补充养分供应。蚕豆幼苗期根部尚未形成根瘤或初期根瘤菌固氮能力弱,土壤缺乏速效养分易出现“氮素饥饿”现象。故在肥力较低、施肥少或苗弱时,在分枝出现前应及时追施苗肥,以促进根系发育、分枝形成和花芽分化。苗期施肥,每亩可施磷酸二铵 4 ~ 5 kg,一般在第一、二次中耕之间。

三、种子

(一)品种选择

1. 生态型相近原则

秋播不能选用春播型品种,否则不能正常成熟。相反,春播选用秋播品种表现早熟,营养体生长势弱,难以高产。早秋播种的选用晚秋类型的品种,也常表现为不能正常成熟,籽粒百粒重和饱满度降低。

2. 产品用途

首先可按鲜销、干籽粒、饲用和绿肥等不同用途进行选择。其次,根据消费者要求的粒形、粒色和荚形选用大粒/小粒、种皮绿色/白色、长荚/短荚等类型的品种;饲用生产要求粗蛋白含量高,单宁含量低,干籽粒和生物产量高;绿肥生产最好用晚熟且高生物产量的类型。一般是种皮颜色愈深,单宁含量愈多,生产上宜选育浅色或白色含单宁低的品种。

3. 栽培条件

主要是指根据供水条件、土壤肥力、病虫害发生情况等选择品种。

(二)种子处理

播种前选种,后晒种 2 ~ 3 d,用 0.1% 钼酸铵溶液浸种 24 ~ 36 h,然后沥干待播。

播种前用根瘤菌接种,可提高产量。接种方法有土壤接种和种子接种。

(1)土壤接种。每亩从上年种过蚕豆的地上取 100 ~ 150 kg 的表土,于播种时均匀撒在播种沟内。

(2)种子接种。一种是根瘤菌剂拌种:是在播种时每亩用 25 ~ 75 g 根瘤菌粉加水稀释,再与种子拌匀即可播种。另一种是在蚕豆、豌豆、扁豆等豆类作物田中,于盛花期选择没有病和生长良好的植株,连根挖出,洗净,选取根上较大、呈粉红色的根瘤,阴干后放在暗处保存待用;每亩蚕豆需要 15 ~ 20 株上述豆类植株上的根瘤;接种时将这些根瘤捣碎,加水调匀,均匀拌在蚕豆种子上,然后边播种边盖土。拌了根瘤菌的蚕豆种子要避免阳光直射,以免杀死根瘤菌。

四、种植密度

蚕豆是喜光又分枝的作物，产量由有效分枝数、每枝荚数、每荚粒数和粒重构成。基本苗不够，群体过小，不能夺得高产。与高产群体结构最密切相关的是合理密度和密度的均匀分布，而密度的均匀又必须合理配置行距、株距和整枝定苗。适宜的播种密度应根据栽培目的、品种特性、土壤肥力和施肥水平等因素而定。蚕豆产量由蚕豆分枝数、每枝结荚数和百荚鲜重 3 个要素构成。因此，可通过以产定株的方式来确定密度，一般蚕豆每株有效分枝 5 个左右，每个分枝结荚 2 ~ 3 个，单株结荚 10 ~ 15 个（约 500 g），产量水平在 700 ~ 1 000 kg/亩。

（一）行、株距与密度

蚕豆行、株距大小要依地区、土壤种类、地力好坏、施肥水平和品种的高度等来确定。秋蚕豆分枝较多，若单种，行距可用 60 ~ 85 cm，株距为 8 ~ 10 cm。春蚕豆分枝较少，行距为 40 ~ 60 cm，株距 6 ~ 8 cm。

（二）品种、水肥与密度

蚕豆上、中、下三部分都有花荚分布，播种密度要考虑中下部的光照。播种量的多少依气候、水肥条件、品种等而定。气温高、水肥条件好，大粒品种要适当稀播，反之要适当密播，在前一类情况下，秋播蚕豆每亩基本苗 1.0 万 ~ 1.5 万株；后一类情况，每亩可播 2.0 万 ~ 3.0 万株。春蚕豆一般为大粒品种，植株高大，单种时一般每亩 1.33 万 ~ 1.85 万株基本苗。

（三）种植方式与密度

根据不同地区和品种要求选择适宜的密度。灌溉农业区基本苗 1.00 万 ~ 1.30 万株/亩，旱作农业区基本苗 1.50 万 ~ 1.80 万株/亩，地膜覆盖种植的密度控制在 1.20 万 ~ 1.30 万株/亩。采用等行距种植平均行距 40.00 cm，株距按密度和行距调整；或采用 3 窄 +1 宽的宽窄行种植，窄行行距 30.00 cm，宽行 50.00 cm，株距按密度和行距调整。

五、种植方式

蚕豆不耐高温，对光照较为敏感，花朝强光方向开放，一般朝南方向的蚕豆结荚要比朝北方向的结荚多，栽培以南北行向较好。蚕豆是固氮能力很强的作物，也是各种大秋作物的良好前茬，在种植结构和耕作制度中占有非常重要的地位。蚕豆不宜重茬连作，由于受镰刀菌根腐病等的影响，连作常使植株变矮，分枝减少，结荚率降低，产量下降。特别是连作以后土壤中一些营养元素得不到恢复和调节，磷、钾含量显著减少，土壤酸性增大，噬菌体增多，根瘤减少，根瘤固氮能力下降，根系发育不良，病虫害加重。如根腐病、茎基腐病、赤斑病等，在连作时均重于轮作。因此，蚕豆轮作和间作套种显得特别重要。

（一）间作、套种

（1）蚕豆—移栽棉花。一般翌年 4 月中下旬移栽棉花于蚕豆行间，豆棉共生期 40 d 左右。豆棉套种有利于棉花苗期抗寒防冻，又能克服因蚕豆生育期较长而延误棉花生长。

（2）蚕豆—春玉米/夏大豆或甘薯或水稻。

(3)蚕豆—棉花—蚕豆或小麦—移栽棉花。

(4)蚕豆/绿肥—春玉米/棉花。

(5)蚕豆—玉米/夏大豆或甘薯。

一般在翌年4月15~30日蚕豆宽行间播种或移栽玉米,两者共生期50~60 d。5月底蚕豆收获后在玉米行间种植甘薯(大豆),这样就形成蚕豆—玉米—甘薯(大豆)三熟连环套种的种植方式。

此外,在果园、桑田、田埂地头上均可间种套种。

间、套作时的行比,要因地因作物而异,如蚕豆与小麦间作的行比有1∶4,2∶2,1∶3,其中以2∶2为好。

(二)轮作倒茬

(1)蚕豆—玉米(套甘薯)→小麦—花生;

(2)小麦—棉花→蚕豆—玉米(套甘薯);

(3)蚕豆—玉米(套甘薯)→油菜—花生;

(4)小麦—玉米(套甘薯)→蚕豆—花生;

(5)大麦—玉米(套甘薯)→蚕豆—花生。

六、播种

(一)播种期

限制蚕豆播种期的主要因素是温度。蚕豆性喜温暖而湿润的气候,不耐高温,但能忍受0~-4 ℃的低温,在-5~-7 ℃时即受冻害。植株开始受害或部分冻死的临界温度是:苗期应为-5~-6 ℃,开花期和乳熟期应为-2~-3 ℃。当日平均气温稳定通过2~3 ℃时,进行播种。

秋蚕豆适期早播对获得高产有利。适时早播有利于及时出苗,确保冬发,还有利于蚕豆苗茎秆粗壮;因适时早播,蚕豆在冬前已形成发达的根系,根瘤数较多,春后分枝也较粗壮;有利于增加有效分枝,蚕豆在冬前春后都能形成分枝,但有效分枝多在年前形成;适时早播有利于提高结荚率,因为这可以使蚕豆在比较适合的气候条件下进入开花结荚盛期,形成较多的有效花荚;由于适时早播,开花结荚较早,灌浆期延长,提高了粒重,因而增加了产量。南阳市秋蚕豆一般在10月上旬至10月底播种。

(二)播种方法

可采用机械条播、点播等方法。还有用锹开穴点播,这适于在田边地、果园、幼林地种植,播种深度为5~7 cm,每亩播量8~20 kg。

七、田间管理

(一)适时中耕除草

第一次中耕须在苗高7~10 cm时进行,中耕深度为7~10 cm,株间宜浅;第二次中耕须在苗高15~20 cm时进行,耕深为4~5 cm,冬播蚕豆同时结合中耕进行培土保温防冻;第三次中耕在开花前进行,并结合根部培土以防倒伏。

（二）灌溉与排水

蚕豆喜湿润但忌涝害，灌水应掌握速灌速排，切忌细水长流、慢灌久淹。苗期需水量较少，播种后土壤干旱时要浇水促出苗，齐苗后灌1次跑马水。花荚期对水分需求量大，要求达到田间最大持水量的75%时最适合，旱灌涝排。一般初花期、始荚期、鼓粒期水分不足各灌水1次。蚕豆生育后期怕涝，长期阴雨连绵或土壤积水过多会使蚕豆根系发育不良，容易感染立枯病和锈病，应及时排水。

（三）整枝打顶

该项措施对于秋播蚕豆很有效，不适于春播蚕豆。秋播蚕豆整枝摘心技术，包括三项内容。第一项，主茎摘心。主茎摘心可以促进早分枝，多分枝，控制植株高度、防止倒伏，以主茎6～7叶、基部已有1～2个分枝时摘心最好，保证冬前有3～4个分枝，将来早发为有效分枝，一般摘心留桩7～10 cm。长势差，植株矮小者不打；土壤瘠薄，分枝少，依靠主茎结实者不打。第二项，早春整枝。春暖后，蚕豆将继续大量发生二、三次分枝，且多为无效分枝，应在初花期去掉小分枝、细弱分枝和茎秆扭曲、叶色发黑的分枝。第三项，花荚期打顶。蚕豆整株中上部已进入盛花期，下部已开始结荚为最好的打顶时期。打顶时，应掌握打小顶、不打大顶；打掉的顶尖可带有蕾，而不带有花；打顶应选择晴天时进行，防止茎秆伤口灌水不易愈合发生病害，一般摘心以掐去嫩尖3～5 cm为宜。

八、收获

因用途而不同，作蔬菜用的可在籽粒充实时采摘嫩豆荚，收干豆则以大部分荚壳变黑时收获为宜。

蚕豆成熟，自下部豆荚开始。若采收青豆作蔬菜用，可自下而上分3～4次采收。若采收老熟籽粒，应待大部分植株中下部豆荚变黑一次采收，晒干脱粒贮藏。收摘完后的蚕豆鲜苗要及时翻沤，以保持养分。

九、储藏

蚕豆脱粒后水分含量还比较高，不宜立即入库贮藏，不然种子在贮藏中会发热变色，影响发芽力，甚至霉烂不能食用。贮藏好蚕豆的关键因素是豆粒的含水量要低。蚕豆收获后要立即晾晒。秋播蚕豆区在豆粒含水量11%～12%时贮藏，春播区可在水分13%以下时贮藏。农村没有水分测定工具，通常将晒3～4 d后的蚕豆粒用牙咬，如一咬即断并有脆断声，表明已晒干，可以贮藏。用钢丝钳，将豆粒用力一夹，豆粒立刻脆断并有脆断声，也表明已晒干，可以贮藏。

蚕豆收获量大时，应在药剂熏蒸后入仓库贮藏。要用干燥、阴凉、通风透气的房子作仓库，并将各处缝隙封好。在此前要用20%的石灰水粉刷以消灭虫卵和成虫，入库豆子不能接触地面，要用油毡、塑料薄膜等防潮。农家收获的蚕豆量少时，可用瓦坛或瓦缸等容器贮藏，坛和缸内的底部应放一些生石灰以吸收水分。容器不要装得太满，应留一定空间，保证种子微弱呼吸。装好豆子的容器要用塑料薄膜将口封好，再盖上草纸和木板。留种用的蚕豆在播种前打开，晒1～2 d后播种。

第五节　蚕豆病虫害防治

除选用抗病品种，合理密植和整枝，搞好防旱排渍，增施磷、钾肥，增强植株的抗性外，化学防治也是很有必要的。

一、蚕豆病害防治

（一）蚕豆立枯病

1. 症状

蚕豆各生育阶段均可发病，但以嫩荚期发病较重，主要侵染蚕豆茎基或地下部，也侵害种子。茎基染病多在茎的一侧或环茎现黑色病变，致茎变黑。有时病斑向上扩展达十几厘米，干燥时病部凹陷，几周后病株枯死。湿度大时菌丝自茎基向四周土面蔓延，后产生直径 1 ~ 2 mm、不规则形褐色菌核。地下部染病呈灰绿色至绿褐色，主茎略萎蔫，后下部叶片变黑，上部叶片仅叶尖或叶缘变色，后整株枯死，但维管束不变色，叶鞘或茎间常有蛛网状菌丝或小菌核。此外，病菌也可为害种子，造成烂种或芽枯，致幼苗不能出土或呈黑色顶枯（见图 7-1）。

图 7-1　蚕豆立枯病根部症状

2. 防治方法

（1）轮作。提倡与小麦、大麦等轮作 3 ~ 5 年，避免与水稻连作。

（2）适时播种。春蚕豆适当晚播，冬蚕豆避免晚播。

（3）加强田间管理，避免土壤过干过湿，增施过磷酸钙，提高寄主抗病力。

（4）种子处理。用种子重量 0.3% 的 40% 拌种双粉剂或 50% 福美双可湿性粉剂拌种。

（5）育苗床可用 40% 五氯硝基苯粉剂与 50% 福美双可湿性粉剂 1∶1 混合，每亩用 8 g 与 10 ~ 15 kg 细土混匀，播种前取 1/3 铺底，2/3 盖在种子上。

（6）药剂防治。发病初期可选用下列药剂：①58% 甲霜灵 · 锰锌可湿性粉剂 500 倍液；②75% 百菌清可湿性粉剂 600 ~ 700 倍液；③20% 甲基立枯磷乳油 1 100 ~ 1 200 倍液；④72.2% 普力克水溶性液剂 600 倍液；⑤5% 井冈霉素水剂 40 ~ 50 mg/kg。喷雾防治，隔

7 d 喷 1 次，防治 1～2 次。

（二）蚕豆锈病

1. 症状

叶上病斑初为黄白色小斑点，后稍扩大并隆起成锈色疮状斑，不久表皮破裂散出锈褐色粉末，即夏孢子。茎和叶柄上的病斑与叶上相同，稍大，略带纺锤形。后期叶片的病斑上，特别是茎和叶柄上产生大而明显的黑色肿斑，破裂后散出黑褐色粉状物，即病菌的冬孢子。

2. 防治方法

（1）农业措施。一是应清洁田园，以减少菌源，减少发病机会；二是早种早收，注意开沟排水和采用高垄栽培。

（2）药剂防治。结荚初期初发病时可选用下列药剂：①15%的粉锈宁可湿性粉剂 1 500倍液；②65%代森锌可湿性粉剂 1 000 倍液。喷雾防治。

（三）蚕豆枯萎病

1. 症状

主要是根部发病变黑，主根短小，侧根少，叶色变黄，植株呈蔫萎状，顶部茎叶萎垂。幼苗被害后，开始在须根尖端变黑，逐渐向主根蔓延，引起根皮腐烂，地上部显出黄萎，植株矮小，叶片稀少，叶尖向内卷缩枯焦，以致全株死亡。茎基部变黑，开花结荚期感病，叶片变为淡绿色，逐渐变淡黄色，叶缘尤其是叶尖部分往往变黑枯焦，雨后天晴，全株突然萎蔫，但叶片并不脱落。一般感病后需经 20～30 d 才枯死。病株须根腐烂消失，主根成为干腐状，根内维管束黄褐色或黑色，病株极易拔起（见图 7-2）。

图 7-2　蚕豆枯萎病植株症状

2. 防治方法

（1）轮作。实行 2 年以上的水旱轮作，可减轻发病。

（2）加强水肥管理。一般缺水、缺肥的田块发病重，要及时做好灌溉，以免由于干旱而引起发病，尤其要加强高地的灌溉；要改变过去种蚕豆不施肥的习惯，在苗期视地力酌施氮、钾肥。

（3）豆种处理。在收获时，种子与病株残体接触，往往易带病菌。因此，最好选无病田留种，如必须用有病田的豆种，需先将豆种用 56 ℃的温汤浸种 5 min。

（4）药剂防治。在发病初期可用 50%甲基托布津 500 倍液浇灌根部，用药 2～3 次，有较好的防治效果。

（四）蚕豆褐斑病

1. 症状

叶片染病初呈赤褐色小斑点，后扩大为圆形或椭圆形病斑，周缘赤褐色特明显，病斑中央褪成灰褐色，直径 3 ~ 8 mm，其上密生黑色呈轮纹状排列的小点粒，病情严重时相互融合成不规则大斑块，湿度大时，病部破裂穿孔或枯死。茎部染病产生椭圆形较大斑块，长径 5 ~ 15 mm，中央灰白色稍凹陷，周缘赤褐色，被害茎常枯死折断。荚染病病斑暗褐色，四周黑色，凹陷，严重的荚枯萎，种子瘦小，不成熟，病菌可穿过荚皮侵害种子，致种子表面形成褐色或黑色污斑。茎荚病部也长黑色小粒点，即分生孢子器(见图 7-3)。

图 7-3　蚕豆褐斑病叶片症状

2. 防治方法

(1)选用无病豆荚，单独脱粒留种，播种前用 56 ℃温水浸种 5 min，进行种子消毒。

(2)适时播种，不宜过早，提倡高畦栽培，合理施肥，适当密植，增施钾肥，提高抗病力。

(3)药剂防治。发病初期可选用下列药剂：①30% 绿叶丹可湿性粉剂 800 倍液；②50% 琥胶肥酸铜可湿性粉剂 500 倍液；③12% 绿乳铜乳油 500 倍液；④47% 加瑞农可湿性粉剂 600 倍液；⑤80% 大生 M－45 可湿性粉剂 500 ~ 600 倍液；⑥14% 络氨铜水剂 300 倍液；⑦77% 可杀得可湿性微粒粉剂 500 倍液。喷雾防治，隔 10 d 左右喷 1 次，防治 1 ~ 2 次。

(五)蚕豆炭疽病

1. 症状

叶片染病初在叶上散生深红褐色小斑，后扩展为 1 ~ 3 mm，中间浅褐色，边缘红褐色，病斑融合成大斑块，大小 10 mm，病斑圆形至不规则形，多在叶脉范围内，病叶很少干枯；茎和叶柄染病，初生红褐色小斑，由几毫米扩展到十多毫米，梭形至长形斑，中间暗灰色，四周褐色，稍凹陷；荚染病开始产生红褐色至黑褐色小斑，后渐扩大，最后形成多角形或圆形斑，病斑中央灰色，四周红褐色(见图 7-4)。

图 7-4　蚕豆炭疽病豆荚症状

2. 防治方法

(1)选用抗病品种，选留无病种子，从无病荚上采种，必要时进行种子消毒，用 45 ℃温水浸种 10 min 或 40% 福尔马林 200 倍液浸 30 min，然后冲净晾干播种。也可用种子重量 0.3% 的 50% 福美双粉剂或 0.2% 的 50% 四氯苯醌、0.2% 的 50% 多菌灵可湿性粉剂拌种。

(2)收获后及时清除病残体，以减少菌源。

(3)提倡使用酵素菌沤制的堆肥或生物有机复合肥。重病田实行2～3年轮作,适时早播,深度适宜,间苗时注意剔除病苗,加强肥水管理。

(4)对旧架杆应在插架前用50%代森铵水剂1 000倍液喷淋灭菌。

(5)药剂防治。发病初期可选用下列药剂:①80%锌双合剂(炭疽福美)可湿性粉剂900倍液;②25%溴菌腈(炭特灵)可湿性粉剂500倍液;③25%咪鲜胺(使百克)乳油1 200倍液;④50%咪鲜胺锰络合物(施保功)可湿性粉剂1 500倍液;⑤1∶1∶240倍式波尔多液。喷雾防治,隔7～10 d喷1次,连续防治2～3次。

(六)蚕豆黄萎病

1. 症状

蚕豆黄萎病初仅在植株一侧发生黄化,另一侧颜色正常,茎部上面的叶片,自下部开始向上部逐渐黄化,黄化叶片起初呈苍绿色或绿黄色,后完全变黄。近地面的叶片,边缘向上方稍卷曲,后叶片顶端和边缘逐渐干枯,有时出现黑色小斑块,严重的蔓延到整个叶片表面,最后病叶干缩、枯死或脱落。茎秆上的位置较高的叶片,虽稍显黄色,但大都能逐渐恢复正常绿色或转为正常生长状态。病株较健株矮小,该病扩展到一定阶段,即停止不再扩展,病株最后能恢复健全,其新生的茎蘖和叶片也表现正常。在大田植株充分发育时,不易识别出病株。

2. 防治方法

(1)选用抗病品种。

(2)与非豆科、茄科实行4年以上轮作,有条件的可与水稻及葱蒜类轮作,1年即可见效。

(3)施用充分腐熟有机肥。

(4)药剂处理土壤。播种前亩撒50%多菌灵2 kg后耙入土中。

(5)种子处理。播种前种子用60%防霉宝水剂1 000倍液拌种后闷2 h再播种。

(6)药剂防治。发病初期浇灌50%混杀硫悬浮剂或50%多菌灵可湿性粉剂500倍液、50%苯菌灵可湿性粉剂1 000倍液、50%琥胶肥酸铜(DT)可湿性粉剂350倍液,每株浇灌药液50 ml。或用12.5%多菌灵增效可溶性水剂200～300倍液,每株浇灌100 ml。也可用60%防霉宝可溶性水剂1 000倍液或上述杀菌剂喷雾防治。

(七)蚕豆花叶病

1. 症状

蚕豆花叶病全株发病,生产上因蚕豆黄斑花叶病毒的株系不同,症状有差异。分花叶型和黄化型两种类型。花叶型病株明显矮小,叶片皱缩卷曲肥厚,叶肉黄绿相间呈花叶状斑驳;轻病株矮缩不明显,但顶端心叶多变黄或卷缩,重病株较健株明显矮小,不开花结实。黄化型植株矮小,叶片黄且薄,茎直立,一般不萎蔫,后期病叶易早落。

2. 防治方法

(1)品种间有抗病性差异,选用抗病品种,注意从无病田留种,选择无病、健康饱满的种子播种。

(2)注意选择种植地块,应远离菜豆田和栽植菜豆的大棚或温室。

(3)适期播种,不宜过早;苗期发现病株要及时拔除,以防形成发病中心而蔓延开来。

（4）药剂防治。可用50%抗蚜威可湿性粉剂2 500～3 000倍液喷雾防治。

（5）在蚕豆植株“下麻叶、中结荚、上开花”时，进行摘心，可减轻此病为害。

（八）蚕豆赤斑病

1. 症状

蚕豆赤斑病侵染叶、茎、花和荚。叶片染病，初生赤色小点，后逐渐扩大为圆形或卵圆形或长圆形斑，直径2～4 mm，中央赤褐色略凹陷，周缘浓褐色稍隆起，病健部交界明显，病斑布于叶两面。茎或叶柄染病，开始也现赤色小点，后扩展为边缘深赤褐色条斑，表皮破裂后形成长短不等的裂缝。花染病，遍生棕褐色小点，扩展后花冠变褐枯萎。荚染病，也呈赤褐色斑点，病菌透过荚皮进入种子内，致种皮上出现小红斑。天气晴朗干燥时，病斑止于圆形或条斑，不再扩大，在长期的阴湿气候下，叶片病斑会迅速扩大融合，病叶逐渐变黑和死亡，并引起落叶，植株各部变成黑色，遍生黑霉，致全株枯死，剖开枯死的茎部，可见黑色扁平的颗粒状菌核（见图7-5）。

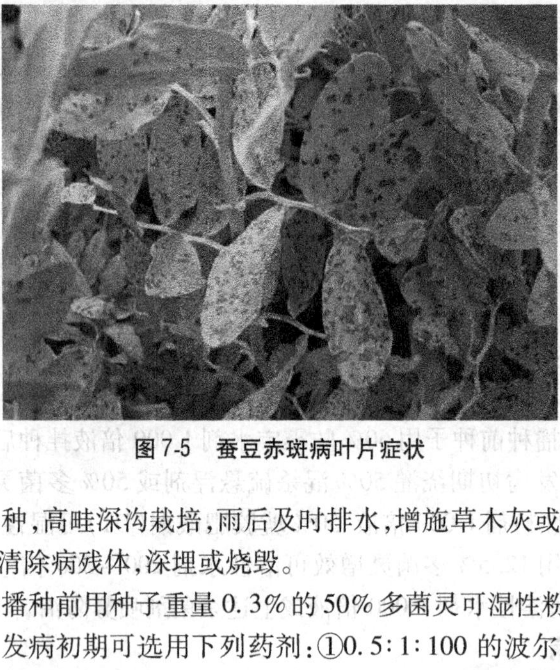

图7-5　蚕豆赤斑病叶片症状

2. 防治方法

（1）选择抗病品种，高畦深沟栽培，雨后及时排水，增施草木灰或磷钾肥，实行2年以上轮作，收获后及时清除病残体，深埋或烧毁。

（2）种子处理。播种前用种子重量0.3%的50%多菌灵可湿性粉剂拌种。

（3）药剂防治。发病初期可选用下列药剂：①0.5∶1∶100的波尔多液；②50%扑海因可湿性粉剂1 500倍液；③50%速克灵可湿性粉剂1 500～2 000倍液；④80%大生M－45可湿性粉剂800倍液；⑤50%甲基托布津可湿性粉剂1 000倍液。喷雾防治，隔10 d左右喷1次，连续防治2～3次。

二、蚕豆虫害防治

（一）蚕豆蟓

蚕豆蟓（*Brushus rufimanus Bohemann*）属鞘翅目，豆蟓科昆虫。俗名叫豆牛、豆猴子（见图7-6）。

1. 形态特征

成虫体长4～5 mm，宽约2.7 mm，椭圆形，黑色；触角基部4节；上唇与前足浅褐色；

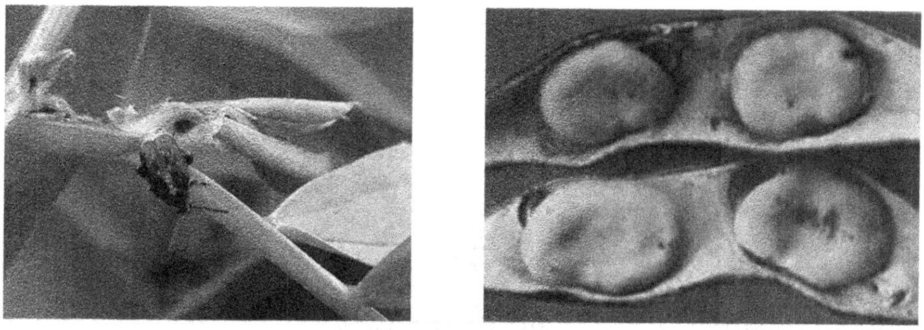

图 7-6 蚕豆蟓成虫

头部点刻密;着生黄褐与淡黄色毛。前胸背板宽,后缘中叶有一个三角形白色毛斑,前端中间与两侧各有一个白色毛斑,两侧中间有一个向外的钝齿;小盾片近方形,后缘凹。鞘翅具小刻点,被褐色或灰白色毛,各有 10 条纵纹,近翅缝向外缘有灰白色毛点形成的横带。臀板中间两侧有 2 个不明显的斑点。腹部腹板两侧各有一个灰白色毛斑。后足腿节近端部外缘有一个短而钝的齿。卵黄白色,较细的一端无丝状物。幼虫体长约 6 mm,乳白色,有红褐色背线,额前有较宽并向两侧延伸的红褐色带包围触角基部,并在前缘中央向下弯曲。上颚较大。蛹前胸背板及鞘翅上密生细皱纹,前胸两侧各具一个不明显的齿状突起。

2. 生活习性

我国蚕豆产区均有分布,一年 1 代,以成虫在豆粒内、仓内包装物缝隙中越冬,部分可在仓外越冬。翌春 3 月下旬或 4 月上旬飞入蚕豆地,产卵于蚕豆嫩荚上。卵期 7 ~ 12 d。幼虫孵化后即蛀入豆荚鲜豆粒内取食为害,幼虫期 90 ~ 120 d,5 月下旬至 7 月上旬是幼虫发生盛期。8 月为化蛹盛期,蛹期 9 ~ 20 d。8 月上旬至 9 月下旬成虫羽化,但不离开豆粒,即在其内越冬,如遇惊扰可爬出豆粒飞至角落缝隙处越冬。成虫寿命可达 230 d 左右。

3. 为害特点

成虫略食豆叶、豆荚、花瓣及花粉,幼虫专害新鲜蚕豆豆粒。被害豆粒内部蛀成空洞,并引起霉菌侵入,使豆粒发黑而有苦味,不能食用;如伤及胚部,则影响发芽率,质量大大降低。幼虫随豆粒收获入仓,继续在豆粒内取食为害,造成严重损失。在许多国家和地区,对蚕豆造成的重量损失达 20% ~ 30%。

4. 防治方法

在蚕豆播种前结合翻地,亩用 250 g 50% 辛硫磷乳油拌细干土 40 kg,随犁耕翻施入土中,可杀死在豆田残株及石块、土坷垃下越冬的成虫。在蚕豆开花盛期亩用 80% 敌敌畏乳油 500 倍液喷雾。可杀死卵及成虫。

(二)绿盲蝽

绿盲蝽(Apolygus lucorum(Meyer - Dür.))属半翅目,盲蝽科。别名花叶虫、小臭虫等(见图 7-7)。

1. 形态特征

成虫体长 5.0 ~ 5.5 mm,近卵圆形,扁平,绿色。复眼黑色至紫黑色。触角 4 节,淡褐

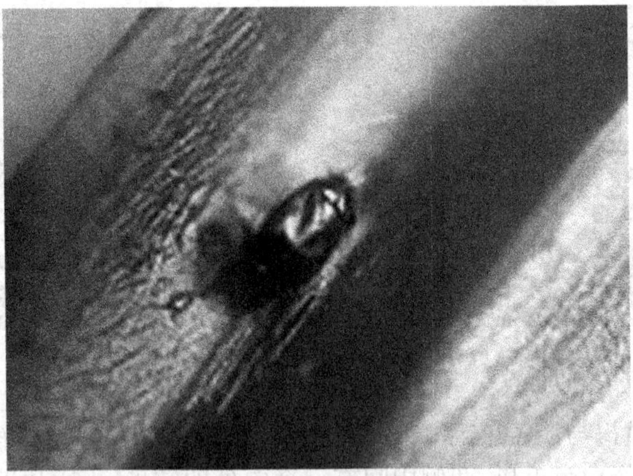

图 7-7　绿盲蝽成虫

色，以第二节最长，略短于第三、四节长度之和。前胸背板、小盾片及前翅半革质部分均为绿色，前胸背板多刻点，前翅膜质，暗灰色，半透明。腿节端部具 2 小刺，跗节及爪黑色。卵长而略弯，似香蕉状，微绿色，具白色卵盖。若虫共 5 龄。1 龄若虫体长 0.8～1.0 mm，淡黄绿色，复眼红色；2 龄若虫体长约 1.2 mm，黄绿色，复眼紫灰色，中、后胸后缘平直；3 龄若虫体长约 1.9 mm，绿色，复眼灰暗，翅蚜开始显露；4 龄若虫体长约 2.4 mm，绿色，复眼灰色，小盾片明显，翅蚜伸达第一腹节后缘；5 龄若虫体长约 3.1 mm，绿色，复眼灰淡，翅蚜伸达第四腹节后缘。1～3 龄若虫腹部第三节背中有一橙红色斑点，后沿有 1 个一字形黑色腺口；4 龄后色斑渐褪，黑色腺口明显。

2. 生活习性

一年发生 5 代，以卵在冬作豆类、苕子、苜蓿、木槿、蒿类等植物茎梢内越冬，在茶树上则卵多产于枯腐的鸡爪枝内或冬芽鳞片缝隙处越冬。越冬卵于 4 月上旬当气温回升到 11～15 ℃时开始孵化，绿盲蝽成虫期长达 30 多 d，若虫期 28～44 d。1 龄若虫 4～7 d，一般 5 d；2 龄若虫 7～11 d，一般 6 d；3 龄若虫 6～9 d，一般 7 d；4 龄若虫 5～8 d，一般 6 d；5 龄若虫 6～9 d，一般 7 d。绿盲蝽宜在适温高湿条件下发生，气温在 15～25 ℃、相对湿度在 80% 以上最为有利。

3. 为害特点

绿盲蝽趋嫩危害，生活隐蔽，爬行敏捷，成虫善于飞翔。晴天白天多隐匿于茶丛内，早晨、夜晚和阴雨天爬至芽叶上活动危害，频繁刺吸芽内的汁液，1 头若虫一生可刺 1 000 多次。被害幼虫呈现许多红点，而后变褐，成为黑褐色枯死斑点。芽叶伸展后，叶面呈现不规则的孔洞，叶缘残缺破烂。受害芽叶生长缓慢，持嫩性差，叶至粗老，芽常呈钩状弯曲，产量锐减，品质明显下降。

4. 防治方法

可选用下列药剂：①80% 敌敌畏乳油 800 倍液；②50% 辛硫磷乳油 1 000 倍液；③2.5% 溴氰菊酯乳油 1 500 倍液。喷雾防治。

第六节 蚕豆品种介绍

一、成胡10号

适于在中等以上肥力土壤中种植。为粮饲兼用品种。种皮浅绿色，百粒重80～90 g，较抗蚕豆赤斑病。高产稳产，亩产约150 kg，属中熟品种，播种时间10～11月，生育期185～200 d。根系发达，长势旺，株高100～120 cm，茎秆粗壮。属硬荚型，每荚一般有胡豆2～3粒，最多4粒，平均2粒以上。百粒重80～90 g。是目前可作粮食、饲料兼用的中粒型高产胡豆新品种。

二、启豆1号

秋播，中粒型品种，百粒重90 g左右。分枝性强，结荚多，茎秆粗，耐肥抗倒；耐寒性强，对锈病、褐斑病和赤斑病具有一定的抗性。种皮绿色，种子中厚，成熟较迟，生育期200～210 d。适于长江流域大面积种植。

附 录

附录一 转基因大豆生产的现状与趋势

一、转基因大豆产业化现状

1983年首次获得转基因烟草后,1986年抗虫和抗除草剂转基因棉花首次被批准进入田间试验,至今国际上已有近50个国家批准数千例转基因植物进入田间试验,涉及的植物种类有60多种。

近年来,转基因植物在全球的种植面积增长迅速,种植转基因植物的国家从1992年的1个增长到1999年的12个,2001年进一步扩大到16个国家。全球转基因植物的种植面积1996年仅为170万hm^2,1997年为1 100万hm^2,1998年增长到2 780万hm^2,1999年又比1998年增长44%,达到3 990万hm^2,2000年全球转基因作物种植面积是4 420万hm^2,2001年猛增至5 260万hm^2。

美国转基因植物的商业化速度进展很快,其推广应用走在其他国家的前列。1994年美国Calgene公司研制的转基因延熟番茄首次进入商业化生产,到2000年5月就有47例转基因植物被批准进行商业化生产,其中大豆3例。1994年Monsanto公司的抗草甘膦大豆,1997年DuPont公司的高十八烯酸油酸大豆,1998年AgrEvo公司的抗草丁膦大豆。2001年美国种植转基因植物达3 570万hm^2,占68%。

2001年主导的转基因大豆占据全球转基因作物的63%,所有的转基因大豆均为抗除草剂大豆。转基因大豆在2001年保持了最大种植面积的地位。从全球的情况来看,转基因大豆在2001年种植面积3 330万hm^2;转基因玉米980万hm^2,占全球转基因作物种植面积的19%;转基因棉花680万hm^2,占13%;Canola油菜270万hm^2,占5%。

在1996~2001年的6年期间,抗除草剂品种已连续跃居主导地位而抗虫性品种则位居其次。2001年,抗除草剂大豆、玉米和棉花共占全部5 260万hm^2的77%;只有780万hm^2种植了转Bt作物,相当于总面积的15%;而其中具Stacked基因的耐除草剂和抗虫棉花与玉米占据了全球2001年全部转基因作物种植面积的8%。需要注意的是,耐除草剂作物面积在1999年和2001年间从2 810万hm^2增加到4 060万hm^2,与此同时,具Stacked基因的抗除草剂和Bt作物亦由1999年的290万hm^2增至2001年的420万hm^2;反之,全球转基因抗虫作物种植面积已从1999年的890万hm^2减至2001年的780万hm^2。

数据显示:在2001年,全球种植总面积7 200万hm^2的大豆中有46%是转基因品种。与此类似,3 400万hm^2棉花中的20%,2 500万hm^2油菜中的11%,以及1.4亿hm^2玉米中的7%皆为转基因品种。如果把全球这四大类作物面积合计起来,总面积达2.71亿

hm^2,其中19%即5 260万hm^2种植的属于转基因作物。

二、转基因大豆安全性评价

应用抗除草剂转基因作物具有极大的经济效益和社会效益,但也存在一定的风险。种植抗除草剂转基因作物的最大风险之一是“杂草化”,包括抗性作物自身“杂草化”,抗性基因“漂移”到杂草上,导致抗性杂草的产生。还存在对环境的影响、食品的安全性、抗性基因的稳定性、加速抗性杂草发生等问题。Monsanto公司对培育的抗草甘膦转基因大豆品种40-3-2进行食品安全性评价,结果表明,转基因大豆品种的所有氨基酸的含量和普通大豆品种没有显著的差异;内源蛋白过敏原及其含量和普通大豆品种没有差异。研究结果还表明,CP4EPSPS和已知的毒蛋白的结构没有相似性,急性老鼠管饲法实验也表明CP4EPSPS无毒。然而,抗除草剂转基因作物的食品安全性也存在不可预见性,必须进行长期监控。

有试验表明,抗草甘膦大豆对高温的敏感性高于传统大豆,而且经过遗传修饰的往往不能获得高产,甚至比一些常规优良品种的产量还要低,因为一个作物内部的遗传背景并不能容忍一个外来基因,而且表达耐除草剂或Bt抗虫毒蛋白需要消耗代谢能量。有研究认为,草甘膦在所有农药中对人体健康危害居第三,草甘膦可使豆科植物产生一种植物雌激素,动物食用后会替代体内激素而破坏其生殖系统。由于草甘膦能在土壤中存留很久,会危害土壤中动物,污染地下水,并且能破坏土壤生化循环。需要指出的是:仅仅基于上述问题的考虑尚不能得出转基因作物安全与否的结论。每一种新研制的转基因作物都必须通过个案处理,评估其可能存在的风险,以确保进行环境释放和市场释放时转基因作物及其加工的食品具有高度的安全性。

附录二　大豆机械化生产技术指导意见

本指导意见针对黄淮海和东北地区大豆机械化生产制定,也可以供西北大豆产区参考。

在大豆规模化生产区域内,提倡标准化生产,品种类型、农艺措施、耕作模式、作业工艺、机具选型配套等应尽量相互适应、科学规范,并考虑与相关作业环节及前后茬作物匹配。

随着窄行密植技术及其衍生的大垄密植技术、小垄密植技术和平作窄行密植技术的研究与推广,大豆种植机械化技术日臻成熟。各地应根据本指导意见,研究组装和完善本区域的大豆高产、高效、优质、安全的机械化生产技术,加快大豆标准化、集约化和机械化生产的发展。

一、播前准备

(一)品种选择及其处理

1. 品种选择

按当地生态类型及市场需求,因地制宜地选择通过审定的耐密、秆强、抗倒、丰产性突出的主导品种,品种熟期要严格按照品种区域布局规划要求选择,杜绝跨区种植。

2. 种子精选

应用清选机精选种子,要求纯度≥99%,净度≥98%,发芽率≥95%,水分≤13.5%,粒型均匀一致。

3. 种子处理

应用包衣机将精选后的种子和种衣剂拌种包衣。在低温干旱情况下,种子在土壤中时间长,易遭受病虫害,可用大豆种衣剂按药种比1:(75~100)防治。防治大豆根腐病可用种子量0.5%的50%多福合剂或种子量0.3%的50%多菌灵拌种。虫害严重的地块要选用既含杀菌剂又含杀虫剂的包衣种子;未经包衣的种子,需用35%甲基硫环磷乳油拌种,以防治地下害虫,拌种剂可添加钼酸铵,以提高固氮能力和出苗率。

(二)整地与轮作

1. 轮作

尽可能实行合理的轮作制度,做到不重茬、不迎茬。实施"玉米—玉米—大豆"和"麦—杂—豆"等轮作方式。

2. 整地

大豆是深根系作物,并有根瘤菌共生。要求耕层有机质丰富,活土层深厚,土壤容重较低及保水保肥性能良好。适宜作业的土壤含水率为15%~25%。

(1)保护性耕作。实行保护性耕作的地块,如田间秸秆(经联合收割机粉碎)覆盖状况或地表平整度影响免耕播种作业质量,应进行秸秆匀撒处理或地表平整,保证播种质量。可应用联合整地机、齿杆式深松机或全方位深松机等进行深松整地作业。提倡以间隔深松为特征的深松耕法,构造"虚实并存"的耕层结构。间隔3~4年深松整地1次,以打破犁底层为目的,深度一般为 35 ~ 40 cm,稳定性≥80%,土壤膨松度≥40%,深松后应及时合墒,必要时镇压。对于田间水分较大、不宜实行保护性耕作的地区,需进行耕翻整地。

(2)东北地区。对上茬作物(玉米、高粱等)根茬较硬,没有实行保护性耕作的地区,提倡采取以深松为主的松旋翻耙,深浅交替整地方法。可采用螺旋型犁、熟地型犁、复式犁、心土混层犁、联合整地机、齿杆式深松机或全方位深松机等进行整地作业。①深松。间隔 3 ~4 年深松整地 1 次,深松后应及时合墒,必要时镇压。②整地。平播大豆尽量进行秋整地,深度 20 ~25 cm,翻耙耢结合,无大土块和暗坷垃,达到播种状态;无法进行秋整地而进行春整地时,应在土壤"返浆"前进行,深度 15 cm 为宜,做到翻、耙、耢、压连续作业,达到平播密植或带状栽培要求状态。③垄作。整地与起垄应连续作业,垄向要直,100 m 垄长直线度误差不大于 2.5 cm(带 GPS 作业)或 100 m 垄长直线度误差不大于 5 cm(无 GPS 作业);垄体宽度按农艺要求形成标准垄形,垄距误差不超过 2 cm;起垄工作幅误差不超过 5 cm,垄体一致,深度均匀,各铧入土深度误差不超过 2 cm;垄高一致,垄体压实后,垄高不小于 16 cm(大垄高不小于 20 cm),各垄高度误差应不超过 2 cm;垄形整齐,不起垡块,无凹心垄,原垄深松起垄时应包严残茬和肥料;地头整齐,垄到地边,地头误差小于 10 cm。

(3)黄淮海地区。前茬一般为冬小麦,具备较好的整地基础。没有实行保护性耕作的地区,一般先撒施底肥,随即用圆盘耙灭茬 2 ~3 遍,耙深 15 ~20 cm,然后用轻型钉齿耙浅耙一遍,耙细耙平,保障播种质量;实行保护性耕作的地区,也可无须整地,待墒情适宜时直接播种。

二、播种

(一)适期播种

东北地区要抓住地温早春回升的有利时机,耕层地温稳定通过 5 ℃时,利用早春"返浆水"抢墒播种。

黄淮海地域要抓住麦收后土壤墒情较好的有利时机,抢墒早播。

在播种适期内,要根据品种类型、土壤墒情等条件确定具体播期。中晚熟品种应适当早播,以便保证霜前成熟;早熟品种应适当晚播,使其发棵壮苗;土壤墒情较差的地块,应当抢墒早播,播后及时镇压;土壤墒情好的地块,应根据大豆栽培的地理位置、气候条件、栽培制度及大豆生态类型具体分析,选定最佳播期。

(二)种植密度

播种密度依据品种、水肥条件、气候因素和种植方式等来确定。植株高大、分枝多的品种,适于低密度;植株矮小、分枝少的品种,适于较高密度。同一品种,水肥条件较好时,密度宜低些;反之,密度高些。东北地区,一般小垄保苗以 2 万株/亩为宜;大垄密和平作保苗以 2.3 万 ~2.4 万株/亩为宜。黄淮海地区麦茬地窄行密植平作保苗以 2 万 ~2.3 万株/亩为宜。

(三)播种质量

播种质量是实现大豆一次播种保全苗、高产、稳产、节本、增效的关键和前提。建议采用机械化精量播种技术，一次完成施肥、播种、覆土、镇压等作业环节。

参照中华人民共和国农业行业标准《中耕作物单粒（精密）播种机作业质量》（NY/T 503—2002），以覆土镇压后计算，黑土区播种深度 3 ~ 5 cm，白浆土及盐碱土区播种深度 3 ~ 4 cm，风沙土区播种深度 5 ~ 6 cm，确保种子播在湿土上。播种深度合格率≥75.0%，株距合格指数≥60.0%，重播指数≤30.0%，漏播指数≤15.0%，变异系数≤40.0%，机械破损率≤1.5%，各行施肥量偏差≤5%，行距一致性合格率≥90%，邻接行距合格率≥90%，垄上播种相对垄顶中心偏差≤3 cm，播行 50 m 直线性偏差≤5 cm，地头重（漏）播宽度≤5 cm，播后地表平整、镇压连续，晾籽率≤2%；地头无漏种、堆种现象，出苗率≥95%。实行保护性耕作的地块，播种时应避免播种带土壤与秸秆根茬混杂，确保种子与土壤接触良好。调整播量时，应考虑药剂拌种使种子质量增加的因素。

播种机在播种时，结合播种施种肥于种侧 3 ~ 5 cm、种下 5 ~ 8 cm 处。施肥深度合格指数≥75%，种肥间距合格指数≥80%，地头无漏肥、堆肥现象，切忌种肥同位。

随播种施肥随镇压，做到覆土严密，镇压适度（3 ~ 5 kg/cm^2），无漏无重，抗旱保墒。

（四）播种机具选用

根据当地农机装备市场实际情况和农艺技术要求，选用带有施肥、精量播种、覆土镇压等装置和种肥检测系统的多功能精少量播种机具，一次性完成播种、施肥、镇压等复式作业。夏播大豆可采用全秸秆覆盖少免耕精量播种机，少免耕播种机应具有较强的秸秆根茬防堵和种床整备功能，机具以不发生轻微堵塞为合格。一般施肥装置的排肥能力应达到 90 kg/亩以上，夏播大豆用机的排肥能力达到 60 kg/亩以上即可。提倡选用具有种床整备防堵、侧深施肥、精量播种、覆土镇压、喷施封闭除草剂、秸秆均匀覆盖和种肥检测功能的多功能精少量播种机具。

三、田间管理

（一）施肥

残茬全部还田，基肥、种肥和微肥接力施肥，防止大豆后期脱肥，种肥增氮、保磷、补钾三要素合理配比；夏大豆根据具体情况，种肥和微肥接力施肥。提倡测土配方施肥和机械深施。

1. 底肥

生产 AA 级绿色大豆地块，施用绿色有机专用肥；生产 A 级优质大豆，施优质农家肥 1 500 ~ 2 000 kg/亩，结合整地一次施入；一般大豆需施尿素 4 kg/亩、二铵 7 kg/亩、钾肥 7 kg/亩左右，结合耕整地，采用整地机具深施于 12 ~ 14 cm 处。

2. 种肥

根据土壤有机质、速效养分含量、施肥实验测定结果、肥料供应水平、品种和前茬情况及栽培模式，确定各地区具体施肥量。在没有进行测土配方平衡施肥的地块，一般氮、磷、钾纯养分按 1∶1.5∶1.2 比例配用，肥料商品量种肥每亩施尿素 3 kg、二铵 4.5 kg、钾肥 4.5 kg 左右。

3. 追肥

根据大豆需肥规律和长势情况，动态调剂肥料比例，追施适量营养元素。在氮、磷肥充足条件,应注意增加钾肥的施用量。在花期喷施叶面肥。一般喷施两次,第一次在大豆初花期,第二次在结荚初期,可用尿素加磷酸二氢钾喷施,用量一般为每公顷用尿素7.5～15 kg加磷酸二氢钾2.5～4.5 kg兑水750 kg。中小面积地块尽量选用喷雾质量和防漂移性能好的喷雾机(器),使大豆叶片上下都有肥;大面积作业,推荐采用飞机航化作业方式。

(二)中耕除草

1. 中耕培土

垄作春大豆产区,一般中耕3～4次。在第一片复叶展开时,进行第一次中耕,耕深15～18 cm,或于垄沟深松18～20 cm,要求垄沟和垄帮有较厚的活土层;在株高25～30 cm时,进行第二次中耕,耕深8～12 cm,中耕机需高速作业,提高拥土挤压苗间草效果;封垄前进行第三次中耕,耕深15～18 cm。次数和时间不固定,根据苗情、草情和天气等条件灵活掌握,低涝地应注意培高垄,以利于排涝。

平作密植春大豆和夏大豆少免耕产区,建议中耕1～3次。以行间深松为主,深度分别为第1次18～20 cm,第2、3次为8～12 cm,松土灭草。

推荐选用带有施肥装置的中耕机,结合中耕完成追肥作业。

2. 除草

采用机械、化学综合灭草原则,以播前土壤处理和播后苗前土壤处理为主,苗后处理为辅。

(1)机械除草。①封闭除草,在播种前用中耕机安装大鸭掌齿,配齐翼型齿,进行全面封闭浅耕除草。②耙地除草,即用轻型或中型钉齿耙进行苗前耙地除草,或者在发生严重草荒时,不得已进行苗后耙地除草。③苗间除草,在大豆苗期(一对真叶展开至第三复叶展开,即株高10～15 cm时),采用中耕苗间除草机,边中耕边除草,锄齿入土深度2～4 cm。

(2)化学除草。根据当地草情,选择最佳药剂配方,重点选择杀草谱宽、持效期适中、无残效、对后茬作物无影响的除草剂,应用雾滴直径250～400 μm的机动喷雾机、背负式喷雾机、电动喷雾机、农业航空植保等机械实施化学除草作业,作业机具要满足压力、稳定性和安全施药技术规范等方面的要求。

(三)病虫害防治

采用种子包衣方法防治根腐病、胞囊线虫病和根蛆等地下病虫害,各地可根据病虫害种类选择不同的种衣剂拌种,防治地下病虫害与蓟马、跳甲等早期虫害。建议各地实施科学合理的轮作方法,从源头预防病虫害的发生。根据苗期病虫害发生情况选用适宜的药剂及用量,采用喷杆式喷雾机等植保机械,按照机械化植保技术操作规程进行防治作业。大豆生长中后期病虫害的防治,应根据植保部门的预测和预报,选择适宜的药剂,遵循安全施药技术规范要求,依据具体条件采用机动喷雾机、背负式喷雾喷粉机、电动喷雾机和农业航空植保等机具、设备,按照机械化植保技术操作规程进行防治作业。各地应加强植保机械化作业技术指导与服务工作,做到均匀喷洒、不漏喷、不重喷、无滴漏、低漂移,以防出现药害。

(四)化学调控

高肥地块大豆窄行密植由于群体大,大豆植株生长旺盛,要在初花期选用多效唑、三碘苯甲酸等化控剂进行调控,控制大豆徒长,防止后期倒伏;低肥力地块可在盛花、鼓粒期叶面喷施少量尿素、磷酸二氢钾和硼、锌微肥等,防止后期脱肥早衰。根据化控剂技术要求选用适宜的植保机械设备,按照机械化植保技术操作规程进行化控作业。

(五)排灌

根据气候与土壤墒情,播前抗涝、抗旱应结合整地进行,确保播种和出苗质量。生育期间干旱无雨,应及时灌溉;雨水较多、田间积水,应及时排水防涝;开花结荚、鼓粒期,适时适量灌溉,协调大豆水分需求,提高大豆品质和产量。提倡采用低压喷灌、微喷灌等节水灌溉技术。

四、收获

大豆机械化收获的时间要求严格,适宜收获期因收获方法不同而异。用联合收割机直接收割方式的最佳时期在完熟初期,此时大豆叶片全部脱落,植株呈现原有品种色泽,籽粒含水量降为18%以下;分段收获方式的最佳收获期为黄熟期,此时叶片脱落70%～80%,籽粒开始变黄,少部分豆荚变成原色,个别仍呈现青绿色。采用“深、窄、密”种植方式的地块,适宜采用直接收割方式收获。

大豆直接收获可用大豆联合收割机,也可借用小麦联合收割机。由于小麦联合收割机型号较多,各地可根据实际情况选用,但必须用大豆收获专用割台。一般滚筒转速为500～700 r/min,应根据植株含水量、喂入量、破碎率、脱净率情况,调整滚筒转速。

分段收获采用割晒机割倒铺放,待晾干后,用安装拾禾器的联合收割机拾禾脱粒。割倒铺放的大豆植株应与机组前进方向呈30°角,并铺放在垄台上,豆枝与豆枝相互搭接。

收获时要求割茬不留底荚,不丢枝,田间损失≤3%,收割综合损失≤1.5%,破碎率≤3%,泥花脸≤5%。

五、注意事项

(1)驾驶、操作人员应取得农机监理部门颁发的驾驶证,加强驾驶操作人员的技术岗位培训,不断提高专业知识和技能水平。严禁驾驶、操作人员工作期间饮酒。

(2)驾驶操作前必须检查,保证机具、设备技术状态的完好性,保证安全信号、旋转部件、防护装置和安全警示标志齐全,定期、规范实施维护保养。

(3)机具作业后要妥善处理残留药液、肥料,彻底清洗容器,防止污染环境。

(4)驾驶操作前必须认真阅读随机附带的说明书。

附录三　我国高粱机械化发展前景及配套栽培技术研究

李慧明　李　霞　平俊爱　杜志宏　张福耀

（山西省农业科学院高粱研究所）

【摘　要】 高粱是人类栽培的重要谷物之一。我国从20世纪90年代后，农业机械化进入了以市场为主导的发展阶段，发展很不平衡，目前高粱生产还是主要靠人工完成。国际市场上，高粱需求量很大，国内酒用高粱需求量增加，高粱生产有着很好的前景。实现高粱机械化需要的两个条件是种子和农业机械，从而推进高粱生产机械化的进程。

【关键词】 高粱；机械化；栽培技术

高粱作为重要的谷物之一，在世界五大洲48个国家的热带干旱和半干旱地区种植，寒带、温带也有种植。由于高粱耐干旱，耐瘠薄，抗逆性强，在气候恶劣、条件差的地方也能生长，因此高粱在人类的发展历程中占有重要地位，被称为“生命之谷”“救命之谷”。至今，高粱在非洲大陆、印度等国家和地区，仍是重要的粮食作物。目前，全世界年种植高粱约4 400万 hm^2，仅次于小麦、水稻、玉米，列第4位。全球高粱种植面积逐渐下降，单位面积产量增加，总产稍有提高，近两年种植面积有增加的趋势。我国年种植高粱150万 hm^2，产量低于4 500 kg/hm^2，居世界中上等水平。高粱生产条件已由过去主要在平肥地种植，现在逐渐向半干旱、干旱、盐碱、瘠薄地区发展，由食用转为酿酒等多种用途，由以粮食收益转为综合利用的收益上来[1,2]。我国从20世纪90年代后，农业机械化进入了以市场为主导的发展阶段，但发展很不平衡，目前高粱生产还是主要靠人工完成。国际市场上，高粱需求量很大，国内酒用高粱需求量增加，高粱生产有着很好的前景。实现高粱机械化需要的两个条件是种子和农业机械，从而推进高粱生产机械化的进程。

1　国内外机械化生产现状

1.1　发达国家机械化发展概况

20世纪40～60年代美、欧、日等发达国家实现农业生产机械化。在美国农业生产中，其70%的农业生产率增长来源于农业机械化。2000年，美国工程院指出，农业机械化是20世纪对人类社会生活影响最大的20项工程技术之一，可见美国乃至世界农业受机械化影响非常明显。目前，美国农业人口、农业劳动者分别占总人口的2.20%、1.00%，平均每个农业劳动力负担人口达128人；法国农业人口、农业劳动者分别占总人口的3.20%、1.40%，平均每个农业劳动力负担耕地面积21 hm^2。农业机械化程度不断提高，农机社会化服务迅速发展，农业劳动者比例不断下降，将更多的人从农业生产中解放出来，从事社会其他工作，从而推动其他行业的发展，实现农业、其他行业的持续健康发展。

1.2　我国机械化进展情况

我国从20世纪90年代后，农业机械化发展以市场为主导。2004年，《农业机械化促进法》颁布实施,为农业机械化发展提供了良好的发展环境,极大地调动了农民、农业生产经营组织购置和使用农业机械的积极性,推动了新机具、农机化新技术的应用推广,农业机械化进入快速发展期。到2005年底,我国农机工业总产值、全国农机总动力分别为1 083亿元、6.8亿kW,大中型拖拉机、联合收获机、水稻插秧机分别为8.9万、47.4万、8.0万台。全国机耕、播种、收获综合机械化水平达到36.50%,其中,小麦生产基本实现机械化,机播、机收水平达80%;水稻机收、种植水平分别达到30%、10%;玉米机播水平为50%,但机械化收割水平不高;而高粱在机械化生产方面,水平更低。目前,我国农业机械化逐渐由产中向产后、产前延伸,发展空间不断扩大;作业领域由大田农业逐步向设施农业、粮食作物向经济作物、种植业向农产品加工业、养殖业发展。虽然我国农业机械化生产取得了巨大发展,传统农业迅速向现代农业转变,但与世界其他国家相比,我国农业机械化水平还很低[3]。目前,我国玉米生产基本实现了机械化,而高粱在播种和收获农机上还存在不少问题,需要一段时间的农机农艺配套。

2　高粱的主要用途及需求

2.1　高粱的主要用途

高粱既可直接食用、饲用,又可加工利用。近年来,国内外高粱深加工研究发展十分迅速,高粱籽粒可作为主食、饲料,在酿制啤酒、白酒、食醋,生产酒精、提取淀粉,生产高粱面包、高粱甜点,加工成麦芽制品方面应用广泛,饲草高粱可青贮作饲料,甜高粱茎秆可用于造酒,高粱壳可提取色素、种植食用菇,高粱茎秆可制板材、造纸、制作日用品和编织品、制饴糖、做架材、做蜡粉等[4]。

2.2　我国高粱生产现状

我国高粱栽培历史悠久,20世纪初种植普遍,1914年全国种植高粱740万hm^2,占全国农作物面积的7.5%,总产1 110万t。由于人们生活水平不断提高,农业生产条件逐渐改善,小麦、水稻、玉米种植面积明显增加,高粱生产逐渐萎缩,种植面积不断减少,到20世纪60年代为400万hm^2。70年代,高粱杂交种发展应用,在一定程度上增加了高粱的种植面积,达到600万hm^2,平均产量2 310 kg/hm^2。80年代后,我国高粱生产出现三大转变:一是应用范围扩大。高粱产品原来主要供食用,现在饲用、酿造、加工等方面发展迅速。二是种植区域改变。高粱以前主要在平肥地种植,现在逐渐向半干旱、干旱、盐碱、瘠薄地区发展。三是高粱发展方向转变。高粱以前的生产主要是生产籽粒,提高产量,现在向优质、专用方向发展,高粱产量不断提高。2002年,我国高粱种植面积、总产分别为146.3万hm^2、585.7万t,分别占世界的3.3%、8.9%;单产4 005 kg/hm^2,为世界的2.7倍[5]。

2.3　国内外高粱市场需求

目前,国际市场对高粱需求量较大。仅东亚的日本、韩国和南亚国家每年就需要500万t高粱作饲料,大多从澳大利亚、美国进口,由于受转基因影响,有转向从中国进口的趋势,因此国际高粱市场较好。

国内酿酒业发展势头不减,酒用高粱需求逐年增加。除传统的四川、贵州等地名酒,如茅台、五粮液、泸州老窖等市场持续走强外,一些新兴白酒产地,如东北、山东、内蒙古等地所产白酒销售见热见旺。据《经济日报》统计，国内大型酒厂在百家以上，年需高粱100万~150万t，各地的中小型酒厂需高粱也在100万t左右，都较往年增加约10%。初步统计，国内所有酒厂需要高粱250万~280万t，酿醋全国每年用高粱70万~80万t，其中山西省生产老陈醋就需高粱30万t[5]。

3 高粱机械化需要的条件

3.1 实现高粱机械化生产首先是对品种的需求

随着种植结构的调整和轮作倒茬的需要，机械化栽培高粱日益受到关注。我国一直没有专用机械化栽培高粱品种，品种选育严重滞后，严重影响我国的高粱生产。为此，选育耐密植、产量高、专用、矮秆、抗逆性强的机械化栽培高粱新品种非常紧迫[6-7]，以满足市场需要、种植结构的调整。从株型选择、种子质量选择、幼苗拱土能力选择、品种耐药性选择、品种抗性选择、经济系数选择、落粒性选择及破碎率选择等方面选育高粱机械化栽培的品种[8]。实现高粱机械化在于品种，有了专用机械化高粱品种，才有高粱机械化的基本。

3.2 实现高粱机械化对农业机械的需求

实现高粱机械化首先要实现高粱播种机械化，高粱播种实现机械化必须有专用播种机，目前我国的玉米等作物已经很好地解决了播种问题，高粱播种滞后于玉米等作物，不过在玉米播种机械的基础上加以改进即可，山西省农业科学院高粱研究所宋旭东等研究出了专用高粱播种机，并获得了专利。其次是中期管理，中耕除草及病虫害防治，除草剂的使用可以解决除草问题，病虫害防治新式喷雾器也能够很好地解决。最后高粱收获需要专用高粱收割机械，目前还是利用小麦或者玉米收割机，存在问题是损失大，利用小麦或者玉米收割机收割高粱还需要加以改进。

4 机械化高粱高产栽培技术

4.1 实现高粱机械化对种子的要求

主要考虑的是种子的播种质量，包括种子籽粒的大小、均匀程度、发芽率等，应该从抓种子质量入手，保证种子籽粒大小均匀，发芽率90%以上。

4.2 实现高粱机械化的主要栽培技术

根据专用机械化高粱品种特性及生长发育特点，采用全程机械化轻简栽培技术保证获得高产，必须改变原来的栽培模式。一是改变施肥措施，播前采用施肥机一次深施复合肥600~750 kg/hm^2、尿素225 kg/hm^2，有条件的地块加施农家肥，不追肥。二是改变播种方式，4月下旬播种，机械化单粒播种，免间苗。三是改变管理方式，播种后出苗前在地表机器喷施40%莠去津除草剂。四是改变收获时间和收获方式：霜降后机械化收获。五是增加种植密度，种植密度由原来的12万株/hm^{2}增加到15.0万~16.5万株/hm^2。

5 机械化高粱发展前景

5.1 提高机械化程度

随着农业机械化程度提高，适宜机械化栽培高粱品种的推广，高粱机械化生产规模扩大，要使高粱生产获得高产，对机械整地、播种、肥料施用、田间管理、防治病虫草害、收获等进行试验研究，实现农机、农艺的有机融合，快速推进高粱机械化生产的发展。

5.2　改变观念，提高认识

高粱曾经是我国在粮食紧缺时解决人们口粮的重要粮食作物，随着改革开放、科技的进步，人民生活水平的提高，高粱在人们的生活中已经不那么重要，高粱生产逐年下降。主要原因：一是高粱已经不是人们生活中的主要口粮；二是高粱生产较费工，高粱的价格和玉米基本持平，有时略低于玉米，用工比玉米多；三是玉米的用途广、用量大，商品玉米好销售，高粱相比玉米用途较单调，销售难；四是高粱的机械化程度很低，而小麦的生产基本上已经实现机械化，玉米的机械化程度也远远高于高粱。由于上述原因，我国高粱生产正处于低谷状态，但是这不能说明高粱就满足了市场需求，目前生产的商品高粱远远不能满足市场，许多大型酒厂还得靠进口商品高粱来维持生产，还有许多中、小型酒厂用玉米来代替高粱作为原料，但是酒的独特风味受到很大的影响。要改变目前的状态，就必须改变人们的观念，提高对高粱生产的认识，认识到高粱产业的重要性和紧迫感，而推进高粱生产全程机械化是改变目前高粱生产状态的重要途径，是实现高粱规模化、集约化发展的基础[9]。为此，抓住我国大力发展农业机械的契机，逐步提高高粱播种、施肥、收获等环节的机械化水平，从而解决高粱生产规模小、质量低、不稳定等问题[10]。高粱机械化栽培是高粱种植的必然趋势，机械化高粱发展前景广阔。

参考文献

[1] 成慧娟，马尚耀，白大鹏，等．高粱新杂交种赤杂 16 号的选育研究初报[J]．内蒙古农业科技，2001(6)：13-14.

[2] 张志学，刘占江，高振东，等．国内外高粱发展趋势及对策[J]．杂粮作物，2002(2)：72-74.

[3] 史红梅，宋旭东，李爱军，等．高粱产业化生产如何与现代农业机械相结合[J]．山西农业科学，2012(4)：307-309.

[4] 邹剑秋，朱凯，张志鹏，等．国内外高粱深加工研究现状与发展前景[J]．杂粮作物，2002(5)：296-298.

[5] 卢庆善，邹剑秋，朱凯，等．试论我国高粱产业发展：论全国高粱生产优势区[J]．杂粮作物，2009(2)：78-80.

[6] 焦少杰．机械化栽培高粱龙杂 7 号的选育[J]．中国农学通报，2006(2)：140-141.

[7] 王黎明．早熟机械化栽培高粱品种龙杂 7 号[J]．中国种业，2006(3)：44.

[8] 焦少杰，王黎明，姜艳喜，等．粒用高粱机械化栽培品种选择[J]．园艺与种苗，2012，12(5)：1-2.

[9] 张福耀，平俊爱．高粱的根本出路在于机械化[J]．农业技术与装备，2012(20)：19-21.

[10] 焦少杰，王黎明，姜艳喜，等．选用粒用高粱机械化栽培品种应注意的几个问题[J]．农业技术与装备，2012(20)：22-23.